工学结合·基于工作过程导向的项目化创新系列教材
国家示范性高等职业教育土建类"十三五"系列教材

建筑工程概预算

JIANZHU
GONGCHENG
GAIYUSUAN

主　编　李宏星　肖　玲

副主编　吴　静　匡　敏

参　编　谢素云　吴佩兰　郑　伟

　　　　刘　义　闫魁星

主　审　杨杰峰

华中科技大学出版社
http://www.hustp.com
中国·武汉

内 容 简 介

建筑工程概预算是工程造价专业、建筑工程技术专业、土木工程专业的一门核心课程,也是造价工程师、建造师、监理工程师等职业资格考试的核心内容。本书依据相关行业规范及政策,融入最前沿的造价信息,按照工程造价专业的培养目标、培养计划以及课程标准要求,以学生能力培养和职业素养形成为重点编写而成,内容翔实,时效性和适用性较强。

图书在版编目(CIP)数据

建筑工程概预算/李宏星,肖玲主编. —武汉:华中科技大学出版社,2021.2(2022.7重印)
ISBN 978-7-5680-6368-5

Ⅰ.①建… Ⅱ.①李…②肖… Ⅲ.①建筑概算定额-高等职业教育-教材 ②建筑预算定额-高等职业教育-教材 Ⅳ.①TU723.3

中国版本图书馆 CIP 数据核字(2020)第 152181 号

建筑工程概预算
Jianzhu Gongcheng Gaiyusuan

李宏星　肖玲　主编

策划编辑:袁　冲
责任编辑:刘姝甜
责任监印:朱　玢
出版发行:华中科技大学出版社(中国·武汉)　　　电话:(027)81321913
　　　　　武汉市东湖新技术开发区华工科技园　　　邮编:430223
录　　排:武汉三月禾文化传播有限公司
印　　刷:武汉市洪林印务有限公司
开　　本:787mm×1092mm　1/16
印　　张:17
字　　数:434 千字
版　　次:2022 年 7 月第 1 版第 2 次印刷
定　　价:49.00 元

前言

━━━━━━━━━━━━━ ○ ○ ○

建筑工程概预算是工程造价专业、建筑工程技术专业、土木工程专业的一门核心课程，也是造价工程师、建造师、监理工程师等职业资格考试的核心内容。本书依据《建设工程工程量清单计价规范》(GB 50500—2013)、《房屋建筑与装饰工程工程量计算规范》(GB 50854—2013)和《住房城乡建设部办公厅关于做好建筑业营改增建设工程计价依据调整准备工作的通知》(建办标〔2016〕4号)，融入最前沿的造价信息，按照工程造价专业的培养目标、培养计划以及课程标准要求，以学生能力培养和职业素养形成为重点编写而成。

本书共分为8个项目，系统地介绍了工程造价相关职业资格证书、工程造价形式、工程造价费用组成与计算、建筑工程定额及概算指标和投资估算指标的内涵及编制方法，详细阐述了投资估算、设计概算、工程结算的编制步骤和审查流程，具体介绍了房屋建筑与装饰工程计量方法。为了使学生融会贯通，书中列举了大量实例。本书的特点是内容翔实，时效性和适用性较强，基于对典型案例的分析培养学生解决实际问题的能力，案例力求新颖，追求真实工程情境，开发构建一个以建筑工程行业职业活动顺序为主线的单一实例型教学课程体系。

本书由湖北生态工程职业技术学院杨杰峰副教授任主审，李宏星副教授、肖玲副教授任主编，吴静、匡敏任副主编。编写分工如下：项目1、项目3及项目5的任务5由李宏星编写；项目2由刘义编写；项目4及项目5的任务3、项目6的任务3由谢素云编写；项目5的任务1、任务2，项目6的任务1、任务2由肖玲编写；项目5的任务4、项目6的任务4由吴佩兰编写；项目5的任务6、项目6的任务5由吴静编写；项目5的任务7由匡敏编写；项目7、项目8由郑伟编写；制图部分由闫魁星负责完成。

本书在编写过程中参阅了大量的文献和资料，在此对相关作者表示深深的谢意。限于编者的学识、专业水平和实践经验，书中难免有错误和疏漏之处，敬请广大读者批评指正。

编　者

2020年11月

目录

项 目 **1**

绪论

::::::::::::::::::::::::::::::::::::::

■ **知识目标**

1.了解相关职业资格证书；

2.掌握工程造价的特点。

■ **能力目标**

1.能熟悉我国造价相关职业资格证书；

2.能理解工程造价的特点及分类。

任务 1 相关职业资格证书

一、注册造价工程师

注册造价工程师是指通过土木建筑工程或安装工程专业造价工程师职业资格考试取得造价工程师职业资格证书或者通过资格认定、资格互认,并按照《注册造价工程师管理办法》注册后,从事工程造价活动的专业人员。

注册造价工程师分为一级注册造价工程师和二级注册造价工程师。

二、造价工程师职业资格考试

造价工程师职业资格考试工作按照国务院人力资源社会保障主管部门的有关规定执行,实行全国统一大纲的办法,原则上只在直辖市、自治区首府和省会城市的大、中专院校或者高考定点学校设立考点。考试采用滚动管理办法。

1. 组织机构

造价工程师职业资格考试的组织机构:中华人民共和国人力资源和社会保障部、住房和城乡建设部、交通运输部、水利部。

2. 报考条件

1) 一级造价工程师职业资格考试

凡遵守中华人民共和国宪法及其他法律、法规,具有良好的业务素质和道德品行,具备下列条件之一者,可以申请参加一级造价工程师职业资格考试:

(1) 具有工程造价专业大学专科(或高等职业教育)学历,从事工程造价业务工作满5年;具有土木建筑、水利、装备制造、交通运输、电子信息、财经商贸大类大学专科(或高等职业教育)学历,从事工程造价业务工作满6年。

(2) 具有通过工程教育专业评估(认证)的工程管理、工程造价专业大学本科学历或学位,从事工程造价业务工作满4年;具有工学、管理学、经济学门类大学本科学历或学位,从事工程造价业务工作满5年。

(3) 具有工学、管理学、经济学门类硕士学位或者第二学士学位,从事工程造价业务工作满3年。

(4) 具有工学、管理学、经济学门类博士学位,从事工程造价业务工作满1年。

(5) 具有其他专业相应学历或者学位的人员,从事工程造价业务工作年限相应增加1年。

2）二级造价工程师职业资格考试

凡遵守中华人民共和国宪法及其他法律、法规，具有良好的业务素质和道德品行，具备下列条件之一者，可以申请参加二级造价工程师职业资格考试：

（1）具有工程造价专业大学专科（或高等职业教育）学历，从事工程造价业务工作满 2 年；具有土木建筑、水利、装备制造、交通运输、电子信息、财经商贸大类大学专科（或高等职业教育）学历，从事工程造价业务工作满 3 年。

（2）具有工程管理、工程造价专业大学本科及以上学历或学位，从事工程造价业务工作满 1 年；具有工学、管理学、经济学门类大学本科及以上学历或学位，从事工程造价业务工作满 2 年。

（3）具有其他专业相应学历或学位的人员，从事工程造价业务工作年限相应增加 1 年。

3. 考试时间及科目设置

一级造价工程师职业资格考试每年一次，分 4 个半天进行。"建设工程造价管理""建设工程技术与计量""建设工程计价"科目的考试时间均为 2.5 小时；"建设工程造价案例分析"科目的考试时间为 4 小时。

二级造价工程师职业资格考试每年不少于一次，具体考试日期由各地确定。二级造价工程师职业资格考试分 2 个半天。"建设工程造价管理基础知识"科目的考试时间为 2.5 小时，"建设工程计量与计价实务"科目的考试时间为 3 小时。

4. 报名办法

符合报考条件的报考人员需按规定携带相关证件和材料到指定地点进行报名资格审查，确认符合报考条件后，在规定时间内支付考试费用。报名具体安排详见各省（区、市）有关文件。

5. 成绩和证书管理

一级造价工程师职业资格考试成绩实行 4 年为一个周期的滚动管理办法，在连续的 4 个考试年度内通过全部考试科目，方可取得一级造价工程师职业资格证书。

二级造价工程师职业资格考试成绩实行 2 年为一个周期的滚动管理办法，参加全部（2 个）科目考试的人员必须在连续的 2 个考试年度内通过全部科目，方可取得二级造价工程师职业资格证书。

考试成绩在全国专业技术人员资格考试服务平台或各省（区、市）人事考试机构网站发布。

一级造价工程师职业资格考试合格者，由各省、自治区、直辖市人力资源社会保障行政主管部门颁发中华人民共和国一级造价工程师职业资格证书。该证书由人力资源和社会保障部统一印制，住房和城乡建设部、交通运输部、水利部按专业类别分别与人力资源和社会保障部用印，在全国范围内有效。

二级造价工程师职业资格考试合格者，由各省、自治区、直辖市人力资源社会保障行政主管部门颁发中华人民共和国二级造价工程师职业资格证书。该证书由各省、自治区、直辖市住房城乡建设、交通运输、水利行政主管部门按专业类别分别与人力资源社会保障行政主管部门用印，原则上在所在行政区域内有效。各地可根据实际情况制定跨区域认可办法。

6. 注册登记

国家对造价工程师职业资格实行执业注册管理制度。资格证书持有者应按有关规定到指定机构申请注册。

任务 2 工程造价的特点及分类

工程造价就是工程的建造价格，是指进行某项工程建设所花费的全部费用。

一、工程造价的特点

1. 大额性

要发挥工程项目的投资效用，工程项目的造价一般非常高，动辄数百万元、数千万元，特大的工程项目造价可达数百亿元。

2. 个别性与差异性

任何一项工程都有特定的用途、功能和规模，工程内容和实物形态都具有个别性与差异性。产品（工程）的不同决定了工程造价的个别性与差异性。

3. 动态性

任何一项工程从决策到竣工交付使用，都有一个较长的建设期，在建设期间，往往存在许多不可控制的因素，这些因素会造成工程造价的不断变化。如设计变更、材料设备价格变化等，都必然会影响到工程造价，使其发生变动。

4. 层次性

工程造价的层次性是指，一个建设项目往往包含多个能够独立具有生产力和取得工程效益的单项工程，一个单项工程又由多个单位工程组成，与此相对应，工程造价有三个层次，即建设项目总造价、单项工程造价和单位工程造价。

二、工程造价的分类

工程造价贯穿工程建设项目全过程，工程建设项目的不同建设阶段对应不同的造价形式。

1. 投资估算

投资估算一般是指在工程项目决策阶段比选方案、估算投资费用，是论证拟建项目在经济上是否合理的重要文件。

2. 设计概算

设计概算是指在方案设计阶段，设计单位依据初步设计或扩大初步设计图纸，根据有关定额或指标编制的成本的概算。此处概算分为单位工程概算、单项工程综合概算和建设项目总概算。

3. 施工图预算

施工图预算是指在施工图设计阶段，按照相应施工要求，依据施工图纸、预算定额编制的工程造价文件。

4. 施工预算

施工预算是施工单位在施工前编制的，用于计算单位工程人工、材料、施工机械消耗量等，是施工企业对内容进行管理以及控制成本的依据。

5. 工程结算

工程结算是由施工单位编制的。施工单位依据施工过程中现场实际情况的记录、设计变更通知书、现场工程变更签证以及合同约定的计价定额、材料价格、各项收费标准等，在合同价的基础上，根据规定编制工程造价文件，向建设单位办理工程价款结算来取得收入，用以补偿施工过程中的资金耗费。工程结算是确定工程实际造价的依据。

6. 竣工决算

竣工决算是指建设项目通过竣工验收、交付使用后，由建设单位编制的反映整个建设项目从筹建到竣工验收所发生的全部费用的工程造价文件。

不同工程造价形式的比较如表 1.2.1 所示。

表 1.2.1　不同工程造价形式的比较

工程造价形式	建设阶段	编制单位	编制依据	作用
投资估算	项目可行性研究	建设单位	现有材料	对建设项目未来发生的全部费用进行预测和估算
设计概算	方案设计	设计单位	初步设计或扩大设计图纸及说明、概预算定额、设备材料价格等资料	计算建设项目从筹建到竣工交付生产或使用所需的全部费用
施工图预算	施工图设计	设计单位	预算定额、费用文件	确定建设费用
施工预算	施工前	施工单位	人工、材料、施工机械消耗	进行内容管理及成本控制
工程结算	工程竣工	施工单位	合同约定	对已完工程价款进行清算
竣工决算	工程竣工	建设单位	全部实际费用	反映建设项目实际造价和投资效果

习题

1.简述工程造价的概念和特点。

2.简述不同工程造价的形式及其作用。

项目 **2**

工程造价费用组成与计算

知识目标

1. 掌握建筑安装工程费用组成(按工程造价形式划分)相关知识;

2. 了解增值税计算方法。

能力目标

1. 能准确计算建筑安装工程费用中的各费用;

2. 能按照建筑安装工程计价程序(招标控制价、工程投标报价、竣工结算价)编制汇总表。

任务 **1** 建筑安装工程费用组成

建筑安装工程费用可按不同方式进行划分。

一、按费用构成要素划分

建筑安装工程费用按照费用构成要素可划分为人工费、材料（包含工程设备，下同）费、施工机具使用费、企业管理费、利润、规费和税金，如图 2.1.1 所示。其中，人工费、材料费、施工机具使用费、企业管理费和利润包含在分部分项工程费、措施项目费、其他项目费中。

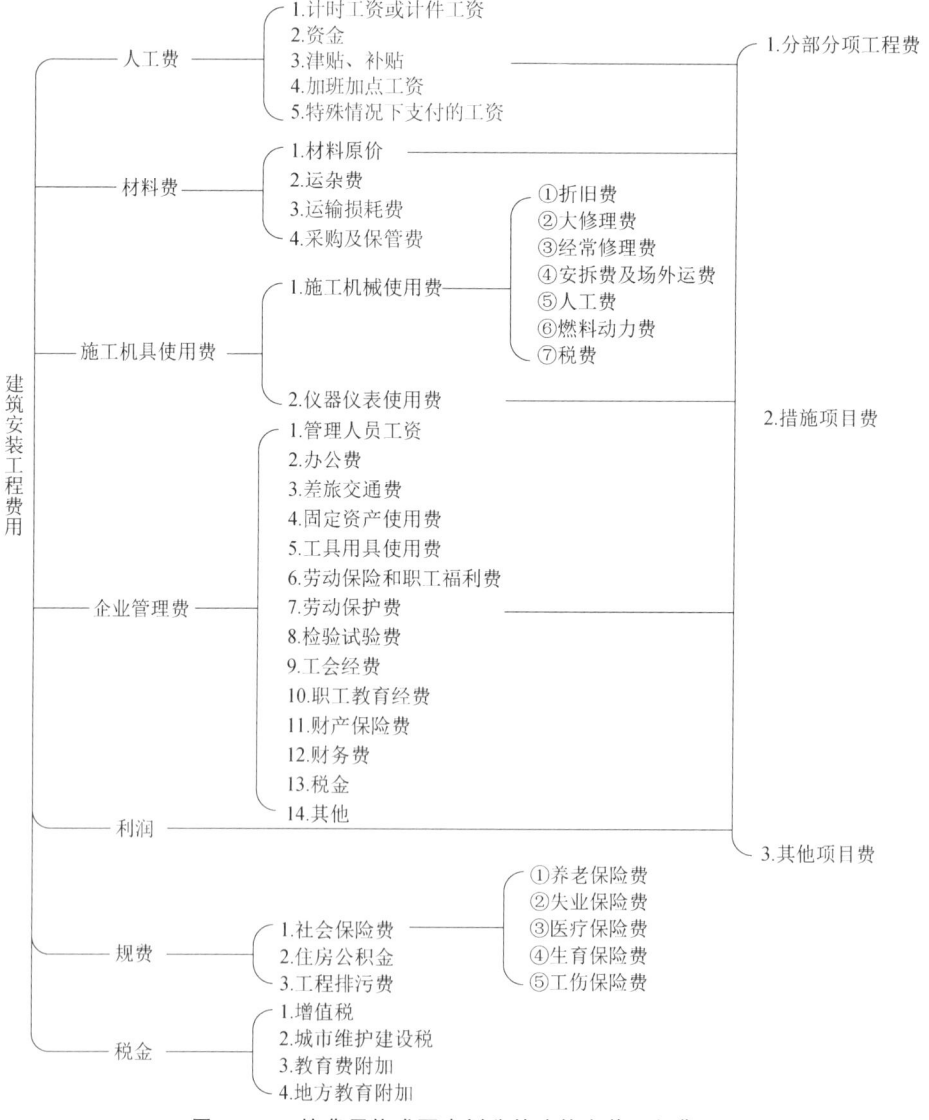

图 2.1.1 按费用构成要素划分的建筑安装工程费用

二、按工程造价形式划分

建筑安装工程费用按照工程造价形式可分为分部分项工程费、措施项目费、其他项目费、规费和税金,如图 2.1.2 所示。其中,分部分项工程费、措施项目费、其他项目费包含人工费、材料费、施工机具使用费、企业管理费和利润。

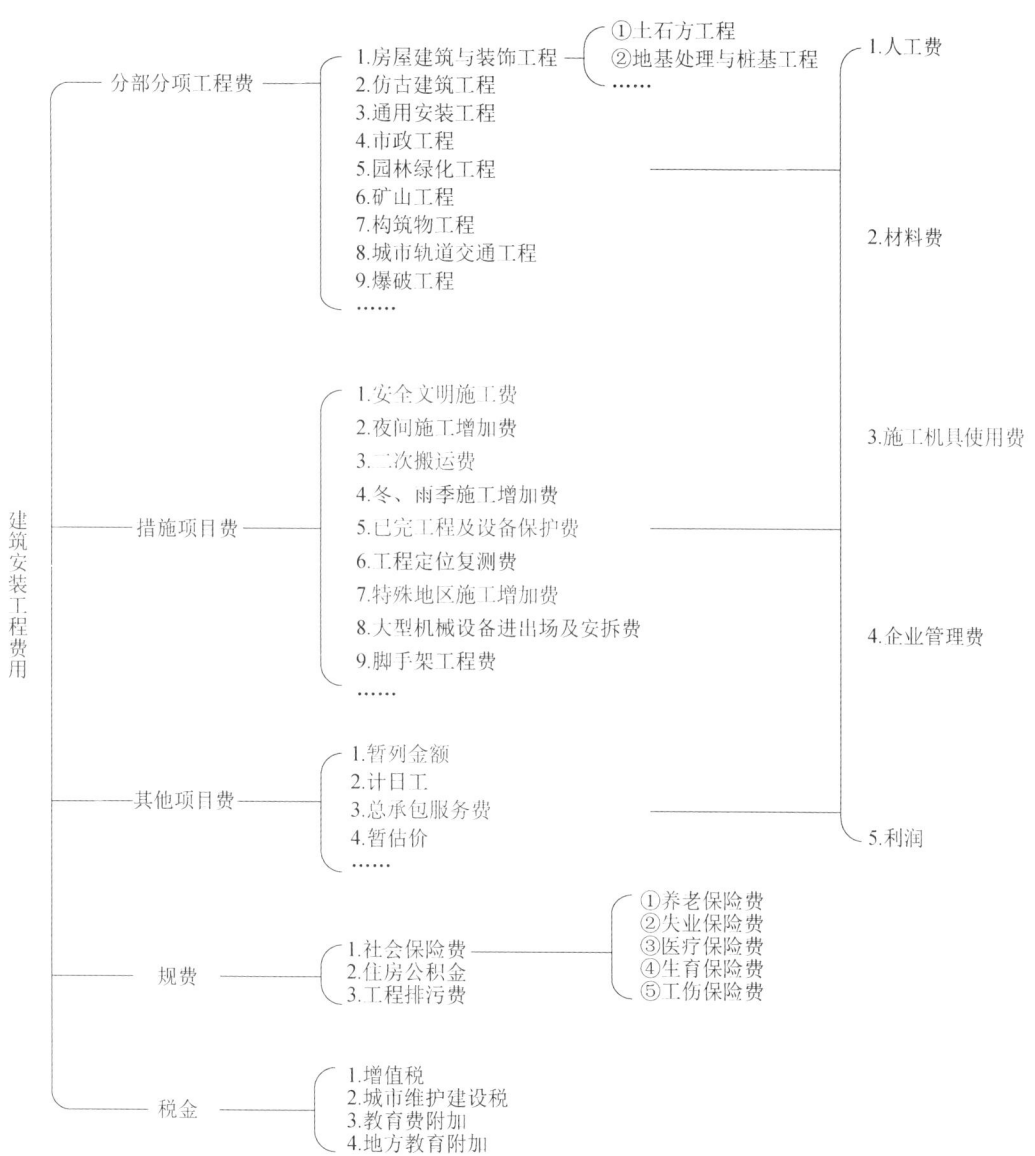

图 2.1.2 按工程造价形式划分的建筑安装工程费用

1. 分部分项工程费

分部分项工程费是指各专业工程的分部分项工程中应予列支的各项费用。

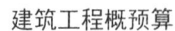

1）专业工程

专业工程是指按现行国家计量规范划分的房屋建筑与装饰工程、仿古建筑工程、通用安装工程、市政工程、园林绿化工程、矿山工程、构筑物工程、城市轨道交通工程、爆破工程等各类工程。

2）分部分项工程

分部分项工程指按现行国家计量规范由各专业工程划分而来的工程项目，如由房屋建筑与装饰工程划分而来的土石方工程、地基处理与桩基工程、砌筑工程、钢筋及钢筋混凝土工程等。

各类专业工程的分部分项工程划分见现行国家或行业计量规范。

2. 措施项目费

措施项目费是指为完成建设工程施工，发生于该工程施工前和施工过程中的技术、生活、安全、环境保护等方面的费用。主要内容包括9个部分。

1）安全文明施工费

（1）环境保护费：施工现场为达到环保部门要求所发生的各项费用。

（2）文明施工费：施工现场文明施工所发生的各项费用。

（3）安全施工费：施工现场安全施工所发生的各项费用。

（4）临时设施费：施工企业为进行建设工程施工必须搭设生活和生产用的临时建筑物、构筑物和其他临时设施所发生的费用，包括临时设施的搭设费、维修费、拆除费、清理费或摊销费等。

2）夜间施工增加费

夜间施工增加费是指因夜间施工所发生的夜班补助、夜间施工降效、夜间施工照明设备摊销及照明用电等费用。

3）二次搬运费

二次搬运费是指因施工场地条件限制导致材料、构配件、半成品等一次运输不能到达堆放地点，必须进行二次或多次搬运所发生的费用。

4）冬、雨季施工增加费

冬、雨季施工增加费是指在冬季或雨季施工需增加临时设施，采取防滑、排除雨雪等措施，以及人工及施工机械效率降低等所发生的费用。

5）已完工程及设备保护费

已完工程及设备保护费是指竣工验收前，对已完工程及设备采取必要保护措施所发生的费用。

6）工程定位复测费

工程定位复测费是指工程施工过程中进行全部施工测量放线和复测工作所发生的费用。

7）特殊地区施工增加费

特殊地区施工增加费是指工程在沙漠或其边缘地区、高海拔、高寒、原始森林等特殊地区施工增加的费用。

8) 大型机械设备进出场及安拆费

大型机械设备进出场及安拆费是指机械设备整体或分体自停放场地运至施工现场或由一个施工地点运至另一个施工地点,所发生的机械设备进出场运输及转移费用,以及机械设备在施工现场进行安装、拆卸所需的人工费、材料费、机械费、试运转费和安装所需的辅助设施的费用。

9) 脚手架工程费

脚手架工程费是指施工需要的各种脚手架搭、拆、运输费用以及脚手架购置费的摊销(或租赁)费用。

措施项目及其包含的内容详见各类专业工程的现行国家或行业计量规范。

3. 其他项目费

(1) 暂列金额:建设单位在工程量清单中暂定并包括在工程合同价款中的一笔款项,是指用于施工合同签订时尚未确定或者不可预见的所需材料、工程设备、服务的采购,施工中可能发生的工程变更、合同约定调整因素出现时的工程价款调整以及发生的索赔、现场签证确认等的费用。

(2) 计日工:在施工过程中,施工企业完成建设单位提出的施工图纸以外的零星项目或工作所需的费用。

(3) 总承包服务费:总承包人为配合、协调建设单位进行专业工程发包,对建设单位自行采购的材料、工程设备等进行保管以及施工现场管理、竣工资料汇总整理等所发生的费用。

4. 规费

规费是指按国家法律、法规,由省级政府和省级有关权力部门规定必须缴纳或计取的费用,包括3个部分。

1) 社会保险费

(1) 养老保险费:企业按照规定标准为职工缴纳的基本养老保险费。

(2) 失业保险费:企业按照规定标准为职工缴纳的失业保险费。

(3) 医疗保险费:企业按照规定标准为职工缴纳的基本医疗保险费。

(4) 生育保险费:企业按照规定标准为职工缴纳的生育保险费。

(5) 工伤保险费:企业按照规定标准为职工缴纳的工伤保险费。

2) 住房公积金

住房公积金是指企业按规定标准为职工缴纳的住房公积金。

3) 工程排污费

工程排污费是指按规定缴纳的施工现场工程排污费。

其他应列而未列入的规费,按实际发生计取。

5. 税金

税金是指国家税法规定的应计入建筑安装工程造价的增值税、城市维护建设税、教育费附加以及地方教育附加。

任务 2 增值税计算方法

一、"营改增"发展进程

2012 年 1 月 1 日,交通运输业和部分现代服务业"营改增"在上海率先试点;2012 年 9 月 1 日,交通运输业和部分现代服务业"营改增"试点范围分批扩大至江苏省、北京市、天津市等 8 省和直辖市;2013 年 8 月 1 日,交通运输业和部分现代服务业"营改增"试点在全国范围内开展;2014 年 1 月 1 日,"营改增"试点行业范围进一步扩大,铁路运输和邮政服务业被纳入全国"营改增"试点范围;2016 年 3 月 23 日,财政部与国家税务总局正式下发财税〔2016〕36 号文,自 2016 年 5 月 1 日起,全面推开"营改增"试点,将建筑业、房地产业等纳入试点范围。

"营改增"是指对应税劳务原缴纳营业税改为缴纳增值税。全面实行"营改增"后,企业可在采购环节通过取得增值税专用发票抵扣进项税额,所以实施"营改增"后,通过进项税额抵扣制度可以减少重复征税,平衡行业税负。

二、增值税纳税人分类

单位以承包、承租、挂靠方式经营的,承包人、承租人、挂靠人(以下统称承包人)以发包人、出租人、被挂靠人(以下统称发包人)名义对外经营并由发包人承担相关法律责任的,以该发包人为纳税人;否则,以承包人为纳税人。

建筑业增值税的纳税人是提供建筑服务的企业;征税对象是建筑服务的增值额。增值税纳税人分为一般纳税人和小规模纳税人,二者的比较如表 2.2.1 所示。

1. 一般纳税人

一般纳税人是指提供"营改增"应税行为(如建筑服务)的年应征增值税销售额(简称年应税销售额)超过规定标准(500 万元,含本数)的纳税人。年应税销售额未超过规定标准的纳税人,如会计核算健全,能够提供准确税务资料的,可以向主管税务机关办理资格登记,成为一般纳税人。应税服务年销售额超过规定标准的其他个人不属于一般纳税人。

2. 小规模纳税人

小规模纳税人是指提供"营改增"应税行为的年应税销售额未超过规定标准(500 万元),并且会计核算不健全,不能按规定报送会计资料的纳税人。应税服务年销售额超过规定标准但不经常提供应税服务的单位和个体工商户可选择按照小规模纳税人纳税。

表 2.2.1　一般纳税人和小规模纳税人的比较

纳税人分类		一般纳税人	小规模纳税人
税制使用		适用增值税税率为 17％、13％、11％、6％,其进项税额可以抵扣	适用增值税征收率为 3％,其进项税额不得抵扣
税收待遇	发票开具	可以自行开具增值税专用发票	不能自行开具增值税专用发票,如购买方索取,可向税务机关申请代开增值税征收率为 3％的专用发票
	税款抵扣	凭取得的专用发票按规定抵扣税款	不享有税款抵扣权
	计税方法	适用一般计税方法计税	适用简易计税方法计税
财务处理		计征复杂、征管严格	简单、易行

三、增值税计税方法

1. 一般计税方法

一般纳税人提供应税服务适用一般计税方法计税。此时,建筑业不含税工程造价增值税税率为 11％。

$$应纳税额＝当期销项税额－当期进项税额$$

$$当期销项税额＝当期销售额×增值税税率$$

销项税额是指纳税人销售货物或者提供应税劳务,按照销售额和适用税率计算并向购买方收取的增值税额。进项税额是指纳税人当期购进货物或者接受应税劳务所支付或者负担的增值税额。销售额是指纳税人发生应税行为取得的全部价款和价外费用(建筑企业计算增值税的销售额为发生应税建筑行为向发包人或业主收取的全部价款和价外费用),不包括收取的销项税额。增值税税率是指增值税应纳税额与征税对象数额之间的比例。

$$不含税销售额＝含税销售额/(1＋税率)$$

$$当期销项税额＝含税销售额/(1＋税率)×税率$$

如当期销项税额小于当期进项税额,不足抵扣,其不足部分可以结转下期继续抵扣。增值税一般纳税人取得增值税专用发票超过法定认证期限(180 日)或取得增值税普通发票,均不得进行进项抵扣。

2. 简易计税方法

小规模纳税人提供应税服务适用简易计税方法计税。简易计税方法的应纳税额,是指按照销售额和增值税征收率计算的增值税税额,不得抵扣进项税额。

$$应纳税额＝销售额×增值税征收率(3％)$$

销售额是指纳税人提供建筑服务取得的全部价款和价外费用扣除支付的分包款后的余额。征收率是指在纳税人因财务会计核算制度不健全,不能提供税法规定的课税对象和计税依据等资料的条件下,由税务机关经调查核定,按与课税对象和计税依据相关的其他数据计算应纳税额的比例。采用简易计税方法时增值税征收率为 3％。

$$应税销售额＝(工程总价款－专业(劳务)分包款)/(1＋3％)$$

除国家税务总局另有规定外,纳税人一经认定为一般纳税人后,不得转为小规模纳税人。一般纳税人提供财政部和国家税务总局规定的特定应税服务,可以选择适用简易计税方法计税,但一经选择,36个月内不得变更。

四、增值税比例税率与征收率

1. 增值税比例税率

一般纳税人的比例税率具体如下:

(1) 17%的税率:销售或进口货物,提供加工、修理修配劳务,租赁有形动产,以及建筑业中钢材、水泥、设备、商品混凝土的销售,设备租赁,电费缴纳等。

(2) 13%的税率:销售或进口基本生活必需品,包括建设活动可能涉及的自来水、苗木等。

(3) 11%的税率:提供交通运输、邮政、基础电信、建筑、不动产租赁服务,销售不动产,转让土地使用权。其中,建筑服务包括工程服务、安装服务、修缮服务、装饰服务和其他建筑服务。

(4) 6%的税率:勘察设计、咨询、检测、劳务派遣等部分现代服务业(含增值电信服务)。

2. 增值税征收率的适用范围

(1) 小规模纳税人销售货物或提供应税劳务,增值税征收率为3%。

(2) 一般纳税人提供特定应税服务,选择简易计税方法计税的,适用的增值税征收率为3%。

五、适用简易计税方法的建筑服务范围

(1) 小规模纳税人发生应税行为适用简易计税方法计税。

(2) 一般纳税人以清包工方式提供的建筑服务,可选择用简易计税方法计税。

以清包工方式提供建筑服务,是指施工方不采购建筑工程所需的材料或只采购辅助材料,并收取人工费用、管理费用或其他费用的建筑服务。

(3) 一般纳税人为甲供工程提供的建筑服务,可选择用简易计税方法计税。

甲供工程,是指全部或部分设备、材料、动力由工程发包方自行采购的建筑工程。

(4) 一般纳税人为建筑工程老项目提供的建筑服务,可选择用简易计税方法计税。

建筑工程老项目界定原则:①建筑工程施工许可证注明的合同开工日期在2016年4月30日前的建筑工程项目;②未取得建筑工程施工许可证的,建筑工程承包合同注明的开工日期在2016年4月30日前的建筑工程项目。

六、纳税义务发生时间的确定

(1) 不论是否收取款项或提供服务,如纳税人发生应税行为时先开具发票,其纳税义务发生时间为开具发票的当天。

(2) 除了提供建筑服务、租赁服务采取预收款方式之外,在应税行为之前收到的款项不

属于收讫销售款项,不能按照时间确认纳税义务发生。

(3) 签订了书面合同且书面合同确定了付款日期(约定的明确付款日期或可以明确推断的具体日期)的,按照书面合同确定的付款日期的当天确认纳税义务的发生;未签订书面合同或书面合同未确定付款日期的,按照应税服务完成的当天确认纳税义务的发生。

发包人在书面合同约定的付款日期之前付款的,建筑企业的纳税义务发生时间以实际付款时间为准;发包人在书面合同约定的付款日期之后付款或违约未付款的,建筑企业均应以书面合同约定的付款日期作为纳税义务发生时间。

建筑企业未签订书面合同或书面合同未确定付款日期,纳税义务发生时间为建筑工程项目竣工验收的当天。

七、纳税地点的规定

(1) 对于固定业户,总机构和分支机构不在同一县(市)的,应当分别向各自所在地的主管税务机关申报纳税;经财政部和国家税务总局或其授权的财政和税务机关批准,可以由总机构汇总向总机构所在地的主管税务机关申报纳税。

(2) 非固定业户应当在应税行为发生地申报纳税;未申报纳税的,由其机构所在地或居住地主管税务机关补征税款。

(3) 其他个人提供建筑服务,销售或租赁不动产,转让自然资源使用权,应向建筑服务发生地、不动产所在地、自然资源所在地主管税务机关申报纳税。

(4) 扣缴义务人应当向其机构所在地或居住地主管税务机关申报缴纳应扣缴的税款。

八、建筑业增值税的预缴与申报

1. 采用一般计税方法时的预缴与申报

一般纳税人跨县(市)提供建筑服务,适用一般计税方法计税的,应以取得的全部价款和价外费用扣除支付的分包款后的余额,按照2%的预征率在建筑服务发生地预缴税款后,向机构所在地主管税务机关进行纳税申报。

预缴增值税额=(全部价款和价外费用-支付的分包款)/(1+11%)×2%

2. 采用简易计税方法时的预缴与申报

跨县(市)提供建筑服务,选择简易计税方法计税的一般纳税人与小规模纳税人,应以取得的全部价款和价外费用扣除支付的分包款后的余额为销售额,按照3%的预征率在建筑服务发生地预缴税款后,向机构所在地主管税务机关进行纳税申报。

预缴增值税额=(全部价款和价外费用-支付的分包款)/(1+3%)×3%

3. 暂停预缴增值税的情形

一般纳税人跨省(自治区、直辖市或计划单列市)提供建筑服务或者销售、出租取得的与机构所在地不在同一省(自治区、直辖市或计划单列市)的不动产,在机构所在地申报纳税时,计算的应纳税额小于已预缴税额且差额较大的,由国家税务总局通知建筑服务发生地或不动产所在地省级税务机关,在一定时期内暂停预缴增值税。

任务 3 建筑安装工程费用计算

一、建筑安装工程费用计算参考公式

建筑安装工程费用计算(计价)有如下参考公式。

1. 分部分项工程费

分部分项工程费计算公式为

$$分部分项工程费 = \sum(分部分项工程量 \times 综合单价)$$

式中,综合单价包括人工费、材料费、施工机具使用费、企业管理费和利润以及一定范围的风险费用(下同)。

2. 措施项目费

国家计量规范规定应予计量的措施项目,措施项目费计算公式为

$$措施项目费 = \sum(措施项目工程量 \times 综合单价)$$

国家计量规范规定不宜计量的措施项目的相关费用如下:

(1) 安全文明施工费,其计算公式为

$$安全文明施工费 = 计算基数 \times 安全文明施工费费率$$

计算基数应为定额基价(定额分部分项工程费+定额中可以计量的措施项目费)、定额人工费(或定额人工费+定额机械费)。安全文明施工费费率由工程造价管理机构根据各专业工程的特点综合确定。

(2) 夜间施工增加费,其计算公式为

$$夜间施工增加费 = 计算基数 \times 夜间施工增加费费率$$

(3) 二次搬运费,其计算公式为

$$二次搬运费 = 计算基数 \times 二次搬运费费率$$

(4) 冬、雨季施工增加费,其计算公式为

$$冬、雨季施工增加费 = 计算基数 \times 冬、雨季施工增加费费率$$

(5) 已完工程及设备保护费,其计算公式为

$$已完工程及设备保护费 = 计算基数 \times 已完工程及设备保护费费率$$

上述第2~5项措施项目费的计算基数应为定额人工费(或定额人工费+定额机械费),费率由工程造价管理机构根据各专业工程特点并对调查资料进行综合分析后确定。

3. 其他项目费

（1）暂列金额由建设单位根据工程特点，按有关计价规定估算，施工过程中由建设单位掌握使用，扣除合同价款调整后如有余额，归建设单位。

（2）计日工由建设单位和施工企业按施工过程中的签证计价。

（3）总承包服务费由建设单位在招标控制价中根据总承包服务范围和有关计价规定编制，施工企业投标时自主报价，施工过程中按签约合同价执行。

4. 规费和税金

建设单位和施工企业均应按照省、自治区、直辖市或行业建设主管部门发布的标准计算规费和税金。规费和税金不得作为竞争性费用。

二、相关问题的说明

（1）各专业工程计价定额的编制及其计价程序，均按相关规定实施。

（2）各专业工程计价定额的使用周期原则上为5年。

（3）工程造价管理机构在定额使用周期内，应及时发布人工、材料、机械台班价格信息，实行工程造价动态管理，如遇国家法律、法规或相关政策变化以及建筑市场物价波动较大的情况，应适时调整定额人工费、定额机械费以及定额基价或规费费率，使建筑安装工程费用能反映建筑市场实际。

（4）建设单位在编制招标控制价时，应按照各专业工程的计量规范和计价定额以及工程造价信息编制。

（5）施工企业在使用计价定额时除不可竞争费用外，其余仅作为参考，由施工企业投标时自主报价。

三、建筑安装工程费用计算程序

建筑安装工程费用计算（计价）程序包括建设单位工程招标控制价计价程序（见表2.3.1）、施工企业工程投标报价计价程序（见表2.3.2）和竣工结算价计价程序（见表2.3.3）。

表 2.3.1　建设单位工程招标控制价计价程序

工程名称：　　　　　　　　　　　标段：

序　号	内　容	计 算 方 法	金额/元
1	分部分项工程费	按计价规定计算	
1.1			
1.2			
1.3			
1.4			
1.5			

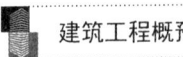

续表

序　号	内　容	计 算 方 法	金额/元
2	措施项目费	按计价规定计算	
2.1	安全文明施工费	按规定标准计算	
2.2			
3	其他项目费		
3.1	暂列金额	按计价规定估算	
3.2	专业工程暂估价	按计价规定估算	
3.3	计日工	按计价规定估算	
3.4	总承包服务费	按计价规定估算	
4	规费	按规定标准计算	
5	税金(扣除不列入计税范围的工程设备金额)	(1+2+3+4)×规定税率	

招标控制价合计(1+2+3+4+5)：

表 2.3.2　施工企业工程投标报价计价程序

工程名称：　　　　　　　　　　标段：

序　号	内　容	计 算 方 法	金额/元
1	分部分项工程费	自主报价	
1.1			
1.2			
1.3			
1.4			
1.5			
2	措施项目费	自主报价	
2.1	安全文明施工费	按规定标准计算	
2.2			
3	其他项目费		
3.1	暂列金额	按招标文件提供金额计列	
3.2	专业工程暂估价	按招标文件提供金额计列	
3.3	计日工	自主报价	
3.4	总承包服务费	自主报价	
4	规费	按规定标准计算	
5	税金(扣除不列入计税范围的工程设备金额)	(1+2+3+4)×规定税率	

投标报价合计(1+2+3+4+5)：

表 2.3.3 竣工结算价计价程序

工程名称：　　　　　　　　　　　　　标段：

序　号	汇 总 内 容	计 算 方 法	金额/元
1	分部分项工程费	按合同约定计算	
1.1			
1.2			
1.3			
1.4			
1.5			
2	措施项目费	按合同约定计算	
2.1	安全文明施工费	按规定标准计算	
2.2			
3	其他项目费		
3.1	专业工程结算价	按合同约定计算	
3.2	计日工	按计日工签证计算	
3.3	总承包服务费	按合同约定计算	
3.4	索赔与现场签证	按发承包双方确认数额计算	
4	规费	按规定标准计算	
5	税金(扣除不列入计税范围的工程设备金额)	(1+2+3+4)×规定税率	

竣工结算价合计(1+2+3+4+5)：

 习题

1. 建筑工程造价费用的组成有哪些？
2. 增值税一般纳税人和小规模纳税人有什么区别？
3. 增值税的一般计税方法和简易计税方法各有何特点？
4. "营改增"对工程造价各费用要素造成了哪些影响？

项 目 **3**

建筑工程定额

知识目标

1. 了解定额的分类；
2. 掌握预算定额的特点及作用。

能力目标

1. 能正确使用定额；
2. 能正确进行定额的换算。

任务 1 建筑工程定额的分类及特点

建筑工程定额是在正常施工条件下,完成一定计量单位的合格产品所必需的劳动力、材料、机械台班和资金消耗的数量标准。

一、分类

1. 按生产要素分类

建筑工程定额按其生产要素分类,可分为劳动消耗定额、材料消耗定额和机械台班消耗定额。

2. 按用途分类

建筑工程定额按其用途分类,可分为施工定额、预算定额、概算定额及概算指标等。

3. 按主编单位和执行范围分类

建筑工程定额按其主编单位和执行范围分类,可分为全国统一定额、主管部门定额、地区统一定额及企业定额等。

4. 按专业分类

建筑工程定额按其专业分类,可分为建筑工程定额和设备及安装工程定额,此处,建筑工程通常包括一般土建工程、构筑物工程、电气照明工程、卫生技术(水暖通风)工程及工业管道工程等。

二、特点

1. 科学性

建筑工程定额的科学性体现在:首先,用科学的态度制定定额,尊重客观实际,力求定额水平合理;其次,制定定额的技术方法是科学合理的;最后,定额制定和贯彻实行一体化。

2. 系统性

建筑工程定额采用相对独立的系统,它是由多种定额结合而成的有机整体。它的结构复杂,层次鲜明,目标明确。

3. 统一性

建筑工程定额的统一性体现在：按照其影响力和执行范围来看，有全国统一定额、地区统一定额和行业统一定额，等等；按照定额的制定、颁布和贯彻使用来看，有统一的程序、统一的原则、统一的要求和统一的用途。

4. 指导性

建筑工程定额的指导性体现在两个方面：一方面，可以规范建设市场的交易行为，可以作为政府投资项目定价及造价控制的重要依据；另一方面，在现行工程量清单计价模式下，企业定额的编制和完善仍然离不开统一定额的指导。建筑工程定额指导性的客观基础是定额的科学性。

此外，建筑工程定额还具有稳定性与时效性。

任务 2 建筑工程定额的应用

一、预算定额

1. 概念

预算定额是在正常施工条件下，完成一定计量单位合格分项工程和结构构件所需消耗的人工、材料、施工机具台班的数量标准及其相应费用标准。预算定额是编制施工图预算的主要依据，是确定和控制施工工程造价的主要依据。

2. 编制原则

1）平均水平原则

预算定额是按照社会平均水平确定的，是确定和控制建筑安装工程造价的主要依据，是按照生产过程中所消耗的社会必要劳动时间确定的定额水平。

2）简明适用原则

编制预算定额时，应坚持简明适用原则。一是在编制预算定额时，对于那些主要的、常用的、价值量大的项目，分项工程划分宜细；次要的、不常用的、价值量相对较小的项目则可以划分得粗一些。二是预算定额应项目齐全，合理确定计量单位，简化工程量的计算。

3. 作用

（1）预算定额是编制施工图预算、确定建筑工程造价的基础。

（2）预算定额是编制施工组织设计的依据。

（3）预算定额是工程结算、施工单位进行经济核算的依据。

（4）预算定额是编制概算定额、招标控制价及投标报价的基础。

4. 预算定额示例

2018 年版《湖北省房屋建筑与装饰工程消耗量定额及全费用基价表》砖基础定额如表 3.2.1 所示。

表 3.2.1　2018 年版《湖北省房屋建筑与装饰工程消耗量定额及全费用基价表》砖基础定额

工作内容：清理基槽坑，调、运、铺砂浆，运、砌砖　　　　　　　　　　　　　　计量单位：10 m³

定额编号				A1-1
项目				砖基础（实心砖）
				直形
全费用/元				6 104.16
其中	人工费/元			1 476.33
	材料费/元			2 621.11
	机械费/元			44.96
	费用/元			1 356.84
	增值税/元			604.92
	名称	单位	单价/元	数量
人工	普工	工日	92.00	2.511
	技工	工日	142.00	5.021
	高级技工	工日	212.00	2.511
材料	混凝土实心砖 240 mm×115 mm×53 mm	千块	295.18	5.288
	干混砌筑砂浆 DM M10	t	257.35	4.078
	水	m³	3.39	1.650
	电（机械）	kW·h	0.75	6.842
机械	干混砂浆罐式搅拌机 20 000 L	台班	187.32	0.240

5. 预算定额的应用

1）预算定额的直接套用

当设计要求与定额项目的内容相一致时，可直接套用定额的预算基价及工料消耗量来计算分项工程费及工料所需量。步骤如下：

首先，熟悉施工图上分项工程的设计要求及施工组织设计中分项工程的施工方法，初步选择套用的定额分项。

其次，熟悉定额，注意定额表上的工作内容、表下附注说明及材料品种和规格等，内容与设计要求一致则可直接套用预算定额。

最后,套用定额项目,注意定额单位,必要时需进行单位的换算。

例 3.2.1

采用干混砌筑砂浆 DM M10 砌筑直形砖基础 100 m³,试对完成该分项工程的费用进行预算。

解

(1) 确定定额全费用。定额编号为 A1-1,查表 3.2.1 得,采用干混砌筑砂浆 DM M10 砌筑直形砖基础每 10 m³ 全费用为 6 104.16 元。

(2) 计算该分项工程费用。分项工程费用＝定额全费用×工程量＝6 104.16 元/10 m³×100 m³＝61 041.6 元。

2) 预算定额的换算

设计要求与相应定额项目内容不完全一致,就不能直接套用定额,而应按定额规定的范围、内容和方法对相应定额规定的基价和人工、材料、机械消耗量进行调整换算。

例 3.2.2

采用干混砌筑砂浆 DM M10 砌筑 1 000 m³ 1 砖半厚清水砖墙,试对完成该分项工程的费用进行预算。

解

查 2018 年版《湖北省房屋建筑与装饰工程消耗量定额及全费用基价表》,无清水墙定额子目,根据该基价表的说明部分,清水砖墙原浆勾缝按相应混水砖砌体定额子目(混水砖墙定额如表 3.2.2 所示)人工用量乘以系数 1.15 计算。

表 3.2.2　2018 年版《湖北省房屋建筑与装饰工程消耗量定额及全费用基价表》混水砖墙(1 砖半)定额

工作内容:调、运、铺砂浆,运、砌砖,安放木砖、垫块　　　　　　　　　　　计量单位:10 m³

定额编号				A1-6
项目				混水砖墙
				1 砖半
全费用/元				6 780.81
其中	人工费/元			1 625.23
	材料费/元			2 947.59
	机械费/元			45.71
	费用/元			1 490.31
	增值税/元			671.97
	名称	单位	单价/元	数量
人工	普工	工日	92.00	2.764
	技工	工日	142.00	5.528
	高级技工	工日	212.00	2.764

续表

名称		单位	单价/元	数量
材料	蒸压灰砂砖 240 mm×115 mm×53 mm	千块	349.57	5.332
	多孔砖 240 mm×115 mm×90 mm	千块	516.23	—
	干混砌筑砂浆 DM M10	t	257.35	4.148
	水	m²	3.39	1.680
	其他材料费	%	—	0.180
	电(机械)	kW·h	0.75	6.956
机械	干混砂浆罐式搅拌机 20 000 L	台班	187.32	0.224

查表 3.2.2 得,1 砖半厚混水砖墙定额全费用=6 780.81 元/10 m³,人工费=1 625.23 元/10 m³,按说明换算后可知,1 砖半厚清水砖墙定额全费用=6 780.81 元/10 m³+1 625.23元/10 m³×1.15−1 625.23 元/10 m³=7 024.59 元/10 m³。

分项工程费用=定额全费用×工程量=7 024.59 元/10 m³×1 000 m³=702 459 元。

二、概算定额

1. 概念

概算定额是在预算定额基础上,确定完成合格的单位扩大分项工程或单位扩大结构构件所需消耗的人工、材料和施工机具台班的数量标准及其费用标准。

2. 编制原则

概算定额是预算定额的综合与扩大,它将预算定额中有联系的若干个分项工程项目综合为一个概算定额项目。概算定额主要用于设计概算的编制。

3. 作用

(1)概算定额是在初步设计阶段编制设计概算,技术设计阶段编制设计修正概算的主要依据。

(2)概算定额是设计方案比较、建设项目主要材料需要量计算的基础。

(3)概算定额是控制施工图预算、制订概算指标的依据。

4. 概算定额示例

某现浇钢筋混凝土柱概算基价如表 3.2.3 所示。

表 3.2.3 某现浇钢筋混凝土柱概算基价

工作内容:模板制作、安装、拆除,钢筋制作、安装,混凝土浇捣、抹灰、刷浆   计量单位:10 m³

定额编号	4-3
项目	矩形柱
	周长 1.8 m 以内

续表

基价/元		19 200.76
其中	人工费/元	7 888.40
	材料费/元	10 272.03
	机具费/元	1 040.33

三、概算指标

1. 概念

概算指标比概算定额综合性更强,通常是以单位工程为对象,以建筑面积、体积或成套设备装置的台或组为计量单位而规定的人工、材料、机具台班的消耗量标准和造价指标。

2. 概算定额和概算指标的区别

(1)概算定额是以单位扩大分项工程或单位扩大结构构件为对象,而概算指标则是以单位工程为对象。概算指标比概算定额更具综合性,范围有所扩大。

(2)概算定额以现行预算定额为基础;概算指标中各种消耗量指标的确定,则主要来自各种预算或结算资料。

3. 作用

概算指标主要用于初步设计阶段,和概算定额、预算定额一样,都是与各个设计阶段相适应的多次计价的产物,其作用如下:

(1)概算指标可以作为编制投资估算的参考,是初步设计阶段编制概算书、确定工程概算造价的依据。

(2)概算指标中的主要材料指标可作为匡算主要材料用量的依据,是设计单位进行设计方案比较、建设单位选址的一种依据。

(3)概算指标是编制固定资产投资计划、确定投资额的主要依据,是建筑企业编制劳动力、材料计划,实行经济核算的依据。

4. 概算指标示例

某内浇外砌住宅经济指标如表 3.2.4 所示。

表 3.2.4　某内浇外砌住宅经济指标(元/100 m² 建筑面积)

项　　　目		合计	直接费	间接费	利润	税金
单方造价		30 422	21 860	5 576	1 893	1 093
其中	土建	26 133	18 778	4 790	1 626	939
	水暖	2 565	1 843	470	160	92
	电气照明	1 724	1 239	316	107	62

任务 3 2018年版《湖北省房屋建筑与装饰工程消耗量定额及全费用基价表》解读

一、使用说明

2018年版《湖北省房屋建筑与装饰工程消耗量定额及全费用基价表》(以下简称《定额》)使用说明如下:

(1)《定额》适用于湖北省境内工业与民用建筑的新建、扩建、改建工程。

(2)《定额》既是实行工程量清单计价时配套的消耗量定额,也是实行定额计价时的全费用基价表。

(3)《定额》是编制招标控制价、施工图预算、工程竣工结算、设计概算及投资估算的依据,是企业投标报价、内部管理和核算的重要参考。

(4)《定额》以全费用表示。全费用是完成规定计量单位的分部分项工程所需人工费、材料费、机械费、费用、增值税之和,其中,费用包括总价措施项目费、企业管理费、利润和规费。

二、所分章节

《定额》分为两部分,共有二十一章。

第一部分"工程项目"包括十五章,分别是第一章——砌筑工程,第二章——混凝土及钢筋混凝土工程,第三章——金属结构工程,第四章——木结构工程,第五章——门窗工程,第六章——屋面及防水工程,第七章——保温、隔热、防腐工程,第八章——构筑物工程,第九章——楼地面工程,第十章——墙、柱面工程,第十一章——幕墙工程,第十二章——天棚工程,第十三章——油漆、涂料、裱糊工程,第十四章——其他装饰工程,以及第十五章——拆除工程。

第二部分"施工技术措施项目"包括六章,分别是第十六章——模板工程,第十七章——脚手架工程,第十八章——垂直运输工程,第十九章——建筑物超高增加费,第二十章——成品构件二次运输,以及第二十一章——成品保护工程。

三、与以往相关定额标准的区别

2018年版《定额》列出了全费用及其子项——人工费、材料费、机械费、费用、增值税,可以更直观地看到每一子项的费用,这是与以往相关定额标准最大的不同。

《定额》中现浇混凝土矩形柱定额如表 3.3.1 所示,从中就可以清楚地看到全费用的组成。

表 3.3.1　现浇混凝土矩形柱定额

工作内容:混凝土浇筑、振捣、养护等　　　　　　　　　　　　　　　　　计量单位:10 m³

定额编号				A2-11
项目				矩形柱
全费用/元				5 402.37
其中	人工费/元			742.99
	材料费/元			3 461.34
	机械费/元			—
	费用/元			662.67
	增值税/元			535.37
	名称	单位	单价/元	数量
人工	普工	工日	92.00	3.569
	技工	工日	142.00	2.920
材料	预拌混凝土 C20	m³	341.94	9.797
	预拌水泥砂浆	m³	330.00	0.303
	土工布	m²	5.99	0.912
	水	m³	3.39	0.911
	电	kW·h	0.75	3.750

 习题

1.建筑工程定额如何分类?

2.试简述建筑工程定额的特点。

3.试对采用干混砌筑砂浆 DM M10 砌筑 1 000 m³ 的 1 砖半厚混水砖墙的费用进行预算。

4.试计算现浇 500 m³ 混凝土矩形柱需要预拌混凝土 C20 的量。

项目 4

工程计价方法

知识目标

1. 掌握定额计价的概念、编制依据及编制方法；
2. 掌握工程量清单的内容及招标控制价、投标报价的编制方法。

能力目标

1. 掌握定额计价的程序及方法；
2. 掌握工程量清单的各组成内容与计价方法。

任务 1 定额计价

　　我国采用国家、部门或地区统一规定预算定额和取费标准进行工程造价计价的模式,这种模式称为定额计价模式,通常也称为传统计价模式。定额计价是我国长期使用的一种施工图预算编制方法。

　　虽然传统的定额计价模式对我国建设工程的投资计划管理和招投标管理起到过很大的作用,但它也存在一些缺陷:工、料、机消耗量是根据社会平均水平综合测定的,取费标准是根据不同地区价格水平平均测算的,企业自主报价的空间很小,很多时候不能让企业结合项目具体情况、自身技术管理水平和市场价格自主报价,也不能满足招标人对建筑产品质优价廉的要求;工程量计算由投标的各方单独完成,计价基础不统一,不利于招标工作的规范化;在工程完工后,工程结算烦琐,易引起争议。

一、定额计价的编制依据

　　定额计价的编制依据主要包括以下几个方面:
　　(1) 国家、行业、地方政府发布的计价依据等有关法律、法规或规定;
　　(2) 建设项目有关文件、合同、协议等;
　　(3) 批准的设计概算;
　　(4) 批准的施工图设计图纸及相关标准图集和规范;
　　(5) 相应预算定额和地区单位估价表;
　　(6) 合理的施工组织设计和施工方案等文件;
　　(7) 与项目有关的设备、材料供应合同、价格及相关说明书;
　　(8) 与项目所在地区有关的气候、水文、地质地貌等自然条件;
　　(9) 项目技术的复杂程度,以及新技术、专利的使用情况等;
　　(10) 与项目所在地区有关的经济、人文等社会条件。

二、定额计价的编制方法

　　根据 2018 年版《湖北省建筑安装工程费用定额》的规定,定额计价的编制过程是:先根据施工图设计文件和消耗量定额计算各分部分项工程的工程量;再以消耗量定额基价表中的人工费、材料费(含未计价材料)和施工机具使用费为基础,计算工程所需的全部费用,包括人工费、材料费、施工机具使用费、企业管理费、利润、规费和税金。

　　具体的编制步骤如图 4.1.1 所示。

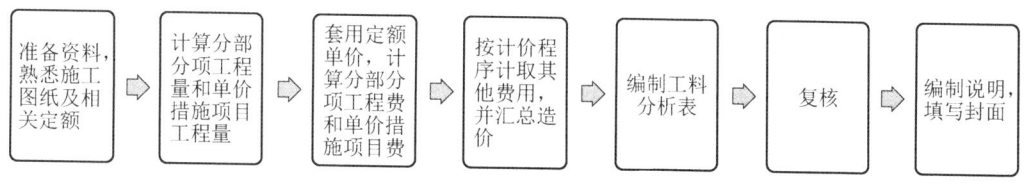

图 4.1.1　定额计价的编制步骤

任务 2　工程量清单计价与计量规范

一、概述

工程量清单计价是一种主要由市场定价的计价模式,是由建设产品买方和卖方在建设市场上根据供求情况、信息状况进行自由竞价,最终能够签订工程合同、确定价格的方法。可以说,工程量清单计价是建设市场建立、发展和完善过程的必然产物。

目前,工程量清单计价主要遵循的是工程量清单计价和工程量计算规范,由《建设工程工程量清单计价规范》(GB 50500—2013)、《房屋建筑与装饰工程工程量计算规范》(GB 50854—2013)、《仿古建筑工程工程量计算规范》(GB 50855—2013)、《通用安装工程工程量计算规范》(GB 50856—2013)、《市政工程工程量计算规范》(GB 50857—2013)、《园林绿化工程工程量计算规范》(GB 50858—2013)、《矿山工程工程量计算规范》(GB 50859—2013)、《构筑物工程工程量计算规范》(GB 50860—2013)、《城市轨道交通工程工程量计算规范》(GB 50861—2013)、《爆破工程工程量计算规范》(GB 50862—2013)等组成。

《建设工程工程量清单计价规范》(以下简称《计价规范》)包括总则、术语、一般规定、招标工程量清单、招标控制价、投标报价、合同价款约定、工程计量、合同价款调整、合同价款中期支付、竣工结算与支付、合同解除的价款结算与支付、合同价款争议的解决、工程造价鉴定、工程计价资料与档案、工程计价表格及附录,涵盖了工程建设发包、承包以及施工阶段的整个过程。

《房屋建筑与装饰工程工程量计算规范》(以下简称《计量规范》)的内容包括总则、术语、工程计量、工程量清单编制及附录。其中,附录部分包括附录 A——土石方工程,附录 B——地基处理与边坡支护工程,附录 C——桩基工程,附录 D——砌筑工程,附录 E——混凝土及钢筋混凝土工程,附录 F——金属结构工程,附录 G——木结构工程,附录 H——门窗工程,附录 J——屋面及防水工程,附录 K——保温、隔热、防腐工程,附录 L——楼地面装饰工程,附录 M——墙、柱面装饰与隔断、幕墙工程,附录 N——天棚工程,附录 P——油漆、涂料、裱糊工程,附录 Q——其他装饰工程,附录 R——拆除工程,以及附录 S——措施项目。

以上工程量清单计价和工程量计算规范适用于建设工程发承包及其实施阶段的计价活动。使用国有资金投资的建设工程发承包,必须采用工程量清单计价;非国有资金投资的建设工程,应当采用工程量清单计价;不采用工程量清单计价的建设工程,应执行计价规范中除工程量清单等专门性规定以外的其他规定。

国有资金投资的项目包括全部使用国有资金(含国家融资资金)投资和以国有资金投资为主的工程建设项目。后者是指国有资金占投资总额 50% 以上,或虽不足 50% 但国有资金投资者实质上拥有控股权的工程建设项目。

二、工程量清单的内容

根据《计价规范》规定,工程量清单应以单位(项)工程为单位编制,且应由分部分项工程项目清单、措施项目清单、其他项目清单、规费和税金项目清单组成。

编制工程量清单的依据如下:

(1)《计价规范》和相关工程的国家计量规范;

(2)国家或省级、行业建设主管部门颁发的计价定额和办法;

(3)建设工程设计文件及相关资料;

(4)与建设工程有关的标准、规范、技术资料;

(5)拟定的招标文件;

(6)施工现场情况、地勘水文资料、工程特点及常规施工方案;

(7)其他相关资料。

1.分部分项工程项目清单

分部分项工程是分部工程和分项工程的总称。分部工程是单位工程的组成部分,是指按结构部位、路段长度及施工特点或施工任务将单项或单位工程划分为若干分部。例如,砌筑工程分为砖砌体分部工程、砌块砌体分部工程、石砌体分部工程及垫层分部工程。分项工程是分部工程的组成部分,是指按不同施工方法、材料、工序及路段长度等将分部工程划分为若干个分项。例如,现浇混凝土基础工程分为垫层、带形基础、独立基础、满堂基础、桩承台基础、设备基础等分项工程。

分部分项工程项目清单必须载明项目编码、项目名称、项目特征、计量单位和工程量,这五个要素在分部分项工程项目清单中缺一不可。分部分项工程项目清单必须根据相关工程现行国家计量规范规定的项目编码、项目名称、项目特征、计量单位和工程量计算规则进行编制,其格式如表 4.2.1 所示。在分部分项工程项目清单的编制过程中,由招标人负责前六项内容的填写,"金额"部分在编制招标控制价或投标报价时填写。

表 4.2.1 分部分项工程项目清单格式

工程名称:　　　　　　　　　　　　　　　　标段:

序号	项目编码	项目名称	项目特征	计量单位	工程量	金额/元		
						综合单价	合价	其中暂估价

1)项目编码的设置

项目编码是分部分项工程项目清单和措施项目清单名称的阿拉伯数字标识。工程量清单的项目编码以五级编码设置,采用 12 位阿拉伯数字表示。第 1~9 位应按《计量规范》附录的规定统一设置,不得变动;第 10~12 位应根据拟建工程的工程量清单项目名称和项目特征,由清单编制人设置,并应自"001"起顺序编制。同一招标工程的项目编码不得重复。五级编码代表的含义如下:

(1)第一级为专业工程代码(第 1、2 位),如表 4.2.2 所示。

表 4.2.2 专业工程代码

第 1、2 位代码	代码表示的内容
01	房屋建筑与装饰工程
02	仿古建筑工程
03	通用安装工程
04	市政工程
05	园林绿化工程
06	矿山工程
07	构筑物工程

(2)第二级为专业工程附录分类顺序码(第 3、4 位)。

(3)第三级为分部工程顺序码(第 5、6 位)。

(4)第四级为分项工程项目名称顺序码(第 7~9 位)。

(5)第五级为工程量清单项目顺序码(第 10~12 位)。

项目编码示例如图 4.2.1 所示。

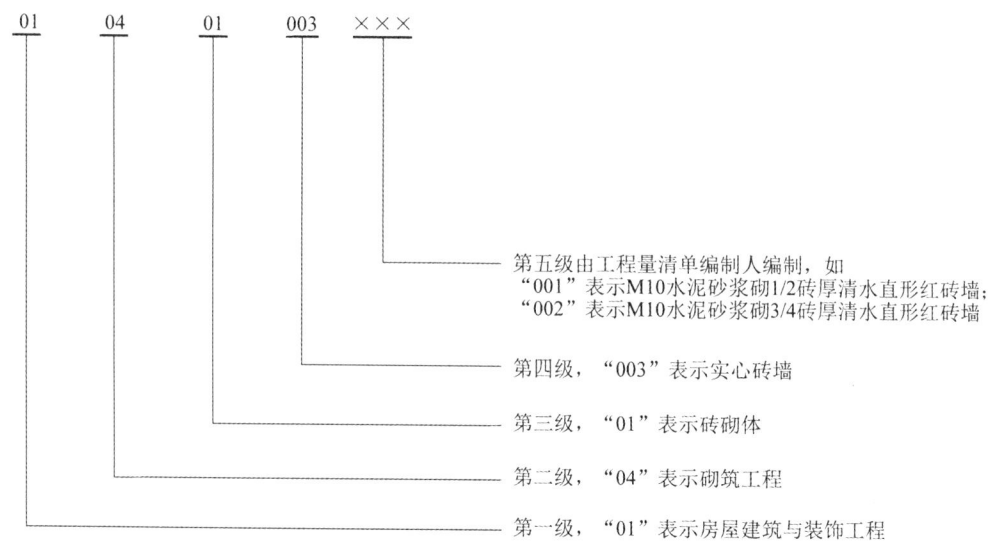

图 4.2.1 项目编码示例

2)项目名称的确定

分部分项工程项目清单的项目名称应根据《计量规范》附录的项目名称结合拟建工程的实际情况确定。《计量规范》附录中的项目名称为分项工程项目名称,是形成分部分项工程项目清单项目名称的基础。在编制分部分项工程项目清单时,应以《计量规范》附录中的分项工程项目名称为基础,考虑该项目的规格、型号、材质等特征要求,并结合拟建工程的实际情况,对项目名称进行适当的调整或细化,使其能够反映影响工程造价的主要因素。例如,《计量规范》中编号为"010502001"的项目名称为"矩形柱",则可根据拟建工程的实际情况将分部分项工程项目清单的项目名称确定为"C35 现浇混凝土矩形柱 500 mm×500 mm"。

3) 项目特征的描述

项目特征是指构成分部分项工程项目、措施项目自身价值的本质特征。工程量清单项目特征应按《计量规范》附录中规定的项目特征,结合拟建工程项目的实际予以描述。工程量清单的项目特征是确定一个清单项目综合单价不可缺少的重要依据,也是履行合同义务的基础。在编制工程量清单时,必须对项目特征进行准确而全面的描述,但有些项目特征用文字往往又难以准确而全面地描述清楚,因此,为达到规范、简洁、准确、全面描述项目特征的目的,在描述工程量清单项目特征时,应按《计量规范》附录中的规定,结合拟建工程的实际,满足确定综合单价的需要。

项目特征中必须描述的内容如下:

(1) 涉及正确计量的内容必须描述,如门窗洞口尺寸或框外围尺寸。

(2) 涉及结构要求的内容必须描述,如混凝土构件的混凝土强度等级是 C20 还是 C30;混凝土强度等级不同,其价格也不同,必须描述。

(3) 涉及材料要求的内容必须描述,如油漆的品种是调和漆还是硝基清漆等。

(4) 涉及安装方式的内容必须描述,如管道工程中的钢管是螺纹连接还是焊接,塑料管是粘结连接还是热熔连接等。

4) 计量单位的选择

计量单位应采用基本单位,除各专业另有特殊规定外,均按以下基本单位计量:① 以重量计算的项目——吨或千克(t 或 kg);② 以体积计算的项目——立方米(m³);③ 以面积计算的项目——平方米(m²);④ 以长度计算的项目——米(m);⑤ 以自然计量单位计算的项目——个、套、块、组、台等;⑥ 没有具体数量的项目——宗、项等。

当计量单位有两个或两个以上时,应根据所编工程量清单项目特征的要求,选择最适宜表现该项目特征并方便计量的单位。在同一个建设项目(或标段、合同段)中,有多个单位工程的相同项目计量单位必须保持一致。例如,门窗工程的计量单位为樘或 m²,实际工作中应选择最适宜、最方便计量和组价的一个单位来表示。

另外,计量单位的有效位数应遵守下列规定:

(1) 以"吨"为计量单位的应保留小数点后三位,第四位小数四舍五入;

(2) 以"立方米""平方米""米""千克"为计量单位的应保留小数点后两位,第三位小数四舍五入;

(3) 以"项""个"等为计量单位的应取整数。

5) 工程量的计算

工程量清单中所列工程量应按《计量规范》附录中规定的工程量计算规则计算。工程量计算规则是指对清单项目工程量计算的规定。除另有说明外,所有清单项目的工程量以实体工程量为准,并以完成后的净值来计算。因此,投标人投标报价时,应在综合单价中考虑施工中的各种损耗和需要增加的工程量。

采用工程量清单计算规则,工程的实体工程量是唯一的。统一的清单工程量,为各投标人提供了一个公平竞争的平台,也方便招标人对各投标人的报价进行对比。

6)补充项目

随着工程建设中新材料、新技术、新工艺等不断涌现,《计量规范》附录所列的工程量清单项目不可能包含所有项目。在编制工程量清单时,当出现《计量规范》附录中未包括的清单项目时,编制人应做补充。在编制补充时应注意以下三个方面:

(1)补充项目的编码应按《计量规范》的规定确定,具体做法如下:补充项目的编码由专业工程代码与"B"和三位阿拉伯数字组成,并应从"001"起顺序编制。例如,房屋建筑与装饰工程如需补充项目,则其编码应从"01B001"起顺序编制,同一招标工程的项目不得重码。

(2)在工程量清单中应附补充项目的项目名称、项目特征、计量单位、工程量计算规则和工作内容。

(3)将编制的补充项目报省级或行业工程造价管理机构备案。

2. 措施项目清单

措施项目是指为完成工程项目施工,发生于该工程施工准备和施工过程中的技术、生活、安全、环境保护等方面的项目。

措施项目清单必须根据《计量规范》的规定编制,并应根据拟建工程的实际情况列项。《计量规范》中规定的措施项目,包括脚手架工程,混凝土模板及支架(撑),垂直运输,超高施工增加,大型机械设备进出场及安拆,施工排水、降水,安全文明施工及其他措施项目。

《计量规范》中的措施项目可划分为两类。一类是可以计算工程量的措施项目(即单价措施项目),如脚手架工程、混凝土模板及支架(撑)等,同分部分项工程一样,编制工程量清单时必须列出项目编码、项目名称、项目特征、计量单位、工程量等。另一类是不能计算工程量的措施项目(即总价措施项目),如安全文明施工、夜间施工和二次搬运等,《计量规范》仅列出了项目编码、项目名称和包含的范围,未列出项目特征、计量单位和工程量计算规则,编制工程量清单时,必须按《计量规范》规定的项目编码、项目名称确定清单项目,不必描述项目特征或确定计量单位。总价措施项目清单格式如表4.2.3所示。

表 4.2.3　总价措施项目清单格式

序号	项目编码	项 目 名 称	计算基础	费率/(%)	金额/元	调整费率/(%)	调整后金额/元	备注
		安全文明施工费						
		夜间施工增加费						
		二次搬运费						
		冬、雨季施工增加费						
		合 计						

3. 其他项目清单

其他项目清单是指分部分项工程项目清单、措施项目清单所包含的内容以外,因招标人的特殊要求而发生的与拟建工程有关的其他费用项目和相应数量的清单。工程建设标准、工程的复杂程度、工程的工期、工程的组成内容、发包人对工程管理的要求等都会直接影响其他项目清单的具体内容。其他项目清单宜按表 4.2.4 所示的格式编制,出现未包含在表格中的项目,可根据工程实际情况补充。

表 4.2.4 其他项目清单格式

序号	项 目 名 称	金额/元	结算金额/元	备注
1	暂列金额			
2	暂估价			
2.1	材料(工程设备)暂估价/结算价			
2.2	专业工程暂估价/结算价			
3	计日工			
4	总承包服务费			
5	索赔与现场签证			
	合计			

1) 暂列金额

暂列金额是指招标人在工程量清单中暂定并包括在合同价款中的一笔款项,是用于工程合同签订时尚未确定或者不可预见的所需材料、工程设备、服务的采购,施工中可能发生的工程变更、合同约定调整因素出现时的工程价款调整以及发生的索赔、现场签证确认等的费用。

不管采用何种合同形式,对于暂列金额,理想的标准是,合同中注明的价格就是其最终的竣工结算价格,或者至少两者应该尽可能接近。我国对政府投资工程实行概算管理,经项目审批部门批复的设计概算是工程投资控制的刚性指标,即使是商业性的开发项目也有成本的预先控制问题,否则,无法相对准确地预测投资的收益或科学合理地进行投资控制。但工程建设自身的特性决定了工程的设计需要根据工程进展而变化,工程建设过程还会存在一些不能预见、不能确定的因素。"消化"这些因素必然会影响合同价格的调整,暂列金额正是为这些不可避免的价格调整而设立的,以便达到合理确定和有效控制工程造价的目标。

暂列金额如不能列出明细,也可只列暂定金额总额。设立暂列金额并不能保证合同结算价格不超过合同价格,合同结算价格是否超出合同价格完全取决于工程量清单编制人对暂列金额的设定是否准确,以及工程建设过程是否出现了其他事先未预测到的事件。

2) 暂估价

暂估价是指招标人在工程量清单中提供的用于支付必然发生但暂时不能确定价格的材料、工程设备及专业工程费用的金额,包括材料暂估单价、工程设备暂估单价和专业工程暂估价。暂估价类似于国际咨询工程联合会(FIDIC)合同条款中的"prime cost items",在招标阶段预见肯定要发生,但是因为标准不明确或者需要由专业承包人来完成,暂时无法确定价格或金额。暂估价和拟用项目应当结合工程量清单中的暂估价表予以补充说明。为方便合同管理和计价,需要纳入分部分项工程项目清单综合单价的暂估价应只是材料费、工程设备费,以方便投标人组价。

专业工程的暂估价一般应是综合暂估价,包括人工费、材料费、施工机具使用费、企业管理费和利润,不包括规费和税金。总承包招标时,专业工程设计深度往往是不够的,一般需要交由专业设计人设计,出于提高可建造性考虑,按国际惯例,一般由专业承包人负责设计,以发挥其专业技能和专业施工经验的优势。专业工程交由专业分包人完成是国际工程的良好实践,目前在我国工程建设领域也已经比较普遍。公开透明、合理地确定这类暂估价的实际开支金额的最佳途径,就是施工总承包人与工程建设项目招标人共同组织招标。

暂估价中的材料暂估单价与工程设备暂估单价应根据工程造价信息或者参照市场价格估算,列出明细表;专业工程暂估价应分不同专业,按有关计价规定估算,列出明细表。

3)计日工

计日工是指在施工过程中,承包人完成发包人提出的工程合同范围以外的零星项目或工作,按合同中约定的单价计价的一种方式。计日工是为了解决现场发生的零星工作的计价问题而设立的。国际上常见的标准合同条款中,大多数都设立了计日工(daywork)计价机制。计日工以完成零星工作所消耗的人工工时、材料数量、施工机械台班进行计量,并按照计日工表中填报的适用项目的单价进行计价支付。计日工适用的所谓零星项目或工作一般是指合同约定之外或者因变更而产生的、工程量清单中没有相应项目的额外工作,尤其是那些无法事先商定价格的额外工作。

关于计日工,应列出项目名称、计量单位和暂定数量。

4)总承包服务费

总承包服务费是指总承包人为配合协调发包人进行专业工程发包,对发包人自行采购的材料、工程设备等进行保管以及施工现场管理、竣工资料汇总整理等服务所需的费用。招标人应预计该项费用并按投标人的投标报价向投标人支付该项费用。

总承包服务费应列出服务项目及其内容等。

4. 规费和税金项目清单

1)规费项目清单

规费是指根据国家法律、法规,由省级政府或省级有关权力部门规定,施工企业必须缴纳的,应计入建筑安装工程造价的费用。

规费项目清单应按照下列内容列项:

(1)社会保险费,包括养老保险费、失业保险费、医疗保险费、工伤保险费、生育保险费;

(2)住房公积金;

(3)工程排污费。

出现《计价规范》未列的项目,应根据省级政府或省级有关权力部门的规定列项。

2)税金项目清单

税金项目清单应包括下列内容:

(1)增值税;

(2)城市维护建设税;

(3)教育费附加;

(4)地方教育附加。

出现《计价规范》未列的项目,应根据税务部门的规定列项。

三、招标控制价的编制

1. 概述

《中华人民共和国招标投标法实施条例》规定,招标人可以自行决定是否编制标底,一个招标项目只能有一个标底,标底必须保密;招标人设有最高投标限价的,应当在招标文件中明确最高投标限价或者最高投标限价的计算方法,招标人不得规定最低投标限价。

招标控制价是指招标人根据国家或省级、行业建设主管部门颁发的有关计价依据和办法,以及拟定的招标文件和招标工程量清单,结合工程具体情况编制的招标工程的最高投标限价。根据国家住房和城乡建设部颁发的《建筑工程施工发包与承包计价管理办法》,国有资金投资的建筑工程招标的,应当设有最高投标限价;非国有资金投资的建筑工程招标的,可以设有最高投标限价或者招标标底。

招标控制价应根据下列内容编制与复核:

(1) 相关计价规范、工程量计算规范等;

(2) 国家或省级、行业建设主管部门颁发的计价定额和计价办法;

(3) 建设工程设计文件及相关资料;

(4) 拟定的招标文件及招标工程量清单;

(5) 与建设项目相关的标准、规范、技术资料;

(6) 施工现场情况、工程特点及常规施工方案;

(7) 工程造价管理机构发布的工程造价信息(当工程造价信息没有发布时,参照市场价);

(8) 其他的相关资料。

2. 招标控制价的编制方法

招标控制价的编制内容包括分部分项工程费、措施项目费、其他项目费、规费和税金,各个部分有不同的计价要求。

1) 分部分项工程费的确定

招标控制价的分部分项工程费应由各单位工程的招标工程量清单乘以相应综合单价汇总而成。综合单价是指完成一个规定清单项目所需的人工费、材料和工程设备费、施工机具使用费、企业管理费、利润以及一定范围内的风险费用。风险费用是指隐含于已标价工程量清单综合单价中,用于化解发承包双方在工程合同中约定内容和范围的市场价格波动风险的费用。

$$综合单价 = 人工费 + 材料和工程设备费 + 施工机具使用费$$
$$+ 企业管理费 + 利润 + 风险费用$$
$$企业管理费 = (人工费 + 施工机具使用费) \times 管理费率$$
$$利润 = (人工费 + 施工机具使用费) \times 利润率$$
$$分部分项工程费 = \sum (分部分项工程量 \times 分部分项工程综合单价)$$

确定分部分项工程费时,分部分项工程量依据招标文件中提供的分部分项工程量清单确定。对招标文件中提供了暂估单价的材料,应按暂估单价计入综合单价。为使招标控制价与投标报价所包含的内容一致,综合单价应当包括招标文件中招标人要求投标人所承担的风险内容及其范围(幅度)产生的风险费用。

(1)综合单价的组价。

首先,依据提供的施工图纸、工程量清单项目名称和项目特征及工作内容,按照工程所在地区颁发的计价定额的规定,确定所组价的定额项目名称,并计算出相应的计价工程量。

其次,依据工程造价政策规定或工程造价信息确定其人工、材料和工程设备、机械台班单价。

再次,在考虑风险因素确定管理费率和利润率的基础上,按规定程序计算出所组价定额项目的合价。

最后,将若干项所组价的定额项目合价相加,除以工程量清单项目工程量,得到工程量清单项目综合单价。未计价材料费(包括暂估单价的材料费)应计入综合单价。

计算公式为

$$定额项目合价 = 计价工程量 \times [\sum (定额人工消耗量 \times 人工单价)$$
$$+ \sum (定额材料和工程设备消耗量 \times 材料和工程设备单价)$$
$$+ \sum (定额机械台班消耗量 \times 机械台班单价)$$
$$+ 企业管理费 + 利润 + 风险费用]$$

$$工程量清单项目综合单价 = (\sum 定额项目合价 + 未计价材料费) / 工程量清单项目工程量$$

(2)确定综合单价中的风险费用。

编制招标控制价过程中在确定其综合单价时,应考虑一定范围内的风险费用。在招标文件中应预留一定的风险费用,或明确说明风险所包含的范围及超出该范围的价格调整方法。对于招标文件中未做要求的,可按以下原则确定:①对于技术难度较大和管理复杂的项目,可考虑一定的风险费用,并纳入综合单价;②对于工程设备、材料价格的市场风险,应依据招标文件的规定,工程所在地或行业工程造价管理机构的有关规定,以及市场价格趋势,考虑一定的风险费用,纳入综合单价;③规费、税金等法律、法规和政策变化的风险费用以及人工单价等风险费用不应纳入综合单价。

2)措施项目费的确定

措施项目费中的安全文明施工费应当按照国家或省级、行业建设主管部门的规定标准计算,该部分不得作为竞争性费用。

措施项目费分为单价措施项目费和总价措施项目费两种。根据拟建工程的施工组织设计,对单价措施项目费,应按分部分项工程项目清单编制的方式采用综合单价计价;对总价措施项目费,应按有关规定确定计算基数和费率,采用综合方法取定,应包括除规费、税金外的全部费用。

$$单价措施项目费 = \sum (单价措施项目工程量 \times 单价措施项目综合单价)$$
$$总价措施项目费 = \sum (总价措施项目计算基数 \times 费率)$$

3)其他项目费的确定

其他项目费由暂列金额、暂估价、计日工、总承包服务费等内容构成。

（1）暂列金额。暂列金额应按招标工程量清单中列出的金额填写，如招标工程量清单未列出金额，可根据工程的复杂程度、设计深度、工程环境条件（包括地质、水文、气候条件等）进行估算，一般可以分部分项工程费的 10%～15% 为参考。

（2）暂估价。暂估价中的材料单价应按照工程造价管理机构发布的工程造价信息中的材料单价计算，工程造价信息未发布的材料单价，其单价参照市场价格估算。暂估价中的专业工程暂估价应分不同专业，按有关计价规定估算。

（3）计日工。在编制招标控制价时，对计日工中的人工单价和施工机械台班单价，应按省级、行业建设主管部门或其授权的工程造价管理机构公布的单价计算；材料单价应按工程造价管理机构发布的工程造价信息中的材料单价计算，工程造价信息未发布单价的材料，其价格应按市场调查确定的单价计算。

（4）总承包服务费。总承包服务费应按照省级或行业建设主管部门的规定计算，编制招标控制价时，应根据招标文件列出的内容和向总承包人提出的要求参照下列标准计算：①当招标人仅对分包的专业工程进行施工现场协调时，按分包的专业工程估算造价的 1.5% 左右计算；②当招标人要求对分包的专业工程既进行总承包管理和协调，又提供相应配合服务时，根据招标文件列出的配合服务内容，按分包的专业工程估算造价的 3%～5% 计算；③招标人自行供应材料的，按招标人供应材料价值的 1% 计算。

4）规费和税金的确定

规费和税金必须按国家或省级、行业建设主管部门规定的标准计算，不得作为竞争性费用。其中，税金计算公式为

$$税金 ＝（人工费＋材料费＋施工机具使用费$$
$$＋企业管理费＋利润＋规费）×综合税率$$

3. 编制招标控制价时应注意的问题

（1）采用的材料价格应是工程造价管理机构发布的工程造价信息中的材料单价，工程造价信息未发布单价的材料，其价格应通过市场调查确定。未采用工程造价管理机构发布的工程造价信息时，需在招标文件或答疑补充文件中对招标控制价采用的市场价格予以说明；采用的市场价格应通过市场调查、分析确定，并有可靠的信息来源。

（2）施工机械设备的选型直接关系到综合单价水平，应根据工程项目特点和施工条件，本着经济实用、先进高效的原则确定。

（3）应该正确、全面地使用行业和地方的计价定额，正确分析相关文件。

（4）不可竞争的措施项目费和规费、税金等的计算均具有强制性，编制招标控制价时应按国家有关规定计算。

（5）对于不同工程项目，不同施工单位会有不同的施工组织方法，所发生的措施项目费也会有所不同，因此，对于竞争性的措施项目费用的确定，招标人应首先编制常规的施工组织设计或施工方案，然后经专家论证确认后再进行措施项目与费用的合理确定。

（6）根据《计价规范》，由发包人承担计价风险的情况包括：① 国家法律、法规和政策发生变化；② 省级或行业建设主管部门发布人工费调整指示，但承包人对人工费人工单价的报价高于发布的除外；③ 由政府定价或政府指导价管理的原材料等价格进行了调整。这些由发包人承担的计价风险应在编制招标控制价时予以充分考虑。

四、投标报价的编制

投标报价是指投标人投标时响应招标文件要求所报出的,对已标价工程量清单进行汇总后标明的总价,它是依据招标工程量清单所提供的工程数量,计算综合单价和合价后形成的。

投标报价应根据下列内容编制和复核:

(1)《计价规范》;

(2)国家或省级、行业建设主管部门颁发的计价办法;

(3)企业定额,国家或省级、行业建设主管部门颁发的计价定额;

(4)招标文件,如招标工程量清单及其补充通知、答疑纪要;

(5)建设工程设计文件及相关资料;

(6)施工现场情况、工程特点及投标时拟定的施工组织设计或施工方案;

(7)与建设项目相关的标准、规范等技术资料;

(8)市场价格信息或工程造价管理机构发布的工程造价信息;

(9)其他的相关资料。

1. 投标报价的编制程序

招标工程量清单是投标报价的基础,投标报价是完成招标文件中发布的招标工程量清单的计价编制,投标报价的编制内容包括分部分项工程费、措施项目费、其他项目费、规费和税金,其编制程序如下:

(1)研究招标文件;

(2)调查工程现场;

(3)询价;

(4)复核工程量;

(5)编制报价。

2. 投标报价的编制方法

1)分部分项工程和单价措施项目清单与计价表的编制

投标人必须按招标工程量清单填报价格。项目编码、项目名称、项目特征、计量单位、工程量必须与招标人提供的一致,均不改动。综合单价和合价由投标人自主决定填写。投标报价中的分部分项工程费和单价措施项目费应由招标工程量清单中的工程量乘以相应综合单价汇总而成,如

$$分部分项工程费 = \sum(分部分项工程量 \times 分部分项工程综合单价)$$

(1)综合单价确定的步骤和方法。

第一步,确定计算基础。

计算基础主要包括消耗量指标和生产要素单价。应根据本企业的实际消耗量水平,并结合拟定的施工方案确定完成清单项目需要消耗的各种人工、材料、机械台班的数量。计算时应采用企业定额,在没有企业定额或企业定额缺项时,可参照与本企业实际水平相近的国

家、地区、行业定额,并通过调整来确定清单项目的人工、材料、施工机具单位用量。各种人工、材料和工程设备、机械台班单价则应根据询价的结果和市场行情综合确定。

第二步,分析每一清单项目工作内容。

在招标工程量清单中,招标人已对项目特征进行了准确、详细的描述,投标人根据这一描述,再结合施工现场情况和拟定的施工方案确定完成各清单项目实际发生的工作内容。必要时可参照《计量规范》提供的工作内容,有些特殊的工程也可能出现规范列表之外的工作内容。

第三步,计算工程内容的工程数量和清单单位含量。

每一项工程内容都应根据所选定额的工程量计算规则计算其工程数量,当定额的工程量计算规则与清单的工程量计算规则相一致时,可直接以工程量清单中的工程量作为工程内容的工程数量。

当采用清单单位含量计算人工费、材料费、施工机具使用费时,还需要计算每一计量单位的清单项目所分摊的工程内容的工程数量,即清单单位含量。清单单位含量计算公式为

$$清单单位含量 = 某工程内容的定额工程量 / 清单工程量$$

第四步,分部分项工程人工费、材料费、施工机具使用费的计算。

人工、材料、施工机具的消耗量一般参照定额进行确定。在编制招标控制价时,一般参照政府颁发的消耗量定额;在编制投标报价时,一般采用反映企业水平的企业定额,投标企业没有企业定额时可参照消耗量定额进行调整。

人工单价、材料单价和施工机械台班单价,应根据工程项目的具体情况及市场资源的供求状况进行确定,以市场价格作为参考,并考虑一定的调价系数。

按确定的分项工程人工、材料和机械的消耗量及询价获得的人工单价、材料单价、施工机械台班单价,与相应的计价工程量相乘,得到各定额子目的人工费、材料费和机械费(施工机具使用费),将各定额子目的人工费、材料费和机械费汇总后算出清单项目的人工费、材料费和机械费,即

$$\begin{aligned}清单项目人工费、材料费和机械费 = \sum \big[&计价工程量 \times (\sum 人工消耗量 \\ &\times 人工单价 + \sum 材料消耗量 \times 材料单价 \\ &+ \sum 台班消耗量 \times 台班单价)\big]\end{aligned}$$

第五步,计算综合单价。

企业管理费和利润可按照规定的取费基数以及一定的费率取费计算。依据 2018 年版《湖北省建筑安装工程费用定额》,企业管理费、利润是以人工费和施工机具使用费为基数,乘以相应的费率计算的,即

$$企业管理费 = (人工费 + 施工机具使用费) \times 企业管理费费率$$
$$利润 = (人工费 + 施工机具使用费) \times 利润率$$

将以上步骤计算出的费用汇总,并考虑合理的风险费用后,可得到清单综合单价,即

$$\begin{aligned}综合单价 = \sum(&人工费 + 材料费 + 机械费 + 企业管理费 \\ &+ 利润 + 风险费用) / 清单工程量\end{aligned}$$

根据计算出的综合单价,可编制分部分项工程量清单与计价表以及综合单价分析表。其中,综合单价分析表可填写使用的企业定额名称,也可填写使用的省级或行业建设主管部门发布的计价定额,如未使用则不填写。

（2）确定综合单价时应注意的事项。

第一，以项目特征描述为依据。

项目特征是确定综合单价的重要依据之一，投标人投标报价时应依据招标文件中分部分项工程量清单的项目特征描述确定清单项目的综合单价。在招投标过程中，当招标文件中分部分项工程量清单项目特征描述与设计图纸不符时，投标人应以分部分项工程量清单的项目特征描述为准，确定投标报价的综合单价。当施工过程中施工图纸或设计变更与工程量清单的项目特征描述不一致时，发承包双方应按实际施工的项目特征，依据合同约定重新确定综合单价。

第二，进行材料、工程设备暂估价的处理。

投标人应将招标文件中提供了暂估单价的材料和工程设备，按其暂估的单价计入分部分项工程清单项目的综合单价，并应计算出暂估单价的材料在综合单价及其合价中的具体数额，因此，为更详细地反映暂估价情况，可在分部分项工程项目清单中增设一栏"其中暂估价"。

第三，考虑合理的风险。

招标文件中要求投标人承担的风险费用，投标人应考虑计入综合单价。在施工过程中，当出现的风险内容及其范围（幅度）在招标文件规定的范围（幅度）内时，综合单价不得变动，合同价款不得调整。根据国际惯例并结合我国工程建设的特点，投标人应完全承担的风险是技术风险和管理风险，如企业管理费和利润；应有限度地承担的风险是市场风险，如材料、工程设备涨价及施工机械使用风险等；应完全不承担的是法律、法规和政策变化的风险。

为此，《计价规范》规定，国家法律、法规和政策变化，省级及行业建设主管部门发布人工费调整（投标人对人工费或人工单价的报价高于发布的除外），由政府定价或政府指导价管理的原材料等价格进行了调整的风险由招标人承担。

由于市场物价波动影响合同价款的，应由招投标双方合理分摊；材料、工程设备价格的涨幅在招标时基准价格的5%以内，施工机械使用费的涨幅在招标时基准价格的10%以内，由投标人承担，超过者予以调整。

企业管理费和利润的风险由投标人全部承担。

2）总价措施项目清单与计价表的编制

对于不能精确计算的措施项目，应编制总价措施项目清单与计价表。投标人对措施项目中的总价项目投标报价应遵循以下原则：

（1）措施项目的内容应依据招标人提供的措施项目清单和投标人投标时拟定的施工组织设计或施工方案确定。

（2）措施项目费由投标人自主确定，但其中安全文明施工费必须按国家或省级、行业建设主管部门的规定计价，不得作为竞争性费用。招标人不得要求投标人针对该项费用提供优惠。

3）其他项目费与计价表的编制

其他项目费主要包括暂列金额、暂估价、计日工以及总承包服务费等内容。投标人对其他项目费进行投标报价时应遵循以下原则：

（1）暂列金额应按照招标工程量清单中列出的金额填写，不得变动。

（2）材料暂估价不得变动和更改。暂估价中的材料、工程设备暂估单价必须按照招标人提供的暂估单价计入清单项目的综合单价；专业工程暂估价必须按照招标人提供的其他项目清单中列出的金额填写。材料、工程设备暂估单价和专业工程暂估价均由招标人提供，为暂估价格，在工程实施过程中，对于不同类型的材料与专业工程采用不用的计价方法。

（3）计日工应按照招标工程量清单列出的项目和估算的数量，自主确定各项综合单价并计算费用。

（4）总承包服务费应根据招标人在招标文件中列出的分包专业工程内容和供应材料、设备情况，按照招标人提出的协调、配合与服务要求和施工现场管理需要自主确定。

4）规费、税金的计算与确定

规费和税金应按国家或省级、行业建设主管部门规定的标准计算，不得作为竞争性费用。

规费和税金的计取标准是依据有关法律、法规和政策规定制定的，具有强制性。具体计算时，一般按国家及有关部门规定的计算公式和费率标准进行。

5）投标报价的汇总

投标人的投标总价应当与组成已标价工程量清单的分部分项工程费、措施项目费、其他项目费和规费、税金的合计金额一致，即投标人在进行投标报价时，不能提供投标总价优惠（或降价、让利），投标人对招标人的任何优惠（或降价、让利）均应反映在相应清单项目的综合单价上。

3. 编制投标报价时应注意的问题

（1）《计价规范》规定，投标报价不得低于工程成本，投标人的投标报价高于招标控制价的应予废标。投标价应由投标人或受其委托具有相应资质的工程造价咨询人编制。

（2）招标工程量清单与计价表中列明的所有需要填写单价和合价的项目，投标人均应填写且只允许有一个报价。未填写单价和合价的项目，可视为此项费用已包含在已标价工程量清单中其他项目的单价和合价之中。当竣工结算时，此项目不得重新组价予以调整。

（3）必须复核工程量清单中的工程量，应以实际施工工程量（计价工程量）来计算工程造价，以招标人提供的清单工程量进行报价。注意清单工程量计算规则与计价工程量计算规则的区别。

（4）投标报价的人工、材料、机械消耗量应根据企业定额而定，现阶段应按照各省、自治区、直辖市的计价定额计算。投标报价中的人工、材料、机械单价应根据市场价格自主报价（暂估价除外）。

（5）投标报价应在满足招标文件要求的前提下，实行人工、材料、机械消耗量自定，综合单价及费用自选，全面竞争，自由报价。其中，可以自主确定和计算的有企业定额消耗量，人工、材料、机械单价，管理费率，利润率，措施费用，计日工单价，总承包服务费等；不能自主确定和计算的有安全文明施工费、规费、税金、暂列金额、暂估价、计日工等。

任务 3 工程量计算原理

一、工程量的概念

工程量是指按一定规则以物理计量单位或自然计量单位所表示的建设工程各分部分项

工程、措施项目或结构构件的数量。物理计量单位是指以公制度量表示的长度、面积、体积和重量等计量单位;自然计量单位是指以建筑成品在自然状态下的简单点数所表示的个、条、块等计量单位。

工程量是确定建筑安装工程造价、承包方生产经营管理、发包方管理工程建设的重要依据。

二、工程量计算的基本要求

无论什么工程,必须在看懂图纸、熟悉图纸内容的前提下进行工程量计算,并且绝不能人为地加大或减小数据,只能按图纸尺寸计算,这是一个最基本的要求。在计算工程量的过程中,必须遵循下列基本要求:

(1)计算口径要一致。

计算工程量时,根据施工图纸列出的分项工程的口径(指分项工程所包括的内容和范围)应与预算定额(或《计量规范》)规定相对应的分项工程的口径相一致。在分项工程的列项上,既不允许漏项,也不允许重复,只能与定额(或《计量规范》)规定的口径相一致。如楼地面分部工程的卷材防潮层定额项目中,已包括刷冷底子油一遍和附加卷材层工料的消耗,所以在计算该分项工程量时,不能再列刷冷底子油项目。

(2)工程量计量单位必须同相关定额标准(或《计量规范》)中规定的计量单位一致。

在计算工程量时,首先要弄清楚的就是相关定额标准(或《计量规范》)中的计量单位。分项工程的工程量计量单位必须与定额标准(或《计量规范》)相应项目中的计量单位一致。

(3)工程量计算规则要与现行定额标准(或《计量规范》)要求一致。

工程量计算规则是整个工程量计算的指南,是预算定额编制的重要依据之一,也是预算定额和工程量计算之间联系、沟通与统一的桥梁。只有使用按工程量计算规则计算出来的工程量,才能从定额中分析出相应的活劳动与物化劳动的消耗量。在清单计价模式下,投标单位报价前按施工图纸计算工程量时,所采用的计算规则必须与本地区现行的定额工程量计算规则相一致,这样才能有统一的计算标准,防止错算。

(4)必须与设计图纸的设计规定一致。

工程量计算项目名称与设计图纸的设计规定应保持一致,不得随便修改名称去高套定额。

(5)工程量计算式列项时必须部位清楚,或做简要文字注释,算式应按一定的格式排列。

(6)计算必须准确,不重算、不漏算。

计算工程量时,必须严格按照图示尺寸计算,不得任意加大或减小。

注意工程量数据的位数:钢材以吨(t)为计量单位,木材以立方米(m^3)为计量单位,均保留三位小数;其余项目一般都保留两位小数,土方汇总时取整数。

三、工程量的计算顺序

一个单位工程的分项工程很多,稍有疏忽,就会有漏项少算和重复多算的现象发生,因

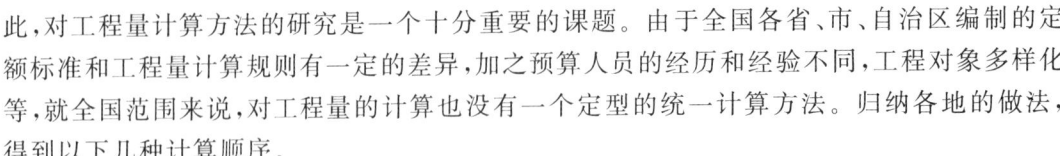

此,对工程量计算方法的研究是一个十分重要的课题。由于全国各省、市、自治区编制的定额标准和工程量计算规则有一定的差异,加之预算人员的经历和经验不同,工程对象多样化等,就全国范围来说,对工程量的计算也没有一个定型的统一计算方法。归纳各地的做法,得到以下几种计算顺序。

1. 按定额标准(或《计量规范》)的编排顺序列项计算

按定额标准(或《计量规范》)的编排顺序列项计算的方法是,按照定额标准(或《计量规范》)所排列的分部分项顺序列项依次进行计算,如按土石方、砖砌体、混凝土及钢筋混凝土、脚手架等分部分项进行计算。

2. 按施工顺序列项计算

按施工顺序列项计算的方法是按施工的先后顺序安排工程量的计算顺序。如基础工程是按平整场地,挖地槽、地坑,基础垫层,砌砖石基础,现浇混凝土基础,基础防潮层,基础回填土,余土外运等列项计算,这种方法打破了按定额标准(或《计量规范》)分部分项列项计算的限制。

3. 按顺时针方向列项计算

按顺时针方向列项计算的方法是按从平面图的左上角开始,从左到右按顺时针方向环绕一周,再回到左上角的顺序列项计算。

4. 按先横后竖、先上后下、先左后右的顺序列项计算

按先横后竖、先上后下、先左后右的顺序列项计算的方法是指,在同一平面图上有纵横交错的墙体时,可按照先横后竖的顺序进行计算,且计算横墙时先上后下,横墙间断时先左后右;计算竖墙时先左后右,竖墙间断时先上后下。如计算内墙基础、内墙砌筑、内墙墙身防潮等均按此顺序进行计算。

5. 按构件的分类和编号顺序列项计算

按构件的分类与编号顺序列项计算的方法是对不同的构件、配件,如空心板、平板、过梁、单梁、门窗等,就其自身的编号(如柱——Z1、Z2 等,梁——L1、L2 等,门 M1、M2 等)分别依次列表计算。这种按分类和编号列项计算的方法,既方便检查核对,又能简化计算式,因此各类构件均可采用此方法计算工程量。

以上所述仅是工程量计算的一般方法。不论采用何种计算方法,都应做到项目不重复计算、不漏算,数据准确可靠,方法科学简便,只有这样才能不断提高工程造价的编制速度和质量。

 习题

1. 清单计价与定额计价有哪些相同点?有哪些不同点?
2. 工程量清单的内容有哪些?编制时分别有哪些要注意的地方?

3.投标报价与招标控制价的编制有哪些相同点？有哪些不同点？

4.经计算，湖北省某工程的人工费为 36 000.00 元，材料费为 82 450.62 元，机械费为 15 844.59元；单价项目措施费为 12 500.96 元，其中人工费为 5 540.00 元，材料费为 5 390.56元，机械费为1 570.40元。试根据当地的费用定额和取费标准，采用工程量清单计价方法，计算该工程的造价。

项目 5

建筑工程计量

■ 知识目标

1. 了解土石方工程、地基处理与边坡支护工程及桩基工程施工工艺,以及相应的计量基础知识;

2. 了解砌筑工程的施工工艺及相应的计量基础知识;

3. 了解混凝土工程的计量基础知识;

4. 了解钢筋工程的施工工艺及相应的计量基础知识;

5. 了解屋面及防水工程与保温、隔热、防腐工程的施工工艺,以及相应的计量基础知识;

6. 掌握建筑装饰工程量清单编制与计量的基础知识;

7. 掌握脚手架、模板等措施项目的计量基础知识;

8. 掌握各类工程的工程量计算规则。

■ 能力目标

1. 能准确计算定额工程量;

2. 能快速编制工程量清单。

任务 1 土石方工程、地基处理与边坡支护工程及桩基工程计量

一、土石方工程计量

1. 土石方工程概述

在《房屋建筑与装饰工程工程量计算规范》(GB 50854—2013)中,土石方工程包括三个部分,分别是土方工程、石方工程和回填。

土石方工程及其构成的项目编码如表 5.1.1 所示。

表 5.1.1 土石方工程及其构成的项目编码

土石方工程(项目编码:0101)		
土方工程(项目编码:010101)	石方工程(项目编码:010102)	回填(项目编码:010103)

计算土石方工程量前应确定的资料如下:

(1) 土壤及岩石类别的确定。土石方工程土壤及岩石类别的划分,依工程勘测资料与土壤及岩石分类(见表 5.1.2 和表 5.1.3)对照后确定。

表 5.1.2 土壤分类

土壤分类	土壤名称	开挖方法
一、二类土	粉土、砂土(粉砂、细砂、中砂、粗砂、砾砂)、粉质黏土、弱中盐渍土、软土(淤泥质土、泥炭、泥炭质土)、软塑红黏土、冲填土	用锹,少许用镐、条锄开挖;机械能全部直接铲挖满载者
三类土	黏土、碎石土(圆砾、角砾)混合土、可塑红黏土、硬塑红黏土、强盐渍土、素填土、压实填土	主要用镐、条锄,少许用锹开挖;机械需部分刨松方能铲挖满载者或可直接铲挖但不能满载者
四类土	碎石土(卵石、碎石、漂石、块石)、坚硬红黏土、超盐渍土、杂填土	全部用镐、条锄挖掘,少许用撬棍挖掘;机械须普遍刨松方能铲挖满载者

注:本表土的名称及其含义按《岩土工程勘察规范(2009 年版)》(GB 50021—2001)定义。

表 5.1.3 岩石分类

岩石分类		代表性岩石	开挖方法
极软岩		(1) 全风化的各种岩石; (2) 各种半成岩	部分用手凿工具、部分用爆破法开挖
软质岩	软岩	(1) 强风化的坚硬岩或较硬岩; (2) 中等风化—强风化的较软岩; (3) 未风化—微风化的页岩、泥岩、泥质砂岩等	用风镐和爆破法开挖
	较软岩	(1) 中等风化—强风化的坚硬岩或较硬岩; (2) 未风化—微风化的凝灰岩、千枚岩、泥灰岩、砂质泥岩等	用爆破法开挖

岩 石 分 类		代 表 性 岩 石	开 挖 方 法
硬质岩	较硬岩	（1）微风化的坚硬岩； （2）未风化—微风化的大理岩、板岩、石灰岩、白云岩、钙质砂岩等	用爆破法开挖
	坚硬岩	未风化—微风化的花岗岩、闪长岩、辉绿岩、玄武岩、安山岩、片麻岩、石英岩、石英砂岩、硅质砾岩、硅质石灰岩等	用爆破法开挖

注：本表依据《工程岩体分级标准》（GB 50218—2014）和《岩土工程勘察规范（2009 年版）》（GB 50021—2001）整理。

（2）地下水位标高及排（降）水方法。

（3）土石方、沟槽、基坑开挖起止标高、施工方法及运距。

挖土方、挖石方平均厚度应按自然地面测量标高至设计地坪标高间的平均厚度确定。基础土方、石方开挖深度应按基础垫层底面标高至交付施工场地标高确定；无交付场地标高时，可按自然地面标高确定。

（4）土石方的开挖、运输均按开挖前的天然密实体积计算。土方回填按回填后的竣工体积计算。不同状态的土石方体积按表 5.1.4 和表 5.1.5 所示系数折算。

表 5.1.4　土方体积折算系数

天然密实度体积	虚 方 体 积	夯实后体积	松 填 体 积
0.77	1.00	0.67	0.83
1.00	1.30	0.87	1.08
1.15	1.50	1.00	1.25
0.92	1.20	0.80	1.00

注：1. 虚方指未经碾压、堆积时间≤1 年的土壤。
　　2. 本表按《全国统一建筑工程预算工程量计算规则》整理。
　　3. 设计密实度超过规定的，填方体积按工程设计要求执行；无设计要求时按各省、自治区、直辖市或行业建设行政主管部门规定的系数执行。

表 5.1.5　石方体积折算系数

石 方 类 别	天然密实度体积	虚 方 体 积	松 填 体 积	码　　方
石方	1.0	1.54	1.31	—
块石	1.0	1.75	1.43	1.67
砂夹石	1.0	1.07	0.94	—

注：本表按中华人民共和国建设部批准颁发的《爆破工程消耗量定额》整理。

2. 土石方工程中部分项目划分的规定

1）平整场地

平整场地（见图 5.1.1）是指建筑物所在现场厚度差距≤300 mm 的就地挖、填及平整。其工程量按设计图示尺寸以建筑物首层建筑面积计算。项目特征包括土壤类别、弃土运距和取土运距。

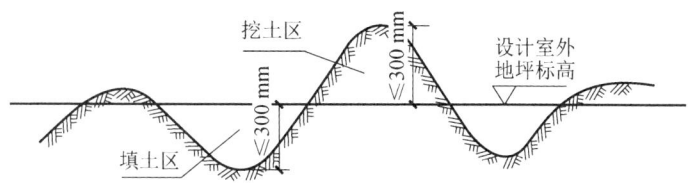

图 5.1.1　平整场地示意图

平整场地时若需要外运土方或取土回填,在清单项目特征中应描述弃土运距或取土运距,其报价应包括在平整场地项目中;当清单中没有描述弃、取土运距时,应注明由投标人根据施工现场实际情况自行考虑到投标报价中。

2)挖一般土(石)方

超出基坑、沟槽范围,又非平整场地的为一般土(石)方。其工程量按设计图示尺寸以体积计算。桩间挖土(石)不扣除桩的体积,并需在项目特征中加以描述。

3)挖沟槽土(石)方、挖基坑土(石)方

底宽(设计图示垫层或基础的底宽,下同)≤7 m且底长>3倍底宽,为沟槽;底长≤3倍底宽且底面积≤150 m²,为基坑。工程量按设计图示尺寸以基础垫层底面积乘以挖土(石)深度计算。

以上项目划分的规定可归入表5.1.6中。

表 5.1.6　平整场地、挖一般土(石)方、挖沟槽土(石)方、挖基坑土(石)方项目划分

项　　目	特　征　规　定
平整场地	建筑物场地厚度差距≤300 mm的挖、填及平整
挖一般土(石)方	底面积>150 m²;底宽>7 m;建筑物场地厚度差距>300 mm的竖向布置挖土(石)或山坡切土(凿石)
挖沟槽土(石)方	底宽≤7 m且底长>3倍底宽
挖基坑土(石)方	底面积≤150 m²且底长≤3倍底宽

3. 土方工程计量

土方工程包括平整场地,挖一般土方,挖沟槽土方,挖基坑土方,冻土开挖,挖淤泥、流砂,管沟土方等项目。

土方工程工程量清单项目设置、项目特征描述的内容、计量单位及工程量计算规则,应按表5.1.7所示的规定执行。

表 5.1.7　土方工程(项目编码:010101)

项目编码	项目名称	项目特征	计量单位	工程量计算规则	工作内容
010101001	平整场地	(1)土壤类别; (2)弃土运距; (3)取土运距	m²	按设计图示尺寸以建筑物首层建筑面积计算	(1)土方挖填; (2)场地找平; (3)运输

51

续表

项目编码	项目名称	项目特征	计量单位	工程量计算规则	工作内容
010101002	挖一般土方	(1) 土壤类别; (2) 挖土深度; (3) 弃土运距	m³	按设计图示尺寸以体积计算	(1) 排地表水; (2) 土方开挖; (3) 围护(挡土板)及拆除; (4) 基底钎探; (5) 运输
010101003	挖沟槽土方			按设计图示尺寸以基础垫层底面积乘以挖土深度计算	
010101004	挖基坑土方				
010101005	冻土开挖	(1) 冻土厚度; (2) 弃土运距		按设计图示尺寸开挖面积乘以厚度,以体积计算	(1) 爆破; (2) 开挖; (3) 清理; (4) 运输
010101006	挖淤泥、流砂	(1) 挖掘深度; (2) 弃淤泥、流砂距离		按设计图示位置、界线以体积计算	(1) 开挖; (2) 运输
010101007	挖管沟土方	(1) 土壤类别; (2) 管外径; (3) 挖沟深度; (4) 回填要求	m 或 m³	(1) 以米计量,按设计图示以管道中心线长度计算。 (2) 以立方米计量,按设计图示管底垫层面积乘以挖土深度计算;无管底垫层按管外径的水平投影面积乘以挖土深度计算;不扣除各类井的长度,井的土方并入	(1) 排地表水; (2) 土方开挖; (3) 围护(挡土板)、支撑; (4) 运输; (5) 回填

注:1. 建筑物场地厚度差距≤300 mm 的挖、填、运、找平,应按本表中平整场地项目编码列项。厚度差距>300 mm 的竖向布置挖土或山坡切土应按本表中挖一般土方项目编码列项。

2. 挖土方如需截桩头,应按桩基工程相关项目编码列项。

3. 弃、取土运距可以不描述,但应注明由投标人根据施工现场实际情况自行考虑,决定报价。

4. 土壤的分类应按表 5.1.2 确定,如土壤类别不能准确划分,招标人可注明为"综合",由投标人根据地勘报告决定报价。

5. 土方体积应按挖掘前的天然密实体积计算。非天然密实土方应按表 5.1.4 折算。

6. 挖沟槽、基坑、一般土方因工作面和放坡增加的工程量(管沟工作面增加的工程量)是否并入各土方工程量,应按各省、自治区、直辖市或行业建设主管部门的规定实施,如并入各土方工程量,办理工程结算时,按经发包人认可的施工组织设计规定计算,编制工程量清单时,可按相关放坡系数、基础施工所需工作面宽度、管沟施工每侧所需工作面宽度规定计算。

7. 挖方出现流砂、淤泥时,如设计未明确,在编制工程量清单时,其工程数量可为暂估量,结算时应根据实际情况由发包人与承包人双方现场签证确认工程量。

8. 挖管沟土方项目适用于管道(给排水、工业、电力、通信)、光(电)缆沟(包括人(手)孔、接口坑)及连接井(检查井)等。

以下叙述中,按照《房屋建筑与装饰工程工程量计算规范》(GB 50854—2013)计算规则计算的工程量简称清单工程量,按照 2018 年版《湖北省建设工程公共专业消耗量定额及全费用基价表》、2018 年版《湖北省房屋建筑与装饰工程消耗量定额及全费用基价表》计算规则计算的工程量简称定额工程量。

1) 平整场地

(1) 清单工程量计算。

按设计图示尺寸以建筑物首层建筑面积计算,即

$$S_{场} = S_{首}$$

式中：$S_{场}$——平整场地清单工程量(面积)；

$S_{首}$——建筑物首层建筑面积。

例 5.1.1

图 5.1.2 所示为某建筑物首层平面图,计算该建筑物平整场地清单工程量。

解

建筑物平整场地清单工程量 $S = (7\ 000\ \text{mm} + 15\ 000\ \text{mm}) \times 9\ 000\ \text{mm} + 7\ 000\ \text{mm} \times 6\ 000\ \text{mm} = 2.4 \times 10^8\ \text{mm}^2 = 240\ \text{m}^2$。

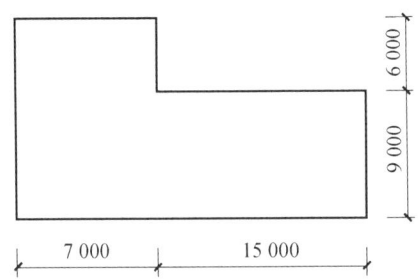

图 5.1.2 某建筑物首层平面图(单位:mm)

(2)定额工程量计算。

按设计图示尺寸以建筑物首层建筑面积计算。建筑物地下室结构外边线突出首层结构外边线时,其突出部分的建筑面积合并计算,以平方米计。

土方工程平整场地项目清单工程量与定额工程量如图 5.1.3 所示。

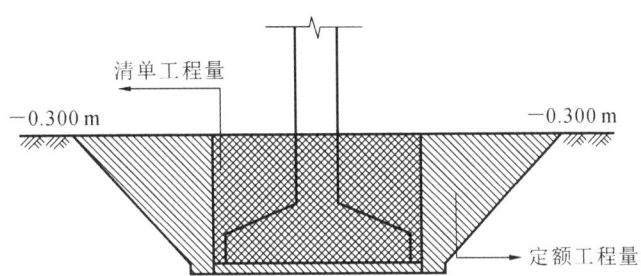

图 5.1.3 土方工程平整场地项目清单工程量与定额工程量

2)挖沟槽土方

(1)清单工程量计算。

按设计图示尺寸以体积计算土方工程量,不考虑因为施工中放坡和加宽工作面引起的土方工程量增加,则

$$挖沟槽土方工程量 = 基础垫层面积 \times 挖土深度$$
$$= 沟槽计算长度 \times 沟槽断面积$$

沟槽计算长度:挖外墙基沟槽按外墙中心线长度计算;挖内墙基沟槽按图 5.1.4 所示的沟槽(无垫层时按基础底面)净长线长度计算。

挖沟槽宽度:有垫层时按垫层宽度计算;无垫层时按基础底宽计算。

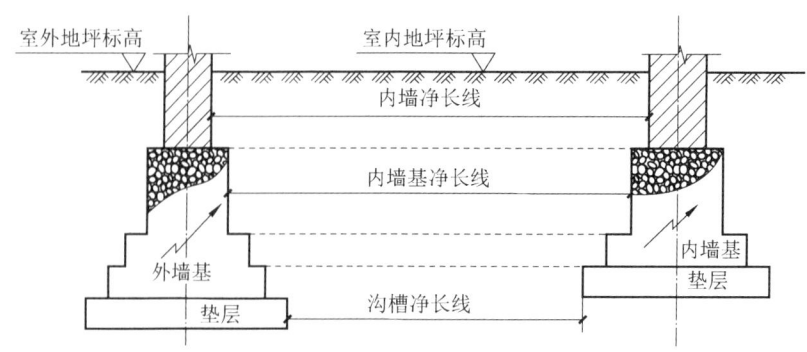

图 5.1.4 沟槽净长线长度示意

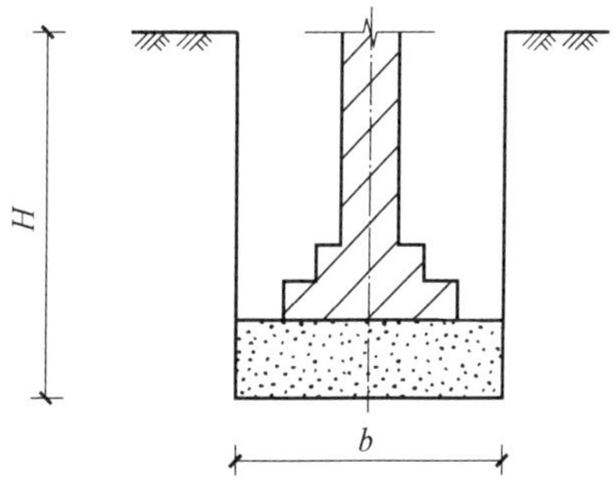

挖土深度:以自然地坪到槽底的垂直深度计算。自然地坪标高不明确时,可采用室外设计地坪标高计算;当沟槽深度不同时,应分别计算。

沟槽断面如图 5.1.5 所示时,沟槽断面积计算公式为

$$S_{沟槽断面} = b \times H$$

式中:b——沟槽宽度;

H——挖土深度。

图 5.1.5 沟槽断面

(2)定额工程量计算。

在按图计算的基础上,考虑放坡和加宽工作面增加的土方工程量。放坡系数的选择参照表 5.1.8,工作面宽度的增加参照表 5.1.9 和表 5.1.10。当开挖深度超过表 5.1.8 中的放坡起点时就需放坡。

表 5.1.8 放坡系数表(K)

土壤类别	放坡起点/m	人工挖土	机械挖土		
			在坑内作业	在坑上作业	顺沟槽在坑上作业
一、二类土	1.20	1:0.5	1:0.33	1:0.75	1:0.5
三类土	1.50	1:0.33	1:0.25	1:0.67	1:0.33
四类土	2.00	1:0.25	1:0.10	1:0.33	1:0.25

注:1.沟槽、基坑中土壤类别不同时,分别按其放坡起点、放坡系数,依不同土壤类别厚度加权平均计算。
2.计算放坡时,在交接处的重复工程量不予扣除,原槽、坑作为基础垫层时,放坡自垫层上表面开始计算。

表 5.1.9 基础施工所需工作面宽度计算表

基础材料	每边各增加工作面宽度/mm
砖基础	200
浆砌毛石、条石基础	150
混凝土基础垫层支模板	300
混凝土基础支模板	300
基础垂直面做防水层	1 000(防水层面)

注:本表按《全国统一建筑工程预算工程量计算规则》整理。

表 5.1.10 管沟施工每侧所需工作面宽度计算表 单位:mm

管 沟 材 料	管道结构宽			
	≤500	≤1 000	≤2 500	>2 500
混凝土及钢筋混凝土管道	400	500	600	700
其他材质管道	300	400	500	600

注:1.本表按《全国统一建筑工程预算工程量计算规则》整理。

　　2.管道结构宽:有管座的按基础外缘计算;无管座的按管道外径计算。

① 沟槽计算长度、宽度、深度计算规则同清单工程量计算规则。

② 沟槽断面如图 5.1.6 所示时,沟槽断面积计算公式为

$$S_{沟槽断面} = (b_1 + 2c + KH) \times H$$

式中:b_1——基础底宽;

　　c——每边增加的工作面宽度;

　　H——挖土深度。

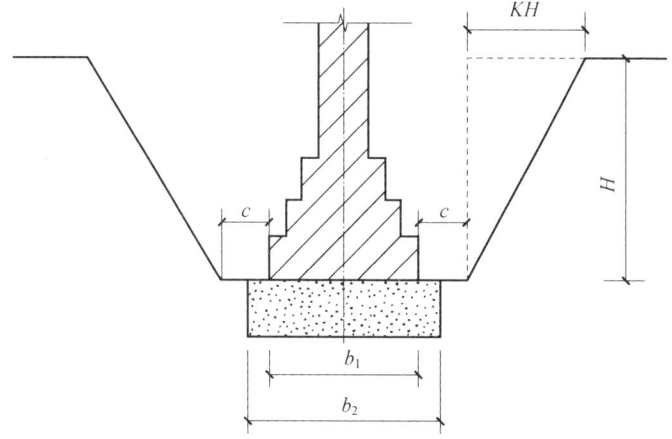

图 5.1.6　沟槽断面(放坡、加宽工作面)

例 5.1.2

某房屋工程基础平面及剖面如图 5.1.7 所示,已知土质为一、二类土,地下常水位标高为 -1.000 m,设计室外地坪标高为 -0.300 m,自然地坪标高为 -0.450 m。试计算该基础土方开挖工程量。

解

对于 1—1 剖面所示基础土方开挖:$L = (5\ \text{m} + 6\ \text{m}) \times 2 = 22\ \text{m}$;$H = 1.60\ \text{m} - 0.45\ \text{m} = 1.15\ \text{m}$;$V = (1.2\ \text{m} + 0.1\ \text{m} \times 2) \times 1.15\ \text{m} \times 22\ \text{m} = 35.42\ \text{m}^3$。

对于 2—2 剖面所示基础:$L = 5\ \text{m} - 1.4\ \text{m} = 3.6\ \text{m}$;$V = (1\ \text{m} + 0.2\ \text{m}) \times 1.15\ \text{m} \times 3.6\ \text{m} = 4.97\ \text{m}^3$。

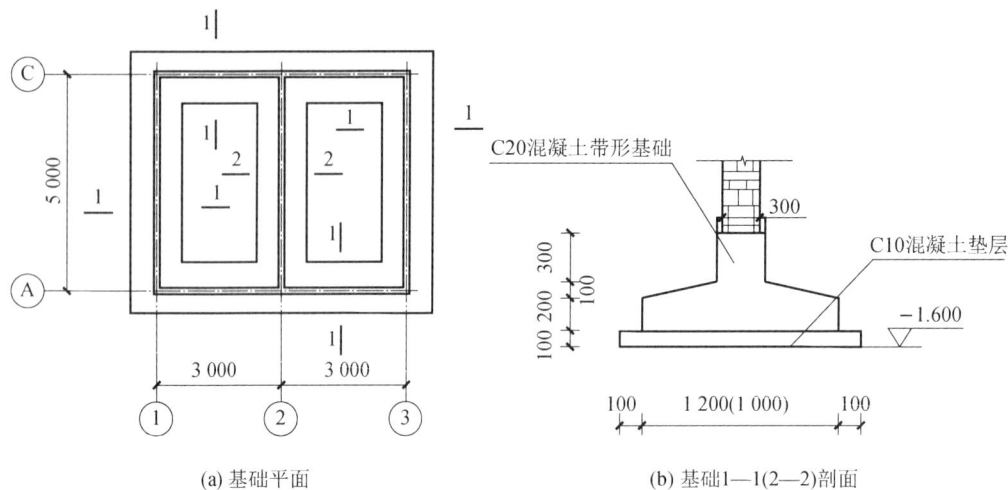

(a) 基础平面　　　　　　　(b) 基础1—1(2—2)剖面

图 5.1.7　某房屋工程基础平面及剖面(标高单位为 m,其余单位为 mm)

3）挖基坑土方

（1）清单工程量计算。

挖基坑土方的清单工程量可按设计图示尺寸以基础垫层底面积乘以挖土深度计算,不考虑放坡和加宽工作面引起的土方工程量增加。

方形基坑土方工程量计算公式为

$$V = B \times L \times H$$

圆形基坑土方工程量计算公式为

$$V = \pi H R^2$$

式中：B、L——方形基坑的长、宽；

　　　R——圆形基坑半径；

　　　H——挖土深度(同沟槽)。

（2）定额工程量计算。

挖基坑土方定额工程量计算应考虑放坡和加宽工作面引起的土方工程量增加,把因加宽工作面和放坡增加的土方工程量,并入各土方工程量。放坡系数参照表 5.1.8,工作面的增加宽度参照表 5.1.9。

建筑物方形基坑放坡及加宽工作面自垫层下表面开始(见图 5.1.8)。建筑物原坑作为基础垫层时,放坡和加宽工作面自垫层上表面开始计算。

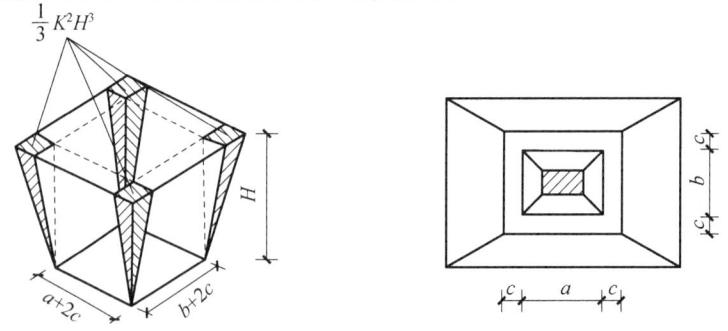

图 5.1.8　挖方形基坑时放坡及加宽工作面示意

基坑土方工程量计算公式为

$$V = \frac{1}{3}H\left(S_下 + S_上 + \sqrt{S_下 \cdot S_上}\right)$$

$$S_下 = (a + 2c)(b + 2c)$$

$$S_上 = (a + 2c + 2KH)(b + 2c + 2KH)$$

式中：$S_下$——基坑下底面积；

$S_上$——基坑上底面积；

a——基础底长；

b——基础底宽；

c——每边增加的工作面宽度；

K——放坡系数。

圆形基坑放坡和加宽工作面的土方工程量计算公式为

$$V = \frac{1}{3}\pi H(R_1^2 + R_2^2 + R_1 R_2)$$

式中，R_1、R_2——圆形基坑的下底半径和上口半径。

4）挖管沟土方

挖管沟土方的工程量计算有两种方式：

（1）工程量按设计图示以管道中心线长度计算。

（2）以立方米计量，按设计图示管底垫层面积乘以挖土深度计算；无管底垫层按管外径的水平投影面积乘以挖土深度计算。不扣除各类井的长度，井的土方并入。

4. 石方工程计量

石方工程工程量清单项目设置、项目特征描述的内容、计量单位及工程量计算规则，应按表 5.1.11 的规定执行。

表 5.1.11　石方工程（项目编码：010102）

项目编码	项目名称	项目特征	计量单位	工程量计算规则	工作内容
010102001	挖一般石方	（1）岩石类别； （2）开凿深度； （3）弃碴运距	m³	按设计图示尺寸以体积计算	（1）排地表水； （2）凿石； （3）运输
010102002	挖沟槽石方			按设计图示尺寸沟槽底面积乘以挖石深度以体积计算	
010102003	挖基坑石方			按设计图示尺寸基坑底面积乘以挖石深度以体积计算	
010102004	挖管沟石方	（1）岩石类别； （2）管外径； （3）挖沟深度	m 或 m³	（1）以米计量，按设计图示以管道中心线长度计算； （2）以立方米计量，按设计图示截面积乘以长度计算	（1）排地表水； （2）凿石； （3）回填； （4）运输

注：1. 厚度差距>300 mm 的竖向布置挖石或山坡凿石应按本表中挖一般石方项目编码列项。

2. 弃碴运距可以不描述，但应注明由投标人根据施工现场实际情况自行考虑，决定报价。

3. 岩石的分类应按表 5.1.3 确定。

4. 石方体积应按挖掘前的天然密实体积计算。非天然密实石方应按表 5.1.5 折算。

5. 挖管沟石方项目适用于管道（给排水、工业、电力、通信）、光（电）缆沟（包括人（手）孔、接口坑）及连接井（检查井）等。

5. 回填工程计量

回填包括回填方、余方弃置等项目。回填工程量清单项目设置、项目特征描述的内容、计量单位及工程量计算规则应按表 5.1.12 的规定执行。

表 5.1.12　回填（项目编码：010103）

项目编码	项目名称	项目特征	计量单位	工程量计算规则	工作内容
010103001	回填方	(1) 密实度要求； (2) 填方材料品种； (3) 填方粒径要求； (4) 填方来源、运距	m³	按设计图示尺寸以体积计算。 (1) 场地回填：回填面积乘平均回填厚度。 (2) 室内回填：主墙间面积乘回填厚度，不扣除间隔墙。 (3) 基础回填：按挖方清单项目工程量减去自然地坪以下埋设的基础体积（包括基础垫层及其他构筑物）计算	(1) 运输； (2) 回填； (3) 压实
010103002	余方弃置	(1) 废弃料品种； (2) 运距		按挖方清单项目工程量减去利用的回填方体积（正数）计算	余方点装料运输至弃置点

注：1. 填方密实度要求，在无特殊要求情况下，项目特征可描述为"满足设计和规范的要求"。

2. 填方材料品种可以不描述，但应注明由投标人根据设计要求验方后方可填入，并符合相关工程的质量规范要求。

3. 填方粒径要求，在无特殊要求情况下，项目特征可以不描述。

4. 如需买土回填应在项目特征填方来源中描述，并注明买土方数量。

1）回填方

回填方（见图 5.1.9）工程量按设计图示尺寸以体积计算，包括场地回填、室内（房心）回填和基础回填。

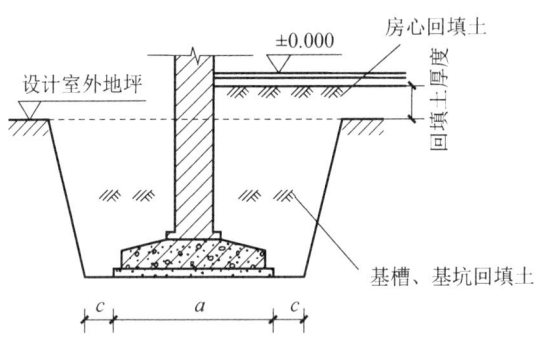

图 5.1.9　回填方示意

场地回填工程量＝回填面积×平均回填厚度

室内（房心）回填工程量＝室内主墙间面积×回填土厚度

回填土厚度＝室内外标高差－垫屋与面层厚度之和

基础回填工程量＝挖方体积－设计室外地坪以下埋设的基础体积

2）余方弃置

余方弃置工程量＝挖方体积－回填方体积

若余方弃置工程量计算结果为负数，则表示需买土方回填，即转化为缺方内运。

例 5.1.3

某基础工程施工图如图 5.1.10 所示。基础垫层支模板浇筑,砖基础使用普通页岩标准砖,M5 水泥砂浆砌筑。基础土方施工方案考虑人工开挖,施工时无须排地表水,需要完成基底钎探,考虑放坡和加宽工作面来完成土方的开挖,不考虑支挡土板施工。开挖的基础土方,考虑按挖方量的 60% 进行现场运输、堆放,采用人力车运输,距离为 40 m,其余部分土在开挖位置 5 m 内堆放。弃土外运距离为 8 km,基础回填和室内回填均为夯填。土壤为三类土,均属天然密实土,现场内土壤堆放时间为 3 个月。试编制基础工程挖沟槽土方、挖基坑土方、回填方和余方弃置项目的分部分项工程项目清单。

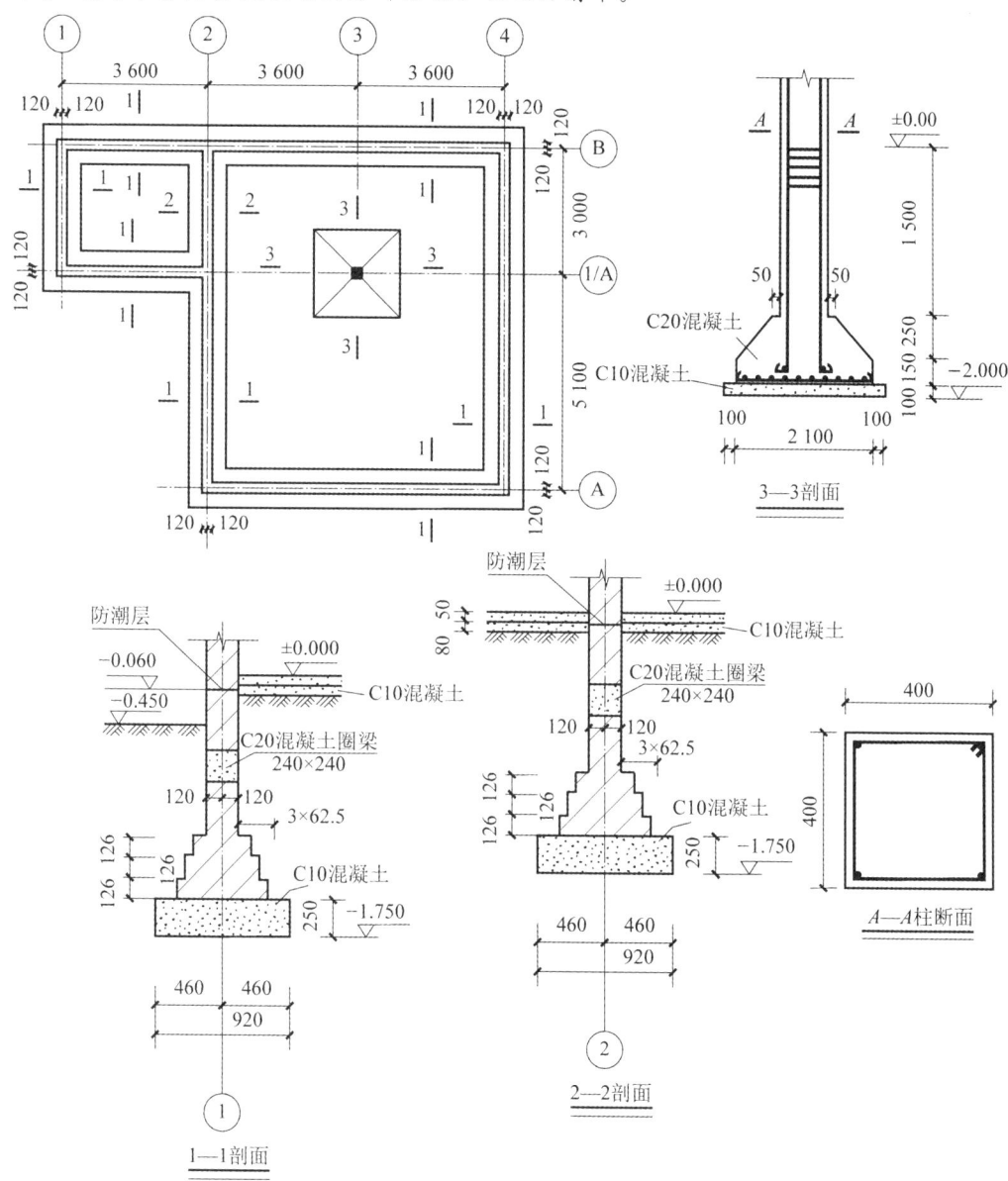

图 5.1.10　某基础工程施工图(标高单位为 m,其余为 mm)

解

（1）计算清单工程量。

挖沟槽土方和挖基坑土方清单工程量计算需考虑放坡和加宽工作面引起的工程量增加，查表 5.1.9 可知基础垫层支模板需两边各加宽 0.3 m 工作面，清单工程量计算如表 5.1.13 所示。

表 5.1.13　清单工程量计算

序号	清单项目编码	清单项目名称	计量单位	工程量	计　算　式
1	010101003001	挖沟槽土方	m³	77.62	挖土深度＝1.75 m－0.45 m＝1.3 m，由表 5.1.8 知，三类土挖土深度＜1.50 m 时不需放坡。 挖土宽度＝0.92 m＋0.3 m×2＝1.52 m。 外墙中心线长度＝(10.8 m＋8.1 m)×2＝37.8 m。 内墙净长线长度＝3 m－1.52 m＝1.48 m。 清单工程量＝(37.8 m＋1.48 m)×1.52 m×1.3 m＝77.62 m³
2	010101004001	挖基坑土方	m³	18.16	基坑上底面积＝(2.3 m＋0.3 m×2)²＝8.41 m²。 基坑下底面积＝(2.3 m＋0.3 m×2＋2×0.33×1.55 m)²＝15.37 m²。 清单工程量＝1.55 m×(8.41 m²＋15.37 m²＋$\sqrt{8.41\ m^2 \times 15.37\ m^2}$)÷3＝18.16 m³
3	010103001001	回填方	m³	91.14	(1) 垫层：V＝(37.8 m＋3 m－0.92 m)×0.92 m×0.25 m＋2.3 m×2.3 m×0.1 m＝9.70 m³。 (2) 埋在土下的砖基础(含圈梁)：V＝(37.8 m＋3 m－0.24 m)×(0.24 m×1.05 m＋0.062 5 m×0.126 m×12)＝14.05 m³。 (3) 埋在土下的混凝土基础及柱：V＝1.05 m×0.4 m×0.4 m＋0.25 m×(0.5 m×0.5 m＋2.1 m×2.1 m＋0.5 m×2.1 m)÷3＋2.1 m×2.1 m×0.15 m＝1.31 m³。 (4) 基础回填：V＝77.62 m³＋18.16 m³－9.70 m³－14.05 m³－1.31 m³＝70.72 m³。 (5) 室内回填：V＝(3.36 m×2.76 m＋6.96 m×7.86 m－0.4 m×0.4 m)×(0.45 m－0.13 m)＝20.42 m³。 (6) 回填方：V＝70.72 m³＋20.42 m³＝91.14 m³
4	010103002001	余方弃置	m³	4.64	清单工程量＝77.62 m³＋18.16 m³－91.14 m³＝4.64 m³

（2）编制分部分项工程项目清单,如表5.1.14所示。

表 5.1.14　分部分项工程项目清单

工程名称：　　　　　　　　　　　　　　　标段：

序号	项目编码	项目名称	项目特征描述	计量单位	工程量	金额/元	
						综合单价	合价
1	010101003001	挖沟槽土方	（1）土壤类别：三类土。 （2）挖土深度：1.30 m	m³	77.62		
2	010101004001	挖基坑土方	（1）土壤类别：三类土。 （2）挖土深度：1.55 m	m³	18.16		
3	010103001001	回填方	（1）密实度要求：满足规范及设计要求。 （2）粒径要求：满足规范及设计要求。 （3）填方来源、运距：原土。 （4）夯填	m³	91.14		
4	010103002001	余方弃置	（1）废弃料品种：三类土。 （2）运距：8 km	m³	4.64		

二、地基处理与边坡支护工程计量

地基处理与边坡支护工程包括地基处理及基坑与边坡支护。

1.地基处理

地基处理包括换填垫层、铺设土工合成材料、预压地基、强夯地基、振冲密实（不填料）、振冲桩（填料）、砂石桩、水泥粉煤灰碎石桩、深层搅拌桩、粉喷桩、夯实水泥土桩、高压喷射注浆桩、石灰桩、灰土（土）挤密桩、柱锤冲扩桩、注浆地基、褥垫层等项目。

地基处理工程量清单项目设置、项目特征描述的内容、计量单位及工程量计算规则,应按表5.1.15的规定执行。

表 5.1.15　地基处理（项目编码：010201）

项目编码	项目名称	项目特征	计量单位	工程量计算规则	工作内容
010201001	换填垫层	（1）材料种类及配比； （2）压实系数； （3）掺加剂品种	m³	按设计图示尺寸以体积计算	（1）分层铺填； （2）碾压、振密或夯实； （3）材料运输

续表

项目编码	项目名称	项目特征	计量单位	工程量计算规则	工作内容
010201002	铺设土工合成材料	(1) 部位； (2) 品种； (3) 规格	m^2	按设计图示尺寸以面积计算	(1) 挖填锚固沟； (2) 铺设； (3) 固定； (4) 运输
010201003	预压地基	(1) 排水竖井种类、断面尺寸、排列方式、间距、深度； (2) 预压方法； (3) 预压荷载、时间； (4) 砂垫层厚度	m^2	按设计图示处理范围以面积计算，即根据每个点位所代表的范围乘以点数计算	(1) 设置排水竖井、盲沟、滤水管； (2) 铺设砂垫层、密封膜； (3) 堆载、卸载或抽气设备安拆、抽真空； (4) 材料运输
010201004	强夯地基	(1) 夯击能量； (2) 夯击遍数； (3) 夯击点布置形式、间距； (4) 地耐力要求； (5) 夯填材料种类	m^2	按设计图示处理范围以面积计算，即根据每个点位所代表的范围乘以点数计算	(1) 铺设夯填材料； (2) 强夯； (3) 夯填材料运输
010201005	振冲密实（不填料）	(1) 地层情况； (2) 振密深度； (3) 孔距	m^2	按设计图示处理范围以面积计算，即根据每个点位所代表的范围乘以点数计算	(1) 振冲加密； (2) 泥浆运输
010201006	振冲桩（填料）	(1) 地层情况； (2) 空桩长度、桩长； (3) 桩径； (4) 填充材料种类	m 或 m^3	(1) 以米计量，按设计图示尺寸以桩长计算； (2) 以立方米计量，按设计桩截面乘以桩长，以体积计算	(1) 振冲成孔、填料、振实； (2) 材料运输； (3) 泥浆运输
010201007	砂石桩	(1) 地层情况； (2) 空桩长度、桩长； (3) 桩径； (4) 成孔方法； (5) 材料种类、级配	m 或 m^3	(1) 以米计量，按设计图示尺寸以桩长（包括桩尖）计算； (2) 以立方米计量，按设计桩截面乘以桩长（包括桩尖），以体积计算	(1) 成孔； (2) 填充、振实； (3) 材料运输

项目编码	项目名称	项目特征	计量单位	工程量计算规则	工作内容
010201008	水泥粉煤灰碎石桩	(1) 地层情况； (2) 桩长度、桩长； (3) 桩径； (4) 成孔方法； (5) 混合料强度等级	m	按设计图示尺寸以桩长(包括桩尖)计算	(1) 成孔； (2) 混合料制作、灌注、养护； (3) 材料运输
010201009	深层搅拌桩	(1) 地层情况； (2) 空桩长度、桩长； (3) 桩截面尺寸； (4) 水泥强度等级、掺量		按设计图示尺寸以桩长计算	(1) 预搅下钻、水泥浆制作、喷浆搅拌提升成桩； (2) 材料运输
010201010	粉喷桩	(1) 地层情况； (2) 空桩长度、桩长； (3) 桩径； (4) 粉体种类、掺量； (5) 水泥强度等级、石灰粉要求			(1) 预搅下钻、喷粉搅拌提升成桩； (2) 材料运输
010201011	夯实水泥土桩	(1) 地层情况； (2) 空桩长度、桩长； (3) 桩径； (4) 成孔方法； (5) 水泥强度等级； (6) 混合料配比		按设计图示尺寸以桩长(包括桩尖)计算	(1) 成孔、夯底； (2) 水泥土拌和、填料、夯实； (3) 材料运输
010201012	高压喷射注浆桩	(1) 地层情况； (2) 空桩长度、桩长； (3) 桩截面； (4) 注浆类型、方法； (5) 水泥强度等级		按设计图示尺寸以桩长计算	(1) 成孔； (2) 水泥浆制作、高压喷射注浆； (3) 材料运输
010201013	石灰桩	(1) 地层情况； (2) 空桩长度、桩长； (3) 桩径； (4) 成孔方法； (5) 掺和料种类、配合比		按设计图示尺寸以桩长(包括桩尖)计算	(1) 成孔； (2) 混合料制作、运输、夯填
010201014	灰土(土)挤密桩	(1) 地层情况； (2) 空桩长度、桩长； (3) 桩径； (4) 成孔方法； (5) 灰土级配			(1) 成孔； (2) 灰土拌和、运输、填充、夯实
010201015	柱锤冲扩桩	(1) 地层情况； (2) 空桩长度、桩长； (3) 桩径； (4) 成孔方法； (5) 桩体材料种类、配合比		按设计图示尺寸以桩长计算	(1) 安、拔套管； (2) 冲孔、填料、夯实； (3) 桩体材料制作、运输

项目编码	项目名称	项目特征	计量单位	工程量计算规则	工作内容
010201016	注浆地基	（1）地层情况； （2）空钻深度、注浆深度； （3）注浆间距； （4）浆液种类及配比； （5）注浆方法； （6）水泥强度等级	m 或 m³	（1）以米计量，按设计图示尺寸以钻孔深度计算； （2）以立方米计量，按设计图示尺寸以加固体积计算	（1）成孔； （2）注浆导管制作、安装； （3）浆液制作、压浆； （4）材料运输
010201017	褥垫层	（1）厚度； （2）材料品种及比例	m² 或 m³	（1）以平方米计量，按设计图示尺寸以铺设面积计算； （2）以立方米计量，按设计图示尺寸以体积计算	材料拌和、运输、铺设、压实

注：1. 地层情况按表 5.1.2 和表 5.1.3 的规定，并根据岩土工程勘察报告按单位工程各地层所占比例（包括范围值）进行描述。对无法准确描述的地层情况，可注明由投标人根据岩土工程勘察报告自行决定报价。
2. 项目特征中的桩长应包括桩尖，空桩长度＝孔深－桩长，孔深为自然地面至设计桩底的深度。
3. 高压喷射注浆类型包括旋喷、摆喷、定喷；高压喷射注浆方法包括单管法、双重管法、三重管法。
4. 如采用泥浆护壁成孔，工作内容包括土方、废泥浆外运；如采用沉管灌注成孔，工作内容包括桩尖制作、安装。

例 5.1.4

某别墅基底为可塑黏土，为三类土。地基承载力不满足设计要求，需要进行地基处理。采用水泥粉煤灰碎石桩（CFG 桩）进行地基处理，桩径为 400 mm，桩体强度等级为 C20，桩共 52 根，设计长度为 10 m，桩端进入硬塑黏土不少于 1.5 m，桩顶在地面以下 1.5～2.0 m，CFG 桩采用振动沉管灌注施工，桩顶采用 200 mm 厚人工级配砂石（砂：碎石＝3：7，最大粒径为 30 mm）作为褥垫层。桩平面图及详图如图 5.1.11 和图 5.1.12 所示。试根据《计量规范》计算 CFG 桩及褥垫层工程量。

解

分部分项工程项目清单及工程量计算过程如表 5.1.16 所示。为保持工程项目的完整性，此处附上截桩头相关内容。

2. 基坑与边坡支护

基坑与边坡支护包括地下连续墙，咬合灌注桩，圆木桩，预制钢筋混凝土板桩，型钢桩，钢板桩，锚杆（锚索），土钉，喷射混凝土、水泥砂浆，钢筋混凝土支撑，钢支撑等项目，如表 5.1.17 所示。

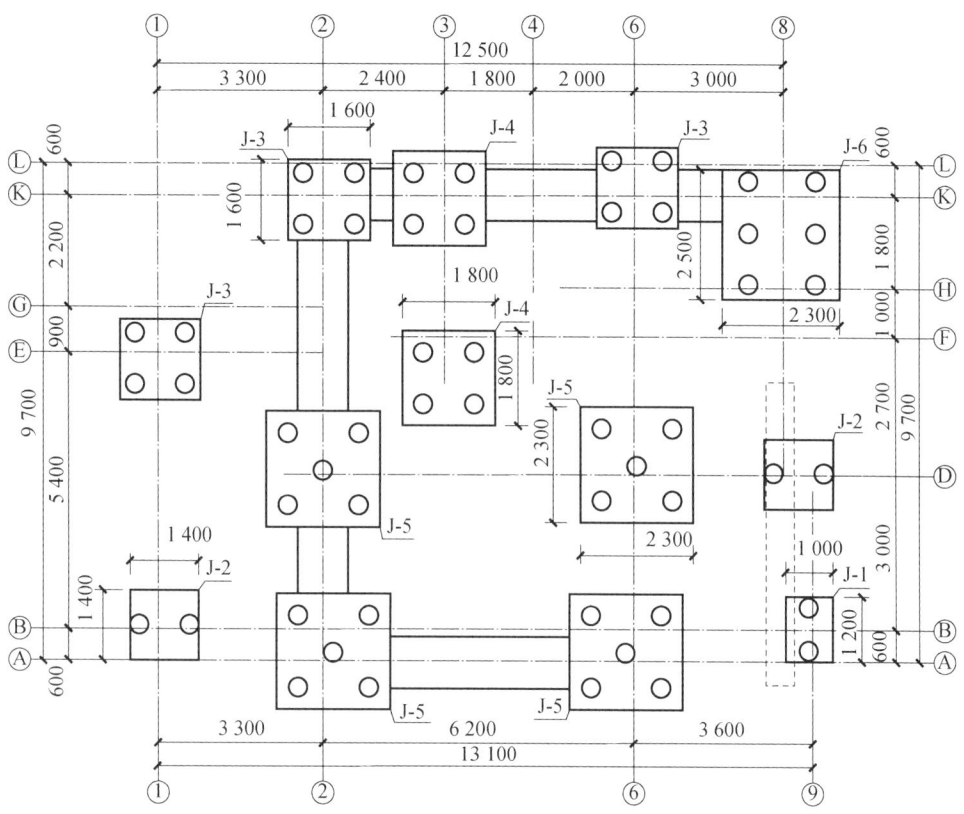

图 5.1.11　桩平面图(单位:mm)

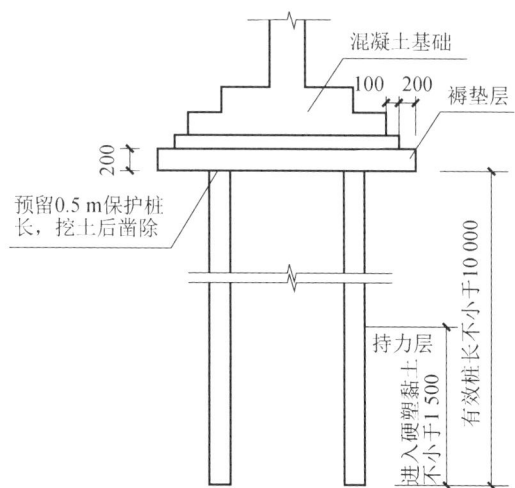

图 5.1.12　桩详图(单位:mm)

表 5.1.16　分部分项工程项目清单及工程量计算过程

序号	清单项目编码	清单项目名称	项目特征描述	计量单位	工程量	计　算　式
1	010201008001	水泥粉煤灰碎石桩	（1）三类土。 （2）空桩长度为 1.5～2 m；桩长 10 m。 （3）成孔方法：振动沉管。 （4）材料强度等级：C20	m	520	$L_桩 = 52 \times 10$ m $= 520$ m
2	010201017001	褥垫层	（1）厚度：200 mm。 （2）材料品种及比例：人工级配砂石（最大粒径 30 mm），砂：石＝3：7	m²	79.55	（1）J-1：1.8 m×1.6 m×1＝2.88 m²； （2）J-2：2.0 m×2.0 m×2＝8.00 m²； （3）J-3：2.2 m×2.2 m×3＝14.52 m²； （4）J-4：2.4 m×2.4 m×2＝11.52 m²； （5）J-5：2.9 m×2.9 m×4＝33.64 m²； （6）J-6：2.9 m×3.1 m×1＝8.99 m²； （7）S＝（2.88＋8.00＋14.52＋11.52＋33.64＋8.99）m²＝79.55 m²
3	010301004001	截桩头	（1）桩类型：水泥粉煤灰碎石桩。 （2）桩头截面：直径 400 mm，0.5 m 高。 （3）材料强度等级：C20。 （4）无钢筋	根	52	$N = 52$

表 5.1.17　基坑与边坡支护（项目编码：010202）

项目编码	项目名称	项目特征	计量单位	工程量计算规则	工作内容
010202001	地下连续墙	（1）地层情况； （2）导墙类型、截面； （3）墙体厚度； （4）成槽深度； （5）混凝土种类、强度等级； （6）接头形式	m³	按设计图示墙中心线长乘以厚度乘以槽深，以体积计算	（1）导墙挖填、制作、安装、拆除； （2）挖土成槽、固壁、清底置换； （3）混凝土制作、运输、灌注、养护； （4）接头处理； （5）土方、废泥浆外运； （6）打桩场地硬化及泥浆池、泥浆沟

续表

项目编码	项目名称	项目特征	计量单位	工程量计算规则	工作内容
010202002	咬合灌注桩	(1) 地层情况; (2) 桩长; (3) 桩径; (4) 混凝土种类、强度等级; (5) 部位	m 或根	(1) 以米计量,按设计图示尺寸以桩长计算; (2) 以根计量,按设计图示数量计算	(1) 成孔、固壁; (2) 混凝土制作、运输、灌注、养护; (3) 套管压拔; (4) 土方、废泥浆外运; (5) 打桩场地硬化及泥浆池、泥浆沟
010202003	圆木桩	(1) 地层情况; (2) 桩长; (3) 材质; (4) 尾径; (5) 桩倾斜度	m 或根	(1) 以米计量,按设计图示尺寸以桩长(包括桩尖)计算; (2) 以根计量,按设计图示数量计算	(1) 工作平台搭拆; (2) 桩机移位; (3) 桩靴安装; (4) 沉桩
010202004	预制钢筋混凝土板桩	(1) 地层情况; (2) 送桩深度、桩长; (3) 桩截面; (4) 沉桩方法; (5) 连接方式; (6) 混凝土强度等级			(1) 工作平台搭拆; (2) 桩机移位; (3) 沉桩; (4) 板桩连接
010202005	型钢桩	(1) 地层情况或部位; (2) 送桩深度、桩长; (3) 规格型号; (4) 桩倾斜度; (5) 防护材料种类; (6) 是否拔出	t 或根	(1) 以吨计量,按设计图示尺寸以质量计算; (2) 以根计量,按设计图示数量计算	(1) 工作平台搭拆; (2) 桩机移位; (3) 打(拔)桩; (4) 接桩; (5) 刷防护材料
010202006	钢板桩	(1) 地层情况; (2) 桩长; (3) 板桩厚度	t 或 m²	(1) 以吨计量,按设计图示尺寸以质量计算; (2) 以平方米计量,按设计图示墙中心线长乘以桩长以面积计算	(1) 工作平台搭拆; (2) 桩机移位; (3) 打拔钢板桩
010202007	锚杆(锚索)	(1) 地层情况; (2) 锚杆(锚索)类型、部位; (3) 钻孔深度; (4) 钻孔直径; (5) 杆体材料品种、规格、数量; (6) 预应力; (7) 浆液种类、强度等级	m 或根	(1) 以米计量,按设计图示尺寸以钻孔深度计算; (2) 以根计量,按设计图示数量计算	(1) 钻孔、浆液制作、运输、压浆; (2) 锚杆(锚索)制作、安装; (3) 张拉锚固; (4) 锚杆(锚索)施工平台搭设、拆除
010202008	土钉	(1) 地层情况; (2) 钻孔深度; (3) 钻孔直径; (4) 置入方法; (5) 杆体材料品种、规格、数量; (6) 浆液种类、强度等级			(1) 钻孔、浆液制作、运输、压浆; (2) 土钉制作、安装; (3) 土钉施工平台搭设、拆除

续表

项目编码	项目名称	项目特征	计量单位	工程量计算规则	工作内容
010202009	喷射混凝土、水泥砂浆	(1) 部位; (2) 厚度; (3) 材料种类; (4) 混凝土(砂浆)类别、强度等级	m²	按设计图示尺寸以面积计算	(1) 修整边坡; (2) 混凝土(砂浆)制作、运输、喷射、养护; (3) 钻排水孔、安装排水管; (4) 喷射施工平台搭设、拆除
010202010	钢筋混凝土支撑	(1) 部位; (2) 混凝土种类; (3) 混凝土强度等级	m³	按设计图示尺寸以体积计算	(1) 模板(支架或支撑)制作、安装、拆除、堆放、运输及清理模内杂物、刷隔离剂等; (2) 混凝土制作、运输、浇筑、振捣、养护
010202011	钢支撑	(1) 部位; (2) 钢材品种、规格; (3) 探伤要求	t	按设计图示尺寸以质量计算,不扣除孔眼质量,焊条、铆钉、螺栓等不另增加质量	(1) 支撑、铁件制作(摊销、租赁); (2) 支撑、铁件安装; (3) 探伤; (4) 刷漆; (5) 拆除; (6) 运输

注:1. 地层情况按表5.1.2和表5.1.3的规定,并根据岩土工程勘察报告按单位工程各地层所占比例(包括范围值)进行描述。对无法准确描述的地层情况,可注明由投标人根据岩土工程勘察报告自行决定报价。
    2. 土钉置入方法包括钻孔置入、打入或射入等。
    3. "混凝土种类"指清水混凝土、彩色混凝土等,在同一地区既使用预拌(商品)混凝土,又允许现场搅拌混凝土时,也应注明(下同)。
    4. 地下连续墙和喷射混凝土(砂浆)的钢筋网、咬合灌注桩的钢筋笼及钢筋混凝土支撑的钢筋制作、安装,按《计量规范》附录E中相关项目编码列项。此处未列的基坑与边坡支护的排桩按《计量规范》附录C中相关项目编码列项。水泥土墙、坑内加固按表5.1.15中相关项目编码列项。砖、石挡土墙、护坡按《计量规范》附录D中相关项目编码列项。混凝土挡土墙按《计量规范》附录E中相关项目编码列项。

例 5.1.5

某项目 AD 段边坡工程采用土钉支护,土钉正立面图和侧立面图如图5.1.13和图5.1.14所示。根据岩土工程勘察报告,地层为四类土,为带块石的碎石土,土钉成孔直径为 90 mm,采用 1 根 HRB335 级直径为 25 mm 的钢筋作为杆体,成孔深度均为 10 m,土钉入射倾角为 15°,杆筋送入钻孔后,灌注 M30 水泥砂浆。混凝土面板采用 C20 喷射混凝土,厚度为 120 mm。试列出该边坡分部分项工程项目清单(不考虑挂网及锚杆、喷射平台等内容)。

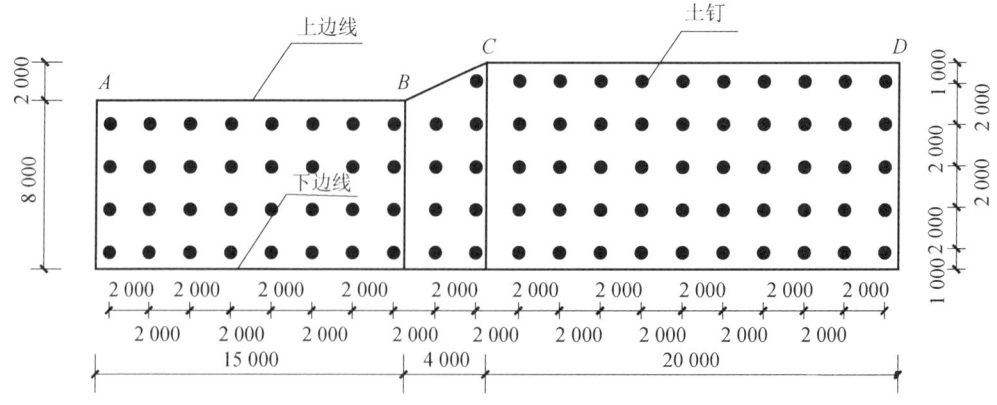

图 5.1.13　AD 段边坡土钉正立面图(单位:mm)

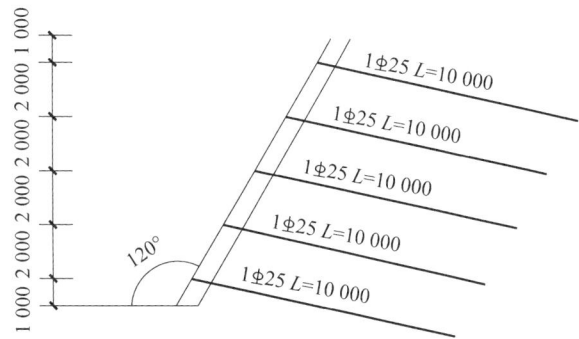

图 5.1.14　AD 段边坡土钉侧立面图(单位:mm)

解

该边坡涉及土钉、喷射混凝土 2 个清单项目,分部分项工程项目清单如表 5.1.18 所示。

表 5.1.18　分部分项工程项目清单

工程名称:　　　　　　　　　　　　　　　　　　　　　　标段:

序号	项目编码	项目名称	项目特征描述	计量单位	工程量
1	010202008001	土钉	(1) 地层情况:四类土。 (2) 钻孔深度:10 m。 (3) 钻孔直径:90 mm。 (4) 置入方法:钻孔置入。 (5) 杆体材料品种、规格、数量:杆体为 1 根 HRB335 级直径为 25 mm 的钢筋。 (6) 浆液种类、强度等级:M30 水泥砂浆	根	91
2	010202009001	喷射混凝土	(1) 部位:AD 段边坡。 (2) 厚度:120 mm。 (3) 材料种类:喷射混凝土。 (4) 混凝土(砂浆)类别、强度等级:C20	m²	411.07

表 5.1.18 中喷射混凝土的工程量计算如下:

(1) AB 段面积(工程量)
$$S_1 = 8 \text{ m} \div \sin 120° \times 15 \text{ m} = 138.56 \text{ m}^2$$

(2) BC 段面积(工程量)
$$S_2 = (10 \text{ m} + 8 \text{ m}) \div 2 \div \sin 120° \times 4 \text{ m} = 41.57 \text{ m}^2$$

(3) CD 段面积(工程量)
$$S_3 = 10 \text{ m} \div \sin 120° \times 20 \text{ m} = 230.94 \text{ m}^2$$

(4) 喷射混凝土面积(工程量)
$$S = S_1 + S_2 + S_3 = 138.56 + 41.57 \text{ m}^2 + 230.94 \text{ m}^2 = 411.07 \text{ m}^2$$

三、桩基工程计量

桩基础是由若干根桩和桩顶的承台组成的一种常用的深基础,具有承载能力大、抗震性能好、沉降量小的特点。按施工方法的不同,桩可分为预制桩和灌注桩。预制桩在工厂或施工现场制成,再用沉桩设备将桩打入、压入、振入土中;灌注桩是在施工现场的桩位上先成孔,再在孔内加入钢筋并灌注混凝土,按成孔方法不同,有钻孔灌注桩、沉管灌注桩等多种类型。

《房屋建筑与装饰工程工程量计算规范》(GB 50854—2013)将桩基工程分为打桩和灌注桩。项目特征中涉及地层情况和桩长的,地层情况和桩长描述与地基处理及边坡支护工程一致;项目特征中涉及桩截面、混凝土强度等级、桩类型等的,可直接用标准图代号或设计桩型进行描述。

1. 打桩清单项目

打桩工程量清单项目设置、项目特征描述的内容、计量单位及工程量计算规则,应按表5.1.19 的规定执行。

表 5.1.19　打桩(项目编码:010301)

项目编码	项目名称	项目特征	计量单位	工程量计算规则	工作内容
010301001	预制钢筋混凝土方桩	(1) 地层情况; (2) 送桩深度、桩长; (3) 桩截面; (4) 桩倾斜度; (5) 沉桩方法; (6) 接桩方式; (7) 混凝土强度等级	m、m³ 或根	(1) 以米计量,按设计图示尺寸以桩长(包括桩尖)计算; (2) 以立方米计量,按设计图示截面积乘以桩长(包括桩尖),以实体积计算; (3) 以根计量,按设计图示数量计算	(1) 工作平台搭拆; (2) 桩机竖拆、移位; (3) 沉桩; (4) 接桩; (5) 送桩
010301002	预制钢筋混凝土管桩	(1) 地层情况; (2) 送桩深度、桩长; (3) 桩外径、壁厚; (4) 桩倾斜度; (5) 沉桩方法; (6) 桩尖类型; (7) 混凝土强度等级; (8) 填充材料种类; (9) 防护材料种类			(1) 工作平台搭拆; (2) 桩机竖拆、移位; (3) 沉桩; (4) 接桩; (5) 送桩; (6) 桩尖制作安装; (7) 填充材料,刷防护材料
010301003	钢管桩	(1) 地层情况; (2) 送桩深度、桩长; (3) 材质; (4) 管径、壁厚; (5) 桩倾斜度; (6) 沉桩方法; (7) 填充材料种类; (8) 防护材料种类	t 或根	(1) 以吨计量,按设计图示尺寸以质量计算; (2) 以根计量,按设计图示数量计算	(1) 工作平台搭拆; (2) 桩机竖拆、移位; (3) 沉桩; (4) 接桩; (5) 送桩; (6) 切割钢管,精割盖帽; (7) 管内取土; (8) 填充材料,刷防护材料

项目编码	项目名称	项 目 特 征	计量单位	工程量计算规则	工 作 内 容
010301004	截(凿)桩头	(1) 桩类型; (2) 桩头截面、高度; (3) 混凝土强度等级; (4) 有无钢筋	m³ 或根	(1) 以立方米计量,按设计桩截面乘以桩头长度,以体积计算; (2) 以根计量,按设计图示数量计算	(1) 截(切割)桩头; (2) 凿平; (3) 废料外运

注:1. 地层情况按表 5.1.2 和表 5.1.3 的规定,并根据岩土工程勘察报告按单位工程各地层所占比例(包括范围值)进行描述。对无法准确描述的地层情况,可注明由投标人根据岩土工程勘察报告自行决定报价。

2. 项目特征中的桩截面、混凝土强度等级、桩类型等可直接用标准图代号或设计桩型进行描述。

3. 预制钢筋混凝土方桩、预制钢筋混凝土管桩项以成品桩编制,应包括成品桩购置费,如果用现场预制桩,应包括现场预制桩的所有费用。

4. 打试验桩和打斜桩应按相应项目单独列项,并应在项目特征中注明试验桩或斜桩(斜率)。

5. 截(凿)桩头项目适用于《计量规范》附录 B、附录 C 所列桩的桩头截(凿)。

6. 预制钢筋混凝土管桩桩顶与承台的连接构造按《计量规范》附录 E 相关项目列项。

预制钢筋混凝土方桩、预制钢筋混凝土管桩可以米计量,按设计图示尺寸以桩长(包括桩尖)计算;或以立方米计量,按设计图示截面积乘以桩长(包括桩尖),以实体积计算;或以根计量,按设计图示数量计算。

钢管桩可以吨计量,按设计图示尺寸以质量计算;或以根计量,按设计图示数量计算。

截(凿)桩头可以立方米计量,按设计桩截面乘以桩头长度,以体积计算;或以根计量,按设计图示数量计算。截(凿)桩头项目适用于地基处理与边坡支护工程、桩基工程所列桩的桩头截(凿)。

■ 例 5.1.6

某工程土壤类别为二类土,打预制钢筋混凝土方桩 20 根(含试桩 3 根),截面尺寸为 400 mm×400 mm,设计桩长 18 m,送桩深度为 2 m。其中桩身混凝土强度等级为 C30(采用最大粒径为 40 mm 的石子、32.5 级水泥用现场搅拌机拌制),现场运输 1.5 km。试编制工程项目清单。

■ 解

工程桩与试桩需要分开列项。

预制钢筋混凝土方桩工程桩清单工程量:0.40 m×0.40 m×18.00 m×(20-3)=48.96 m³。

打预制钢筋混凝土方桩试桩:0.40 m×0.40 m×18.00 m×3=8.64 m³。

编制的分部分项工程项目清单如表 5.1.20 所示。

表 5.1.20　分部分项工程项目清单

工程名称：　　　　　　　　　　　　标段：

序号	项目编码	项目名称	项目特征	计量单位	工程量	综合单价	合价	暂估价
1	010301001001	预制钢筋混凝土方桩工程桩	(1) 二类土； (2) 设计桩长 18 m，送桩深度为 2 m； (3) 方桩截面尺寸为 400 mm×400 mm； (4) 打桩； (5) 桩运距为 1.5 km； (6) 桩混凝土强度等级为C30(最大粒径为 40 mm 的石子与 32.5 级的水泥现场搅拌)	m³	48.96			
2	010301001002	预制钢筋混凝土方桩试桩	(1) 二类土； (2) 设计桩长 18 m，送桩深度为 2 m； (3) 方桩截面尺寸为 400 mm×400 mm； (4) 打桩； (5) 桩运距为 1.5 km； (6) 桩混凝土强度等级为 C30(最大粒径为 40 mm 的石子与 32.5 级的水泥现场搅拌)	m³	8.64			

2. 灌注桩清单项目

灌注桩包括泥浆护壁成孔灌注桩、沉管灌注桩、干作业成孔灌注桩、挖孔桩土(石)方、人工挖孔灌注桩、钻孔压浆桩及灌注桩后压浆，如表 5.1.21 所示。

混凝土灌注桩的钢筋笼制作、安装，按钢筋工程相关项目编码列项。

表 5.1.21　灌注桩(项目编码：010302)

项目编码	项目名称	项目特征	计量单位	工程量计算规则	工作内容
010302001	泥浆护壁成孔灌注桩	(1) 地层情况； (2) 空桩长度、桩长； (3) 桩径； (4) 成孔方法； (5) 护筒类型、长度； (6) 混凝土种类、强度等级	m、 m³ 或根	(1) 以米计量，按设计图示尺寸以桩长(包括桩尖)计算； (2) 以立方米计量，按不同截面在桩上范围内以体积计算； (3) 以根计量，按设计图示数量计算	(1) 护筒埋设； (2) 成孔、固壁； (3) 混凝土制作、运输、灌注、养护； (4) 土方、废泥浆外运； (5) 打桩场地硬化及泥浆池、泥浆沟
010302002	沉管灌注桩	(1) 地层情况； (2) 空桩长度、桩长； (3) 复打长度； (4) 桩径； (5) 沉管方法； (6) 桩尖类型； (7) 混凝土种类、强度等级			(1) 打(沉)拔钢管； (2) 桩尖制作、安装； (3) 混凝土制作、运输、灌注、养护
010302003	干作业成孔灌注桩	(1) 地层情况； (2) 空桩长度、桩长； (3) 桩径； (4) 扩孔直径、高度； (5) 成孔方法； (6) 混凝土种类、强度等级			(1) 成孔、扩孔； (2) 混凝土制作、运输、灌注、振捣、养护

续表

项目编码	项目名称	项目特征	计量单位	工程量计算规则	工作内容
010302004	挖孔桩土(石)方	(1)地层情况; (2)挖孔深度; (3)弃土(石)运距	m³	按设计图示尺寸(含护壁)截面积乘以挖孔深度,以体积计算	(1)排地表水; (2)挖土、凿石; (3)基底钎探; (4)运输
010302005	人工挖孔灌注桩	(1)桩芯长度; (2)桩芯直径、扩底直径、扩底高度; (3)护壁厚度、高度; (4)护壁混凝土种类、强度等级; (5)桩芯混凝土种类、强度等级	m³ 或根	(1)以立方米计量,按桩芯混凝土体积计算; (2)以根计量,按设计图示数量计算	(1)护壁制作; (2)混凝土制作、运输、灌注、振捣、养护
010302006	钻孔压浆桩	(1)地层情况; (2)空钻长度、桩长; (3)钻孔直径; (4)水泥强度等级	m 或根	(1)以米计量,按设计图示尺寸以桩长计算; (2)以根计量,按设计图示数量计算	钻孔、下注浆管、投放骨料、浆液制作、运输、压浆
010302007	灌注桩后压浆	(1)注浆导管材料、规格; (2)注浆导管长度; (3)单孔注浆量; (4)水泥强度等级	孔	按设计图示以注浆孔数计算	(1)注浆导管制作、安装; (2)浆液制作、运输、压浆

注:1.地层情况按表 5.1.2 和表 5.1.3 的规定,并根据岩土工程勘察报告按单位工程各地层所占比例(包括范围值)进行描述。对无法准确描述的地层情况,可注明由投标人根据岩土工程勘察报告自行决定报价。
2.项目特征中的桩长应包括桩尖,空桩长度=孔深-桩长,孔深为自然地面至设计桩底的深度。
3.项目特征中的桩截面(桩径)、混凝土强度等级、桩类型等可直接用标准图代号或设计桩型进行描述。
4.泥浆护壁成孔灌注桩是指在泥浆护壁条件下成孔,采用水下灌注混凝土的桩。其成孔方法包括冲击钻成孔、冲抓锥成孔、回旋钻成孔、潜水钻成孔、泥浆护壁的旋挖成孔等。
5.沉管灌注桩的沉管方法包括锤击沉管法、振动沉管法、振动冲击沉管法、内夯沉管法等。
6.干作业成孔灌注桩是指不用泥浆护壁和套管护壁的情况下,用钻机成孔后,下钢筋笼,灌注混凝土的桩,适用于地下水位以上的土层。其成孔方法包括螺旋钻成孔、螺旋钻成孔扩孔、干作业的旋挖成孔等。
7."混凝土种类"指清水混凝土、彩色混凝土、水下混凝土等,如在同一地区既使用预拌(商品)混凝土,又允许现场搅拌混凝土时,也应注明(下同)。
8.混凝土灌注桩的钢筋笼制作、安装,按《计量规范》附录 E 中相关项目编码列项。

例 5.1.7

某工程采用排桩进行基坑支护,排桩采用旋挖钻孔灌注桩。场地地面标高为 495.50~496.10 m,旋挖桩桩径为 1 000 mm,桩长为 20 m,采用水下商品混凝土 C30,桩顶标高为 493.50 m,桩数为 206 根,超灌高度不小于 1 m。根据地层情况,采用 5 mm 厚钢护筒,护筒长度不小于 3 m。根据地质资料和设计情况,一、二类土约占 25%,三类土约占 20%,四类土约占 55%。试列出该排桩分部分项工程项目清单。

解

本排桩工程包括截(凿)桩头和泥浆护壁成孔灌注桩 2 个清单项目,分部分项工程项目清单如表 5.1.22 所示。截(凿)桩头清单工程量=π×0.50 m×0.50 m×1 m×206=161.79 m³。

表 5.1.22　分部分项工程项目清单

工程名称：　　　　　　　　　　　标段：

序号	项目编码	项目名称	项目特征描述	计量单位	工程量
1	010301004001	截(凿)桩头	(1)桩类型：旋挖桩。 (2)桩头截面：桩径为 1 000 mm。高度：不小于 1 m。 (3)混凝土强度等级：C30。 (4)有无钢筋：有	m³	161.79
2	010302001001	泥浆护壁成孔灌注桩	(1)地层情况：一、二类土约占 25%，三类土约占 20%，四类土约占 55%。 (2)空桩长度为 2~2.6 m；桩长 20 m。 (3)桩径为 1 000 mm。 (4)成孔方法：旋挖钻孔。 (5)护筒类型及长度：5 mm 厚钢护筒，长度不小于 3 m。 (6)混凝土种类、强度等级：水下商品混凝土 C30	根	206

任务 2 砌筑工程计量

一、砌筑工程清单分项

砌筑工程分 4 个子分部工程(即砖砌体、砌块砌体、石砌体和垫层)，共 27 个项目，如表 5.2.1 至表 5.2.4 所示。

表 5.2.1　砖砌体(项目编码：010401)

项目编码	项目名称	项目特征	计量单位	工程量计算规则	工作内容
010401001	砖基础	(1)砖品种、规格、强度等级； (2)基础类型； (3)砂浆强度等级； (4)防潮层材料种类	m³	(1)按设计图示尺寸以体积计算。 (2)包括附墙垛基础宽出部分体积，扣除地梁(圈梁)、构造柱所占体积，不扣除基础大放脚 T 形接头处的重叠部分及嵌入基础的钢筋、铁件、管道、基础砂浆防潮层和单个面积≤0.3 m² 的孔洞所占体积，靠墙暖气沟的挑檐不增加。 (3)基础长度：外墙按外墙中心线，内墙按内墙净长线计算	(1)砂浆制作、运输； (2)砌砖； (3)防潮层铺设； (4)材料运输
010401002	砖砌挖孔桩护壁	(1)砖品种、规格、强度等级； (2)砂浆强度等级		按设计图示尺寸以体积计算	(1)砂浆制作、运输； (2)砌砖； (3)材料运输

续表

项目编码	项目名称	项目特征	计量单位	工程量计算规则	工作内容
010401003	实心砖墙			（1）按设计图示尺寸以体积计算。 （2）扣除门窗、洞口、嵌入墙内的钢筋混凝土柱、梁、圈梁、挑梁、过梁及凹进墙内的壁龛、管槽、暖气槽、消火栓箱所占体积,不扣除梁头、板头、檩头、垫木、木楞头、沿椽木、木砖、门窗走头、砖墙内加固钢筋、木筋、铁件、钢管及单个面积≤0.3 m²的孔洞所占的体积。凸出墙面的腰线、挑檐、压顶、窗台线、虎头砖、门窗套的体积亦不增加。凸出墙面的砖垛并入墙体体积计算。	
010401004	多孔砖墙	（1）砖品种、规格、强度等级; （2）墙体类型; （3）砂浆强度等级、配合比		（3）墙长度:外墙按中心线,内墙按净长计算。 （4）墙高度: ① 外墙:斜(坡)屋面无檐口天棚者算至屋面板底;有屋架且室内外均有天棚者算至屋架下弦底另加200 mm;无天棚者算至屋架下弦底另加300 mm;出檐宽度超过600 mm时按实砌高度计算;有钢筋混凝土楼板隔层者算至楼板顶。平屋顶算至钢筋混凝土板底。 ② 内墙:位于屋架下弦者,算至屋架下弦底;无屋架者算至天棚底另加100 mm;有钢筋混凝土楼板隔层者算至楼板顶;有框架梁时算至梁底。	（1）砂浆制作、运输; （2）砌砖; （3）刮缝; （4）砖压顶砌筑; （5）材料运输
010401005	空心砖墙		m³	③ 女儿墙:从屋面板上表面算至女儿墙顶面(如有混凝土压顶算至压顶下表面)。 ④ 内、外山墙:按其平均高度计算。 （5）框架间墙:不分内外墙按墙体净尺寸以体积计算。 （6）围墙:高度算至压顶上表面(如有混凝土压顶算至压顶下表面),围墙柱并入围墙计算体积	
010401006	空斗墙	（1）砖品种、规格、强度等级; （2）墙体类型; （3）砂浆强度等级、配合比		按设计图示尺寸以空斗墙外形体积计算。墙角、内外墙交接处、门窗洞口立边、窗台砖、屋檐处的实砌部分体积并入空斗墙体积	（1）砂浆制作、运输; （2）砌砖; （3）装填充料; （4）刮缝; （5）材料运输
010401007	空花墙			按设计图示尺寸以空花部分外形体积计算,不扣除空洞部分体积	
010401008	填充墙	（1）砖品种、规格、强度等级; （2）墙体类型; （3）填充材料种类及厚度; （4）砂浆强度等级、配合比		按设计图示尺寸以填充墙外形体积计算	
010401009	实心砖柱	（1）砖品种、规格、强度等级; （2）柱类型; （3）砂浆强度等级、配合比		按设计图示尺寸以体积计算。扣除混凝土及钢筋混凝土梁垫、梁头、板头所占体积	（1）砂浆制作、运输; （2）砌砖; （3）刮缝; （4）材料运输
010401010	多孔砖柱				

项目编码	项目名称	项目特征	计量单位	工程量计算规则	工作内容
010401011	砖检查井	(1)井截面、深度; (2)砖品种、规格、强度等级; (3)垫层材料种类、厚度; (4)底板厚度; (5)井盖安装; (6)混凝土强度等级; (7)砂浆强度等级; (8)防潮层材料种类	座	按设计图示数量计算	(1)砂浆制作、运输; (2)铺设垫层; (3)底板混凝土制作、运输、浇筑、振捣、养护; (4)砌砖; (5)刮缝; (6)井池底、壁抹灰; (7)抹防潮层; (8)材料运输
010401012	零星砌砖	(1)零星砌砖名称、部位; (2)砖品种、规格、强度等级; (3)砂浆强度等级、配合比	m³、m²、m 或个	(1)以立方米计量,按设计图示尺寸截面积乘以长度计算; (2)以平方米计量,按设计图示尺寸水平投影面积计算; (3)以米计量,按设计图示尺寸长度计算; (4)以个计量,按设计图示数量计算	(1)砂浆制作、运输; (2)砌砖; (3)刮缝; (4)材料运输
010401013	砖散水、地坪	(1)砖品种、规格、强度等级; (2)垫层材料种类、厚度; (3)散水、地坪厚度; (4)面层种类、厚度; (5)砂浆强度等级	m²	按设计图示尺寸以面积计算	(1)土方挖、运、填; (2)地基找平、夯实; (3)铺设垫层; (4)砌砖散水、地坪; (5)抹砂浆面层
010401014	砖地沟、明沟	(1)砖品种、规格、强度等级; (2)沟截面尺寸; (3)垫层材料种类、厚度; (4)混凝土强度等级; (5)砂浆强度等级	m	以米计量,按设计图示以中心线长度计算	(1)土方挖、运、填; (2)铺设垫层; (3)底板混凝土制作、运输、浇筑、振捣、养护; (4)砌砖; (5)刮缝、抹灰; (6)材料运输

注:1."砖基础"项目适用于各种类型砖基础,如柱基础、墙基础、管道基础等。
2.基础与墙(柱)身使用同一种材料时,以设计室内地面为界(有地下室者,以地下室室内设计地面为界),以下为基础,以上为墙(柱)身。基础与墙身使用不同材料时,材料分界线与设计室内地面高度差≤300 mm时,以材料分界线为界,以下为墙(柱)身;高度差>300 mm时,以设计室内地面为分界线。
3.砖围墙以设计室外地坪为界,以下为基础,以上为墙身。
4.框架外表面的镶贴砖部分,按零星砌砖项目编码列项。
5.附墙烟囱、通风道、垃圾道应按设计图示尺寸以体积(扣除孔洞所占体积)计算(并入所依附的墙体体积)。当设计规定孔洞内需抹灰时,应按《计量规范》附录M中零星抹灰项目编码列项。
6.空斗墙的窗间墙、窗台下、楼板下、梁头下等的实砌部分,按零星砌砖项目编码列项。
7."空花墙"项目适用于各种类型的空花墙,使用混凝土花格砌筑的空花墙,实砌墙体与混凝土花格应分别计算。混凝土花格按混凝土及钢筋混凝土中预制构件相关项目编码列项。
8.台阶、台阶挡墙、梯带、锅台、炉灶、蹲台、池槽、池槽腿、砖胎模、花台、花池、楼梯栏板、阳台栏板、地垄墙、≤0.3 m² 的孔洞填塞等,应按零星砌砖项目编码列项。砖砌锅台与炉灶可按外形尺寸以个计算,砖砌台阶可按水平投影面积以平方米计算,小便槽、地垄墙可按长度计算,其他工程以立方米计算。
9.砖砌体内钢筋加固,应按《计量规范》附录E中相关项目编码列项。
10.砖砌体勾缝按《计量规范》附录M中相关项目编码列项。
11.检查井内的爬梯按《计量规范》附录E中相关项目编码列项;井内的混凝土构件按《计量规范》附录E中相关项目编码列项。
12.如施工图设计标注做法见标准图集,应在项目特征描述中注明标准图集的编码、页号及节点大样。

表 5.2.2　砌块砌体(项目编码:010402)

项目编码	项目名称	项 目 特 征	计量单位	工程量计算规则	工 作 内 容
010402001	砌块墙	(1)砌块品种、规格、强度等级; (2)墙体类型; (3)砂浆强度等级	m³	(1)按设计图示尺寸以体积计算。 (2)扣除门窗、洞口、嵌入墙内的钢筋混凝土柱、梁、圈梁、挑梁、过梁及凹进墙内的壁龛、管槽、暖气槽、消火栓箱所占体积,不扣除梁头、板头、檩头、垫木、木楞头、沿椽木、木砖、门窗走头、砌块墙内加固钢筋、木筋、铁件、钢管及单个面积≤0.3 m² 的孔洞所占的体积。凸出墙面的腰线、挑檐、压顶、窗台线、虎头砖、门窗套的体积亦不增加。凸出墙面的砖垛并入墙体体积计算。 (3)墙长度:外墙按中心线,内墙按净长计算。 (4)墙高度: ① 外墙:斜(坡)屋面无檐口天棚者算至屋面板底;有屋架且室内外均有天棚者算至屋架下弦底另加 200 mm;无天棚者算至屋架下弦底另加300 mm,出檐宽度超过 600 mm 时按实砌高度计算;有钢筋混凝土楼板隔层者算至楼板顶;平屋面算至钢筋混凝土板底。 ② 内墙:位于屋架下弦者,算至屋架下弦底;无屋架者算至天棚底另加 100 mm;有钢筋混凝土楼板隔层算至楼板顶;有框架梁时算至梁底。 ③ 女儿墙:从屋面板上表面算至女儿墙顶面(如有混凝土压顶算至压顶下表面)。 ④ 内、外山墙:按其平均高度计算。 (5)框架间墙:不分内外墙按墙体净尺寸以体积计算。 (6)围墙:高度算至压顶上表面(如有混凝土压顶算至压顶下表面),围墙柱并入围墙计算体积	(1)砂浆制作、运输; (2)砌砖、砌块; (3)勾缝; (4)材料运输
010402002	砌块柱			(1)按设计图示尺寸以体积计算; (2)扣除混凝土及钢筋混凝土梁垫、梁头、板头所占体积	

注:1.砌体内加筋、墙体拉结筋的制作、安装,应按《计量规范》附录 E 中相关项目编码列项。

2.砌块上、下错缝搭砌,如果搭错缝长度满足不了规定的压搭要求,应采取压砌钢筋网片的措施,具体构造要求按设计规定。若设计无规定时,应注明由投标人根据工程实际情况自行考虑。钢筋网片按《计量规范》附录 F 中相应项目编码列项。

3.砌体垂直灰缝宽>30 mm 时,采用 C20 细石混凝土灌实。灌注的混凝土应按《计量规范》附录 E 中相应项目编码列项。

表 5.2.3　石砌体(项目编码:010403)

项目编码	项目名称	项目特征	计量单位	工程量计算规则	工作内容
010403001	石基础	(1)石料种类、规格; (2)基础类型; (3)砂浆强度等级		(1)按设计图示尺寸以体积计算; (2)包括附墙垛基础宽出部分体积,不扣除基础砂浆防潮层及单个面积≤0.3 m² 的孔洞所占体积,靠墙暖气沟的挑檐不增加体积; (3)基础长度:外墙按中心线,内墙按净长计算	(1)砂浆制作、运输; (2)吊装; (3)砌石; (4)防潮层铺设; (5)材料运输
010403002	石勒脚			按设计图示尺寸以体积计算,扣除单个面积>0.3 m² 的孔洞所占的体积	
010403003	石墙	(1)石料种类、规格; (2)石表面加工要求; (3)勾缝要求; (4)砂浆强度等级、配合比	m³	(1)按设计图示尺寸以体积计算。 (2)扣除门窗、洞口、嵌入墙内的钢筋混凝土柱、梁、圈梁、挑梁、过梁及凹进墙内的壁龛、管槽、暖气槽、消火栓箱所占体积,不扣除梁头、板头、檩头、垫木、木楞头、沿椽木、木砖、门窗走头、石墙内加固钢筋、木筋、铁件、钢管及单个面积≤0.3 m² 的孔洞所占的体积。凸出墙面的腰线、挑檐、压顶、窗台线、虎头砖、门窗套的体积亦不增加。凸出墙面的砖垛并入墙体体积计算。 (3)墙长度:外墙按中心线,内墙按净长计算。 (4)墙高度: ① 外墙:斜(坡)屋面无檐口天棚者算至屋面板底;有屋架且室内外均有天棚者算至屋架下弦底另加 200 mm;无天棚者算至屋架下弦底另加 300 mm;出檐宽度超过 600 mm 时按实砌高度计算;有钢筋混凝土楼板隔层者算至楼板顶;平屋顶算至钢筋混凝土板底。 ② 内墙:位于屋架下弦者,算至屋架下弦底;无屋架者算至天棚底另加 100 mm;有钢筋混凝土楼板隔层者算至楼板顶;有框架梁时算至梁底。 ③ 女儿墙:从屋面板上表面算至女儿墙顶面(如有混凝土压顶算至压顶下表面)。 ④ 内、外山墙:按其平均高度计算。 (5)围墙:高度算至压顶上表面(如有混凝土压顶算至压顶下表面),围墙柱并入围墙计算体积	(1)砂浆制作、运输; (2)吊装; (3)砌石; (4)石表面加工; (5)勾缝; (6)材料运输

续表

项目编码	项目名称	项目特征	计量单位	工程量计算规则	工作内容
010403004	石挡土墙	(1) 石料种类、规格; (2) 石表面加工要求; (3) 勾缝要求; (4) 砂浆强度等级、配合比	m³	按设计图示尺寸以体积计算	(1) 砂浆制作、运输; (2) 吊装; (3) 砌石; (4) 变形缝、泄水孔、压顶抹灰; (5) 滤水层; (6) 勾缝; (7) 材料运输
010403005	石柱				
010403006	石栏杆		m	按设计图示以长度计算	(1) 砂浆制作、运输; (2) 吊装; (3) 砌石; (4) 石表面加工; (5) 勾缝; (6) 材料运输
010403007	石护坡	(1) 垫层材料种类、厚度; (2) 石料种类、规格; (3) 护坡厚度、高度; (4) 石表面加工要求; (5) 勾缝要求; (6) 砂浆强度等级、配合比	m³	按设计图示尺寸以体积计算	(1) 铺设垫层; (2) 石料加工; (3) 砂浆制作、运输; (4) 砌石; (5) 石表面加工; (6) 勾缝; (7) 材料运输
010403008	石台阶				
010403009	石坡道		m²	按设计图示以水平投影面积计算	
010403010	石地沟、明沟	(1) 沟截面尺寸; (2) 土壤类别、运距; (3) 垫层材料种类、厚度; (4) 石料种类、规格; (5) 石表面加工要求; (6) 勾缝要求; (7) 砂浆强度等级、配合比	m	按设计图示以中心线长度计算	(1) 土方挖、运; (2) 砂浆制作、运输; (3) 铺设垫层; (4) 砌石; (5) 石表面加工; (6) 勾缝; (7) 回填; (8) 材料运输

注:1. 石基础、石勒脚、石墙的划分:基础与勒脚应以设计室外地坪为界。勒脚与墙身应以设计室内地面为界。石围墙内外地坪标高不同时,应以较低地坪标高为界,以下为基础;内外标高之差为挡土墙时,挡土墙以上为墙身。

2. "石基础"项目适用于各种规格(粗料石、细料石等)、各种材质(砂石、青石等)和各种类型(柱基、墙基、直形、弧形等)基础。

3. "石勒脚""石墙"项目适用于各种规格(粗料石、细料石等)、各种材质(砂石、青石、大理石、花岗石等)和各种类型(直形、弧形等)勒脚和墙体。

4. "石挡土墙"项目适用于各种规格(粗料石、细料石、块石、毛石、卵石等)、各种材质(砂石、青石、石灰石等)和各种类型(直形、弧形、台阶形等)挡土墙。

5. "石柱"项目适用于各种规格、各种石质、各种类型的石柱。

6. "石栏杆"项目适用于无雕饰的一般石栏杆。

7. "石护坡"项目适用于各种石质和各种石料(粗料石、细料石、片石、块石、毛石、卵石等)。

8. "石台阶"项目包括石梯带(垂带),不包括石梯膀,石梯膀应按"石挡土墙"项目编码列项。

9. 如施工图设计标注做法见标准图集时,应在项目特征描述中注明标准图集的编码、页号及节点大样。

表 5.2.4　垫层(项目编码:010404)

项目编码	项目名称	项目特征	计量单位	工程量计算规则	工作内容
010404001	垫层	垫层材料种类、配合比、厚度	m³	按设计图示尺寸以体积计算	(1)垫层材料的拌制; (2)垫层铺设; (3)材料运输

注:除混凝土垫层应按《计量规范》附录 E 中相关项目编码列项外,没有包括垫层要求的清单项目应按本表项目编码列项。

二、砌筑工程量计算

1. 相关问题及说明

1)砌体计算厚度的确定

标准砖尺寸应为 240 mm×115 mm×53 mm。标准砖墙厚度应按表 5.2.5 计算。

表 5.2.5　标准砖墙计算厚度

砖数(厚度)	1/4	1/2	3/4	1	3/2	2	5/2	3
计算厚度/mm	53	115	180	240	365	490	615	740

使用非标准砖时,其砌体厚度按砖实际规格和设计厚度计算。

2)砖基础与墙(柱)的划分

(1)基础与墙(柱)身使用同一种材料时,以设计室内地面(±0.000)为界(有地下室者,以地下室室内设计地面为界),以下为基础,以上为墙(柱)身。

(2)基础与墙(柱)身使用不同材料时,材料分界线与设计室内地面高度差不大于 300 mm 时,以材料分界线为界,分界线以下为基础,以上为墙(柱)身;高度差大于 300 mm 时,以设计室内地面为分界线,以下为基础,以上为墙(柱)身。

(3)砖围墙以设计室外地坪为界,以下为基础,以上为墙身。

基础与墙(柱)身的分界线如图 5.2.1 所示。

3)墙基防潮层的设置

墙基防潮层是位于室内地面垫层标高处,沿墙身平面设置的防水砂浆层,为水泥砂浆内加入一定数量的防水粉拌和而成。设置墙基防潮层主要是为了防止潮气向上进入墙身,避免墙体遭受硝化侵蚀。设计墙基防潮层时,工程量以平方米计量,按墙基平面面积计算,执行定额中专用子目。

2. 砖基础工程量计算

1)基本概念

基础指建筑物的墙或柱埋在地下的扩大的部分。基础的作用是承受上部结构的全部荷载,并将其传给地基。基础是建筑物的重要组成部分。

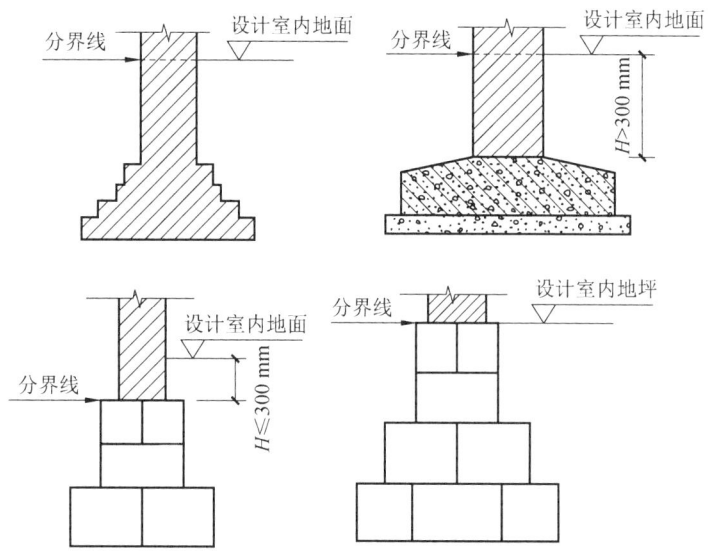

图 5.2.1 基础与墙(柱)身的分界线

砖基础由基础墙和大放脚组成,一般采用台阶形式向下逐级放大,形成阶梯形。砖基础大放脚一般采用等高式大放脚(每两皮(126 mm)挑出 1/4 砖(53 mm))或不等高式大放脚(二皮与一皮间隔挑出 1/4 砖)两种形式,如图 5.2.2 所示。

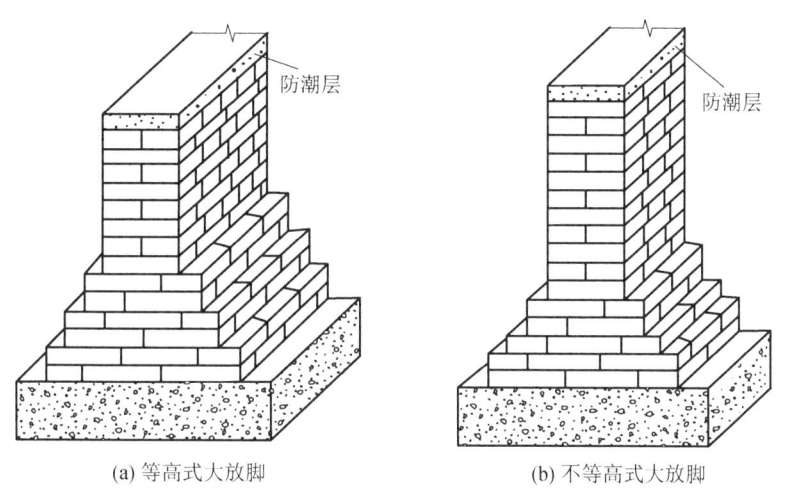

(a) 等高式大放脚   (b) 不等高式大放脚

图 5.2.2 砖基础大放脚

基础垫层指为了避免基础直接与土壤层接触,并使基础底面有良好的接触面,把基础承受的上部荷载均匀地传给地基,在基础底面设置的一个构造层次。基础垫层的种类包括砂垫层、毛石垫层、碎石垫层、灰土垫层、素土垫层、碎砖三合土垫层、混凝土垫层等。在砖基础工程中,常用的有灰土垫层及混凝土垫层。

2)砖基础项目计量

砖基础工程量按设计图示尺寸以体积计算,其计算公式为

$$砖基础工程量=砖基础长度×砖基础断面面积$$

在计算砖基础的工程量时,大放脚 T 形接头处的重叠部分,嵌入基础的钢筋、铁件、管道、

基础砂浆防潮层等所占的体积不予扣除,靠墙暖气沟的挑砖亦不增加工程量;穿过墙基的孔洞,洞口面积在 0.3 m² 以上的应予以扣除,洞口上的混凝土过梁或构造柱亦应另列项目计算。

砖基础长度的确定:外墙——中心线长度;内墙——净长线长度。

砖基础断面面积的确定:

$$砖基础断面面积 = 基础墙厚度 \times 基础高度 + 大放脚增加断面面积$$

或

$$砖基础断面面积 = 基础墙厚度 \times (基础高度 + 大放脚折加高度)$$

$$等高式大放脚增加断面面积 = 放脚层数 \times (放脚层数 + 1) \times 0.062\ 5\ m \times 0.126\ m$$

$$不等高式大放脚增加断面面积 = 0.062\ 5\ m \times 放脚层数 \times \left[\frac{放脚层数}{2} \times (0.126\ m + 0.063\ m) + 0.126\ m \right]$$

也可以根据放脚层数以及所附基础墙的厚度是否等高放脚等因素,查表 5.2.6 获得大放脚的折加高度或大放脚增加断面面积。

$$大放脚折加高度 = \frac{大放脚增加断面面积}{基础墙厚度}$$

表 5.2.6　标准砖基础大放脚的折加高度和大放脚增加断面面积

放脚层数 n	折加高度/m								增加断面面积/m²	
	1/2 砖		1 砖		3/2 砖		2 砖			
	等高	不等高	等高	不等高	等高	不等高	等高	不等高	等高	不等高
1	0.137	0.137	0.066	0.066	0.043	0.043	0.032	0.032	0.015 75	0.015 75
2	0.411	0.342	0.197	0.164	0.129	0.108	0.096	0.080	0.047 25	0.039 38
3			0.394	0.328	0.259	0.216	0.193	0.161	0.094 50	0.078 75
4			0.656	0.525	0.432	0.345	0.321	0.257	0.157 50	0.126 00
5			0.984	0.788	0.647	0.518	0.482	0.386	0.236 30	0.189 00
6			1.378	1.083	0.906	0.712	0.672	0.530	0.330 80	0.259 00
7			1.838	1.444	1.208	0.949	0.900	0.707	0.441 00	0.346 50
8			2.363	1.838	1.553	1.208	1.157	0.900	0.567 00	0.441 10

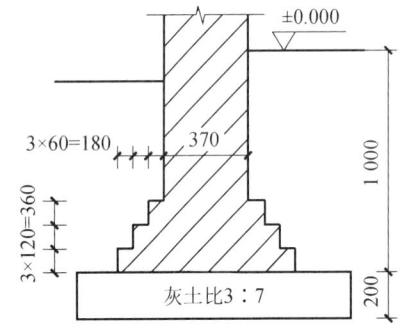

图 5.2.3　某带形砖基础(标高单位为 m,其余为 mm)

■ **例 5.2.1**

某带形砖基础如图 5.2.3 所示,长 100 m,墙厚 $1\frac{1}{2}$ 砖,高 1.0 m,三层等高大放脚。试计算砖基础工程量。

■ **解**

墙厚设计标注尺寸为 370 mm,每层大放脚高度设计标注尺寸为 120 mm,大放脚宽度设计标注尺寸为 60 mm,故此大放脚为非标准砖基础等高大放脚,在计算工程量时应将其改为标准标注尺寸,即墙厚 365 mm,放脚高 126 mm,放脚宽 62.5 mm。

查表 5.2.6,三层等高大放脚的增加断面面积为 0.094 5 m^2。

砖基础工程量＝砖基础长度×砖基础断面面积＝砖基础长度×(砖基础墙厚度×砖基础高度＋大放脚增加断面面积)＝100 m×(0.365 m×1.00 m＋0.094 5 m^2)＝45.95 m^3。

3.砖墙工程量计算

砖墙按墙体所处的平面位置不同,分为外墙和内墙;按受力情况不同,分为承重墙和非承重墙(隔墙);按装修做法不同,分为清水墙和混水墙;按组砌方法不同,分为实心砖墙、空斗墙、空花墙、填充墙等,其中,实心砖墙根据墙面装饰情况又可分为单面清水墙、双面清水墙、混水墙 3 种。

单面清水墙是指一个墙面待装饰工程施工时抹灰,另一个墙面不需抹灰而只需勾缝的砖砌体。

双面清水墙是指两个墙面均不需抹灰而只需勾缝的砖砌体。

混水墙是指两个墙面均待装饰工程施工时抹灰的砖砌体。

以实心砖墙工程量计算为例。

实心砖墙工程量计算,应根据墙厚、砂浆类别、砂浆强度等级、墙面装饰情况不同,分别列项计算。实心砖墙工程量按设计图示尺寸以体积计算:

实心砖墙工程量＝墙长×墙高×墙厚－应扣除部分体积＋应增加部分体积

1) 砖墙长度的确定

外墙长度按中心线长度计算。注意:定位轴线若为偏轴线时,要移为中心线。

内墙长度按净长线长度计算。

(1) 内墙与外墙丁字相交,如图 5.2.4(a)所示,计算内墙长度时,要算至外墙的里边线,这就避免了内外墙重复计算。

(2) 内墙与内墙L形相交时,两面内墙的长度均算至中心线,如图 5.2.4(b)所示。

(3) 内墙与内墙十字相交时,较厚墙体的内墙长度按净长线长度计算,较薄墙体的内墙长度算至较厚墙体的外边线处,如图 5.2.4(c)所示。

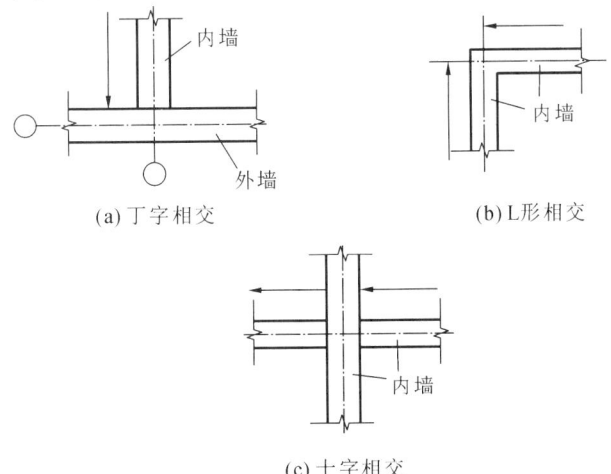

(a)丁字相交　　　　　　　　　(b)L形相交

(c)十字相交

图 5.2.4　内墙长度计算示意图

2）砖墙高度的确定

砖墙高度的起点,均在墙身与墙基的分界线上,从此分界线开始计算砖墙高度。

砖墙高度按下列规定计算:

（1）外墙:斜(坡)屋面无檐口天棚者,高度算至屋面板底,即高度为外墙中心线与墙身、墙基分界面和屋面板底面相交点之间的长度,如图 5.2.5(a)所示;有屋架,且室内外均有天棚时,高度应算至屋架下弦底面另加 200 mm,如图 5.2.5(b)所示;无天棚者,算至屋架下弦底加 300 mm,出檐宽度超过 600 mm 时,按实砌高度计算;平屋面算至钢筋混凝土板底面,如图 5.2.5(c)所示。

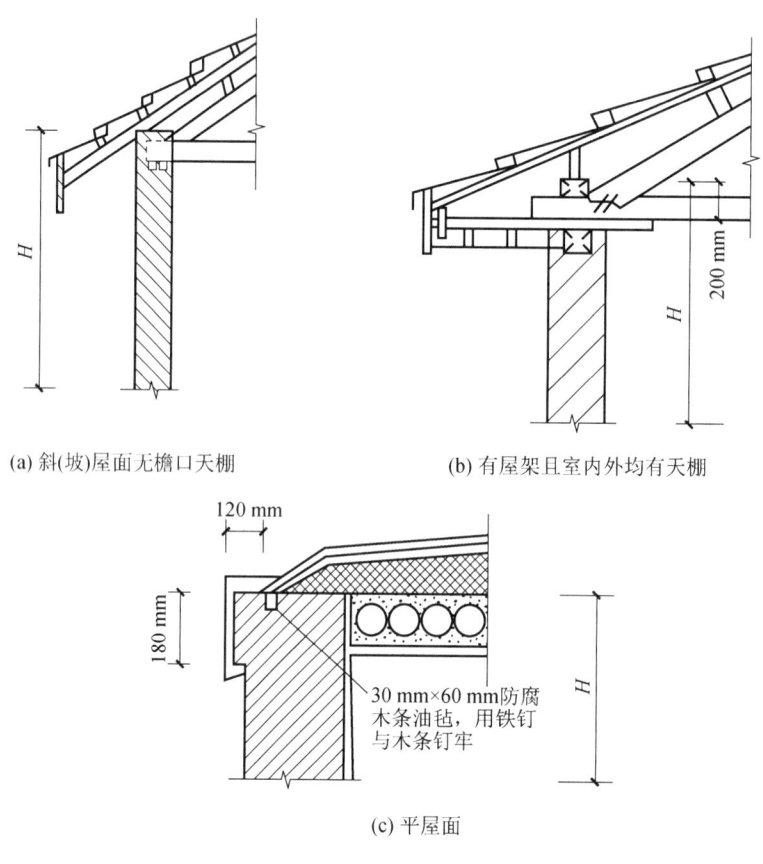

(a) 斜(坡)屋面无檐口天棚　　　　　(b) 有屋架且室内外均有天棚

(c) 平屋面

图 5.2.5　外墙高度示意图

（2）内墙:位于屋架下弦者,其高度算至屋架下弦底,如图 5.2.6(a)所示;无屋架者,算至天棚底再加 100 mm,如图 5.2.6(b)所示;有钢筋混凝土楼板隔层者,算至钢筋混凝土楼板顶;有框架梁时算至梁底。若同一墙上板高不同,可按平均高度计算。

（3）女儿墙:从屋面板上表面算至女儿墙顶面(如有混凝土压顶算至压顶下表面)。

（4）围墙:高度算至压顶上表面。

（5）内、外山墙:按平均高度计算,如图 5.2.7 所示。

框架间墙:不分内外墙,按墙体净尺寸以体积计算。

3）计算砖墙工程量应扣除和不扣除的内容

砖墙工程量计算扣除规则如表 5.2.7 所示。

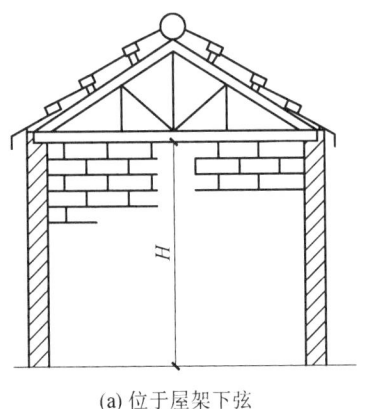

(a) 位于屋架下弦

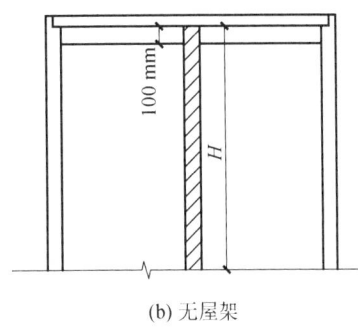

(b) 无屋架

图 5.2.6　内墙高度示意图

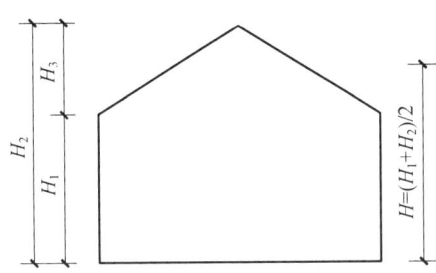

图 5.2.7　内、外山墙高度计算

表 5.2.7　砖墙工程量计算扣除规则

部　位	应 扣 除	不 扣 除
孔洞	门窗、洞口、过人洞、空圈、面积为 0.3 m² 以上的孔洞	面积为 0.3 m² 以下的孔洞
嵌入墙体	嵌入墙内的钢筋混凝土柱、梁、过梁、圈梁、挑梁、砖平拱、平砌砖过梁、壁橱、暖气包槽、壁龛及嵌入内墙的板头	梁头、梁垫、檩头、垫木、木楞头、沿椽木、木砖、门窗走头、加固钢筋、木筋、铁件及嵌入外墙的板头

4）计算砖墙工程量应增加和不增加的内容

砖墙工程量计算增加规则如表 5.2.8 所示。

表 5.2.8　砖墙工程量计算增加规则

应 增 加	不 增 加
砖垛、三皮砖以上的挑檐和砖砌腰线（见图 5.2.8，嵌入墙体的加固钢筋另列项目计算）	突出墙面的窗台虎头砖、压顶线、山墙泛水、烟囱根、门窗套、三皮砖以内的砖砌腰线和砖砌挑檐（见图 5.2.9）

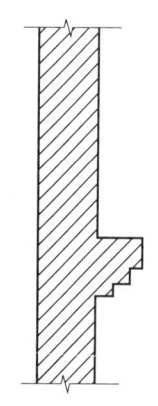 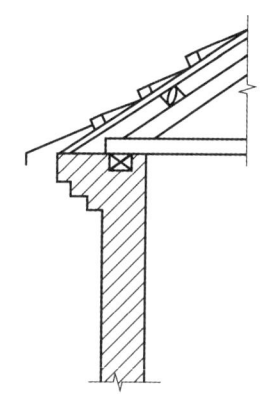

图 5.2.8　砖砌腰线　　　　　　　图 5.2.9　砖砌挑檐

例 5.2.2

某单层建筑物如图 5.2.10 所示。已知该工程用 M10 混合砂浆砌筑蒸压灰砂砖,原浆勾缝,为双面混水砖墙。门 M1 为 1 000 mm×2 400 mm,M2 为 900 mm×2 400 mm,窗 C1 尺寸为 1 500 mm×1 500 mm。门窗上部均设过梁,断面尺寸为 240 mm×180 mm,长度按门窗洞口宽度每边加 250 mm 计算。内、外墙均设圈梁,断面尺寸为 240 mm×240 mm。试编制该砖墙工程的工程量清单。

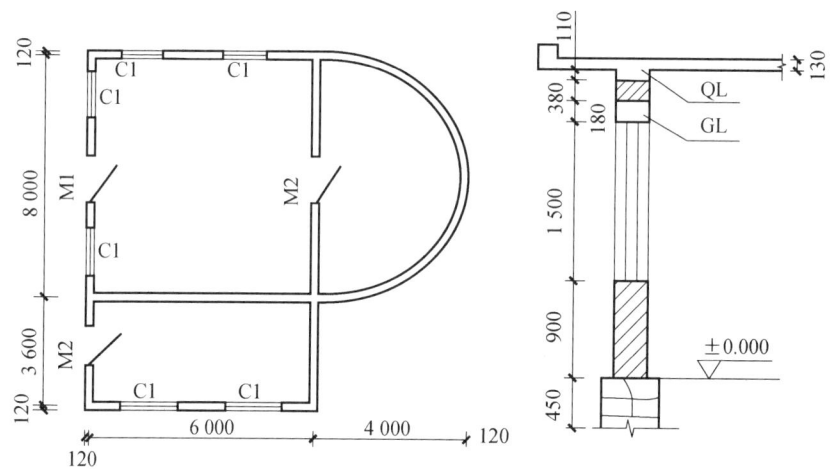

图 5.2.10　某单层建筑物示意(标高单位为 m,其余为 mm)

解

实心砖墙工程量按设计图示尺寸以体积计算,此处实心砖墙分为直形墙和弧形墙两个项目。工程量计算过程及所编制工程量清单如表 5.2.9 所示。

表5.2.9　实心砖墙工程量计算过程及工程量清单

序号	项目编码	项目名称	计量单位	计　算　式	工程量
1	010401003001	实心砖墙-直形墙	m³	(1) 外墙体积计算过程： $L_{外}=6.00\ m+3.60\ m+6.00\ m+3.60\ m+8.00\ m=27.20\ m$； $H_{外}=0.90\ m+1.50\ m+0.18\ m+0.38\ m=2.96\ m$； $S_{门窗}=1.50\ m\times1.50\ m\times6+1.00\ m\times2.40\ m+0.90\ m\times2.4\ m=18.06\ m^2$； $V_{过梁}=0.24\ m\times0.18\ m\times2.00\ m\times6+0.24\ m\times0.18\ m\times1.50\ m+0.24\ m\times0.18\ m\times1.4\ m=0.64\ m^3$； $V_{外墙}=(27.20\ m\times2.96\ m-18.06\ m^2)\times0.24\ m-0.64\ m^3=14.35\ m^3$。 (2) 内墙体积计算过程： $L_{内}=6.00\ m-0.24\ m+8.00\ m-0.24\ m=13.52\ m$； $H_{内}=0.90\ m+1.50\ m+0.18\ m+0.38\ m=2.96\ m$； $S_{门窗}=0.90\ m\times2.40\ m=2.16\ m^2$； $V_{过梁}=0.24\ m\times0.18\ m\times1.4\ m=0.06\ m^3$； $V_{内墙}=(13.52\ m\times2.96\ m-2.16\ m^2)\times0.24\ m-0.06\ m^3=9.03\ m^3$。 (3) $V_{直形墙}=14.35\ m^3+9.03\ m^3=23.38\ m^3$	23.38
2	010401003002	实心砖墙-弧形墙	m³	$L_{外}=4.00\ m\times3.14=12.56\ m$； $H_{外}=0.90\ m+1.50\ m+0.18\ m+0.38\ m=2.96\ m$； $V_{外弧}=12.56\ m\times2.96\ m\times0.24\ m=8.92\ m^3$	8.92

任务 3　混凝土工程计量

一、现浇混凝土工程清单分项

　　《计量规范》将现浇混凝土工程分为现浇混凝土基础、现浇混凝土柱、现浇混凝土梁、现浇混凝土墙、现浇混凝土板、现浇混凝土楼梯、现浇混凝土其他构件、后浇带8个方面的内容，共39个清单项目。其中现浇混凝土柱、现浇混凝土梁、现浇混凝土墙、现浇混凝土板、现浇混凝土楼梯、现浇混凝土其他构件工程量清单项目设置及工程量计算规则如表5.3.1至表5.3.6所示。

表 5.3.1　现浇混凝土柱（项目编码：010502）

项目编码	项目名称	项目特征	计量单位	工程量计算规则	工作内容
010502001	矩形柱	（1）混凝土种类； （2）混凝土强度等级	m³	（1）按设计图示尺寸以体积计算。 （2）柱高：①有梁板的柱高，应以自柱基上表面（或楼板上表面）至上一层楼板上表面之间的高度计算；②无梁板的柱高，应以自柱基上表面（或楼板上表面）至柱帽下表面之间的高度计算；③框架柱的柱高，应以自柱基上表面至柱顶高度计算；④构造柱按全高计算，嵌接墙体部分（马牙槎）并入柱身体积计算；⑤依附柱上的牛腿和升板的柱帽，并入柱身体积计算	（1）模板及支架（撑）制作、安装、拆除、堆放、运输及清理模内杂物，刷隔离剂等； （2）混凝土制作、运输、浇筑、振捣、养护
010502002	构造柱				
010502003	异形柱	（1）柱形状； （2）混凝土种类； （3）混凝土强度等级			

注："混凝土种类"指清水混凝土、彩色混凝土等，如在同一地区既使用预拌（商品）混凝土，又允许现场搅拌混凝土时，也应注明（下同）。

表 5.3.2　现浇混凝土梁（项目编码：010503）

项目编码	项目名称	项目特征	计量单位	工程量计算规则	工作内容
010503001	基础梁	（1）混凝土种类； （2）混凝土强度等级	m³	（1）按设计图示尺寸以体积计算。伸入墙内的梁头、梁垫并入梁体积计算。 （2）梁长：①梁与柱相连接时，梁长算至柱侧面；②主梁与次梁连接时，次梁算至主梁侧面	（1）模板及支架（撑）制作、安装、拆除、堆放、运输及清理模内杂物，刷隔离剂等； （2）混凝土制作、运输、浇筑、振捣、养护
010503002	矩形梁				
010503003	异形梁				
010503004	圈梁				
010503005	过梁				
010503006	弧形、拱形梁				

表 5.3.3　现浇混凝土墙（项目编码：010504）

项目编码	项目名称	项目特征	计量单位	工程量计算规则	工作内容
010504001	直形墙	（1）混凝土种类； （2）混凝土强度等级	m³	（1）按设计图示尺寸以体积计算； （2）扣除门窗洞口及单个面积大于 0.3 m² 的孔洞所占体积，墙垛及突出墙面部分并入墙体体积计算	（1）模板及支架（撑）制作、安装、拆除、堆放、运输及清理模内杂物，刷隔离剂等； （2）混凝土制作、运输、浇筑、振捣、养护
010504002	弧形墙				
010504003	短肢剪力墙				
010504004	挡土墙				

注：1. 短肢剪力墙是指截面厚度不大于 300 mm、各肢截面高度与厚度之比的最大值大于 4 但不大于 8 的剪力墙。

2. 各肢截面高度与厚度之比的最大值不大于 4 的剪力墙按柱项目编码列项。

表 5.3.4　现浇混凝土板(项目编码:010505)

项目编码	项目名称	项目特征	计量单位	工程量计算规则	工作内容
010505001	有梁板	（1）混凝土种类；（2）混凝土强度等级	m³	（1）按设计图示尺寸以体积计算,不扣除单个面积不大于 0.3 m² 的柱、垛以及孔洞所占体积；（2）压型钢板混凝土楼板扣除构件内压型钢板所占体积；（3）有梁板(包括主、次梁与板)按梁、板体积之和计算,无梁板按板和柱帽体积之和计算,各类板伸入墙内的板头并入板体积计算,薄壳板的肋、基梁并入薄壳体积计算	（1）模板及支架(撑)制作、安装、拆除、堆放、运输及清理模内杂物,刷隔离剂等；（2）混凝土制作、运输、浇筑、振捣、养护
010505002	无梁板				
010505003	平板				
010505004	拱板				
010505005	薄壳板				
010505006	栏板				
010505007	天沟(檐沟)、挑檐板			按设计图示尺寸以体积计算	
010505008	雨篷、悬挑板、阳台板			按设计图示尺寸以墙外部分体积计算,包括伸出墙外的牛腿和雨篷反挑檐的体积	
010505009	空心板			按设计图示尺寸以体积计算;空心板(GBF高强薄壁蜂巢芯板等)应扣除空心部分体积	
010505010	其他板			按设计图示尺寸以体积计算	

注:现浇挑檐、天沟板、雨篷、阳台与板(包括屋面板、楼板)连接时,以外墙外边线为分界线;与圈梁(包括其他梁)连接时,以梁外边线为分界线。外边线以外为挑檐、天沟、雨篷或阳台。

表 5.3.5　现浇混凝土楼梯(项目编码:010506)

项目编码	项目名称	项目特征	计量单位	工程量计算规则	工作内容
010506001	直行楼梯	（1）混凝土种类；（2）混凝土强度等级	m² 或 m³	（1）以平方米计量,按设计图示尺寸以水平投影面积计算。不扣除宽度不大于 500 mm 的楼梯井,伸入墙内部分不计算。（2）以立方米计量,按设计图示尺寸以体积计算	（1）模板及支架(撑)制作、安装、拆除、堆放、运输及清理模内杂物,刷隔离剂等；（2）混凝土制作、运输、浇筑、振捣、养护
010506002	弧形楼梯				

注:整体楼梯(包括直行楼梯、弧形楼梯)水平投影面积包括休息平台、平台梁、斜梁和楼梯的连接梁。当整体楼梯与现浇楼板无梯梁连接时,以楼梯的最后一个踏步边缘加 300 mm 为界。

表 5.3.6　现浇混凝土其他构件(项目编码:010507)

项目编码	项目名称	项目特征	计量单位	工程量计算规则	工作内容
010507001	散水、坡道	（1）垫层材料种类、厚度；（2）面层厚度；（3）混凝土种类；（4）混凝土强度等级；（5）变形缝填塞材料种类	m²	按设计图示尺寸以水平投影面积计算。不扣除单个面积≤0.3 m² 的孔洞所占面积	（1）地基夯实；（2）铺设垫层；（3）模板及支撑制作、安装、拆除、堆放、运输及清理模内杂物,刷隔离剂等；（4）混凝土制作、运输、浇筑、振捣、养护；（5）变形缝填塞
010507002	室外地坪	（1）地坪厚度；（2）混凝土强度等级			

续表

项目编码	项目名称	项目特征	计量单位	工程量计算规则	工作内容
010507003	电缆沟、地沟	(1) 土壤类别; (2) 沟截面净空尺寸; (3) 垫层材料种类、厚度; (4) 混凝土种类; (5) 混凝土强度等级; (6) 防护材料种类	m	按设计图示以中心线长度计算	(1) 挖填、运土石方; (2) 铺设垫层; (3) 模板及支撑制作、安装、拆除、堆放、运输及清理模内杂物,刷隔离剂等; (4) 混凝土制作、运输、浇筑、振捣、养护; (5) 刷防护材料
010507004	台阶	(1) 踏步高、宽; (2) 混凝土种类; (3) 混凝土强度等级	m² 或 m³	(1) 以平方米计量,按设计图示尺寸以水平投影面积计算 (2) 以立方米计量,按设计图示尺寸以体积计算	(1) 模板及支撑制作、安装、拆除、堆放、运输及清理模内杂物,刷隔离剂等; (2) 混凝土制作、运输、浇筑、振捣、养护
010507005	扶手、压顶	(1) 断面尺寸; (2) 混凝土种类; (3) 混凝土强度等级	m 或 m³	(1) 以米计量,按设计图示以中心线延长米计算 (2) 以立方米计量,按设计图示尺寸以体积计算	(1) 模板及支架(撑)制作、安装、拆除、堆放、运输及清理模内杂物,刷隔离剂等; (2) 混凝土制作、运输、浇筑、振捣、养护
010507006	化粪池、检查井	(1) 部位; (2) 混凝土强度等级; (3) 防水、抗渗要求	m³ 或座	(1) 以立方米计量,按设计图示尺寸以体积计算 (2) 以座计量,按设计图示数量计算	
010507007	其他构件	(1) 构件的类型; (2) 构件规格; (3) 部位; (4) 混凝土种类; (5) 混凝土强度等级			

注:1.现浇混凝土小型池槽、垫块、门框等,应按表中其他构件项目编码列项。

2.架空式混凝土台阶,按现浇楼梯计算。

二、混凝土工程计量

混凝土工程包括现浇混凝土构件、预制混凝土构件等部分。此处主要介绍现浇混凝土工程的工程量计算。

1.现浇混凝土柱

现浇混凝土柱包括矩形柱、构造柱、异形柱等,其工程量按设计图示尺寸以体积计算。柱高按以下规定计算:

（1）有梁板的柱高,应以自柱基上表面(或楼板上表面)至上一层楼板上表面之间的高度计算。

（2）无梁板的柱高,应以自柱基上表面(或楼板上表面)至柱帽下表面之间的高度计算。

（3）框架柱的柱高,应以自柱基上表面至柱顶高度计算。

（4）构造柱按全高计算,嵌接墙体部分(马牙槎)并入柱身体积计算;构造柱横截面面积可按基本截面宽度两边各加 30 mm 计算。

（5）依附柱上的牛腿和升板的柱帽,并入柱身体积计算。

例 5.3.1

根据下列数据分别计算不同形状接头的现浇混凝土构造柱工程量(墙厚除注明外都是 240 mm):

① 90°转角 L 形:柱高 12.0 m。

② T 形接头:柱高 15.0 m。

③ 十字接头:墙厚 365 mm,柱高 18.0 m。

④ 一字形:柱高 9.5 m。

解

① 90°转角 L 形构造柱工程量

$$V = 12.0 \text{ m} \times (0.24 \text{ m} \times 0.24 \text{ m} + 0.03 \text{ m} \times 0.24 \text{ m} \times 2) = 0.86 \text{ m}^3$$

② T 形接头构造柱工程量

$$V = 15.0 \text{ m} \times (0.24 \text{ m} \times 0.24 \text{ m} + 0.03 \text{ m} \times 0.24 \text{ m} \times 3) = 1.19 \text{ m}^3$$

③ 十字接头构造柱工程量

$$V = 18.0 \text{ m} \times (0.365 \text{ m} \times 0.365 \text{ m} + 0.03 \text{ m} \times 0.365 \text{ m} \times 4) = 3.19 \text{ m}^3$$

④ 一字形构造柱工程量

$$V = 9.5 \text{ m} \times (0.24 \text{ m} \times 0.24 \text{ m} + 0.03 \text{ m} \times 0.24 \text{ m} \times 2) = 0.68 \text{ m}^3$$

例 5.3.2

以 11 栋学生公寓施工图中一层Ⓐ轴和①轴交接处的矩形柱 KZ19(见图 5.3.1)为对象,项目编码为 010502001,项目名称为矩形柱,柱高 3.2 m,用手算和电算方法计算其工程量。

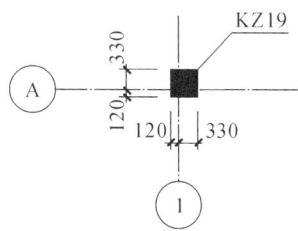

图 5.3.1　矩形柱 KZ19(单位:mm)

解

① 手工清单算量:

$$V = 0.45 \text{ m} \times 0.45 \text{ m} \times 3.2 \text{ m} = 0.648 \text{ m}^3$$

取 0.65 m^3。

② 电算该矩形柱工程量如图 5.3.2 所示。

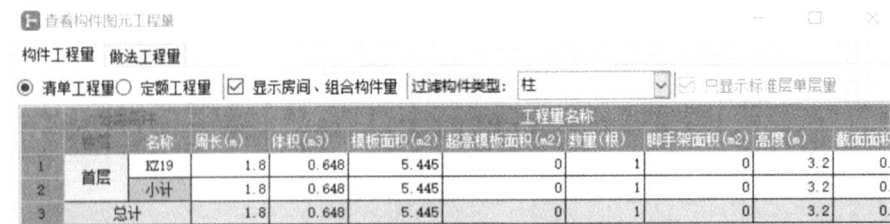

图 5.3.2　电算矩形柱工程量

2. 现浇混凝土梁

现浇混凝土梁包括基础梁、矩形梁、异形梁、圈梁、过梁、弧形梁（拱形梁）等，其工程量按设计图示尺寸以体积计算。伸入墙内的梁头、梁垫并入梁体积计算。梁长按以下规定计算：

（1）梁与柱相连接时，梁长算至柱侧面。

（2）主梁与次梁连接时，次梁算至主梁侧面。

（3）圈梁、过梁的梁长计取：外墙上的圈梁长，按外墙中心线的长度计取；内墙上的圈梁长，按内墙净长线的长度计取；圈梁代过梁用时，其长须从圈梁长度中扣除。过梁长度一般应按图示尺寸计取；圈梁代过梁用，且无图示尺寸时，其长度应按洞口的外围宽度加上 50 cm 确定。

例 5.3.3

某挑梁尺寸如图 5.3.3 所示，计算其工程量。

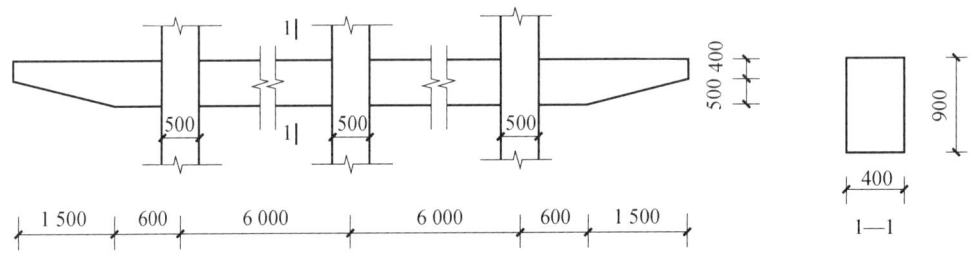

图 5.3.3　某挑梁尺寸（单位：mm）

解

挑梁工程量为

$$V = (6.00 \text{ m} \times 2 + 0.60 \text{ m} \times 2 - 3 \times 0.50 \text{ m}) \times 0.90 \text{ m} \times 0.40 \text{ m}$$
$$+ (0.40 \text{ m} + 0.90 \text{ m}) \div 2 \times 0.40 \text{ m} \times 1.50 \text{ m} \times 2$$
$$= 4.992 \text{ m}^3$$

取 4.99 m^3。

例 5.3.4

某圈梁尺寸如图 5.3.4 所示,计算其工程量。

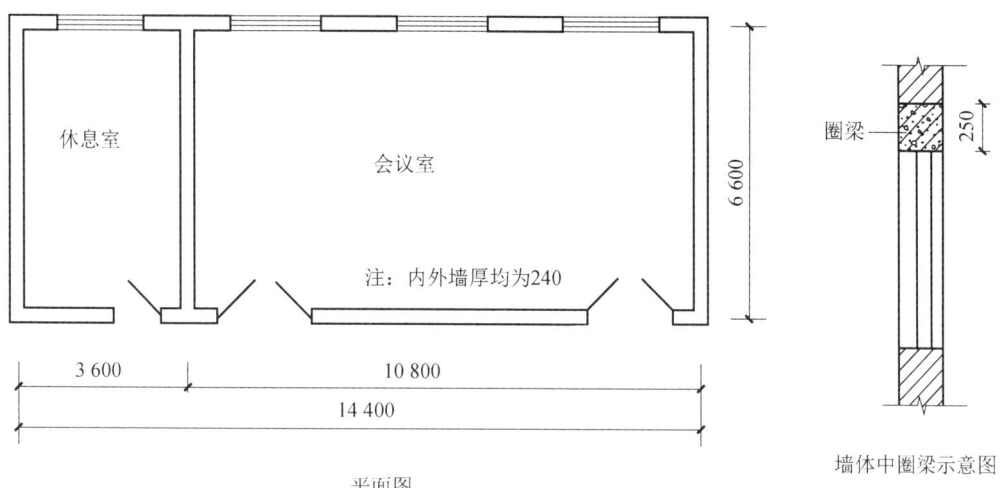

平面图

注：内外墙厚均为240

墙体中圈梁示意图

图 5.3.4　某圈梁尺寸(单位:mm)

解

圈梁工程量为

$$V = 0.25 \text{ m} \times 0.24 \text{ m} \times [(14.40 \text{ m} + 6.60 \text{ m}) \times 2 + (6.60 \text{ m} - 0.24 \text{ m})]$$
$$= 0.25 \text{ m} \times 0.24 \text{ m} \times 48.36 \text{ m}$$
$$= 2.90 \text{ m}^3$$

例 5.3.5

以 11 栋学生公寓施工图中二层⑳轴上的梁(见图 5.3.5)为对象,项目编码为 010503002,项目名称为矩形梁,用手算和电算方法计算其工程量。

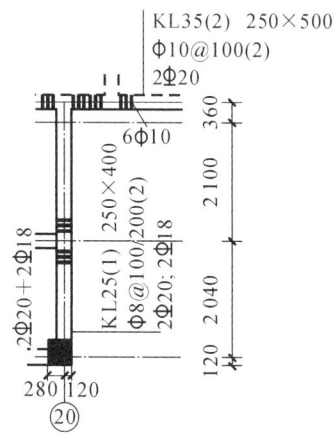

图 5.3.5　⑳轴上的梁

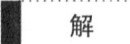

解

(1) 手工清单算量：

$$V = 0.25 \text{ m} \times 0.40 \text{ m} \times (2.04 \text{ m} + 2.10 \text{ m} + 0.36 \text{ m} - 0.125 \text{ m} - 0.28 \text{ m})$$
$$= 0.41 \text{ m}^3$$

(2) 电算矩形梁工程量如图 5.3.6 所示。

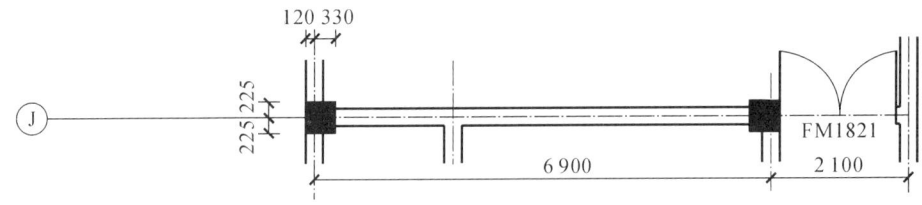

图 5.3.6　电算矩形梁工程量

3. 现浇混凝土墙

现浇混凝土墙包括直行墙、弧形墙、短肢剪力墙及挡土墙，其工程量按设计图示尺寸以体积计算，且扣除门窗洞口及单个面积大于 0.3 m^2 的孔洞所占体积，墙垛及突出墙面部分并入墙体体积计算。

短肢剪力墙是指截面厚度不大于 300 mm、各肢截面高度与厚度之比的最大值大于 4 但不大于 8 的剪力墙；各肢截面高度与厚度之比的最大值不大于 4 的剪力墙按柱项目编码列项。现浇混凝土墙的具体项目须分别按图示尺寸，以立方米（m^3）计算工程量。

例 5.3.6

以 11 栋学生公寓施工图中一层 ①轴上的墙（见图 5.3.7）为对象，已知墙内梁高 500 mm，用手算和电算方法计算其工程量。

图 5.3.7　①轴上的墙（单位:mm）

解

(1) 手工清单算量：

$$V = [(9.00 \text{ m} - 0.45 \text{ m} - 0.33 \text{ m} - 0.12 \text{ m}) \times 3.20 \text{ m} - 0.50 \text{ m}$$
$$\times (6.90 \text{ m} - 0.33 \text{ m} - 0.33 \text{ m}) - 1.80 \text{ m} \times 2.10 \text{ m}] \times 0.24 \text{ m}$$
$$= (8.10 \text{ m} \times 3.20 \text{ m} - 0.50 \text{ m} \times 6.24 \text{ m} - 1.80 \text{ m} \times 2.10 \text{ m}) \times 0.24 \text{ m}$$
$$= 4.56 \text{ m}^3$$

（2）电算工程量如图5.3.8所示。

图5.3.8 电算现浇混凝土墙工程量

4.现浇混凝土板

现浇混凝土板包括有梁板、无梁板、平板、拱板、薄壳板、栏板、天沟（檐沟）及挑檐板、雨篷、悬挑板及阳台板、空心板、其他板等项目。

1）有梁板、无梁板、平板、拱板、薄壳板、栏板

有梁板、无梁板、平板、拱板、薄壳板、栏板的工程量按设计图示尺寸以体积计算，不扣除单个面积不大于 $0.3 m^2$ 的柱、垛以及孔洞所占体积；压型钢板混凝土楼板扣除构件内压型钢板所占体积。

有梁板（包括主、次梁与板）按梁、板体积之和计算，无梁板按板和柱帽体积之和计算，各类板伸入墙内的板头并入板体积计算，薄壳板的肋、基梁并入薄壳体积计算。

2）天沟（檐沟）、挑檐板

天沟（檐沟）、挑檐板的工程量按设计图示尺寸以体积计算。

3）雨篷、悬挑板、阳台板

雨篷、悬挑板、阳台板的工程量按设计图示尺寸以墙外部分体积计算，包括伸出墙外的牛腿和雨篷反挑檐的体积。现浇挑檐、天沟板、雨篷、阳台与板（包括屋面板、楼板）连接时，以外墙外边线为分界线；与圈梁（包括其他梁）连接时，以梁外边线为分界线。外边线以外为挑檐、天沟、雨篷或阳台。

4）空心板

空心板的工程量按设计图示尺寸以体积计算。空心板（GBF 高强薄壁蜂巢芯板等）应扣除空心部分体积。

▌例 5.3.7

某有梁板尺寸如图5.3.9所示，计算其工程量。

▌解

板工程量＝（6.00 m×2＋0.40 m）×（9.00 m＋0.40 m）×0.10 m＝11.656 m³，取11.66 m³。

主梁工程量＝0.30 m×0.70 m×（9.00 m＋0.40 m）×3＝5.922 m³，取 5.92 m³。

次梁工程量＝0.30 m×0.40 m×（12.00 m＋0.40 m－0.30 m）×4＝5.808 m³，取 5.81 m³。

总工程量＝11.66 m³＋5.92 m³＋5.81 m³＝23.39 m³。

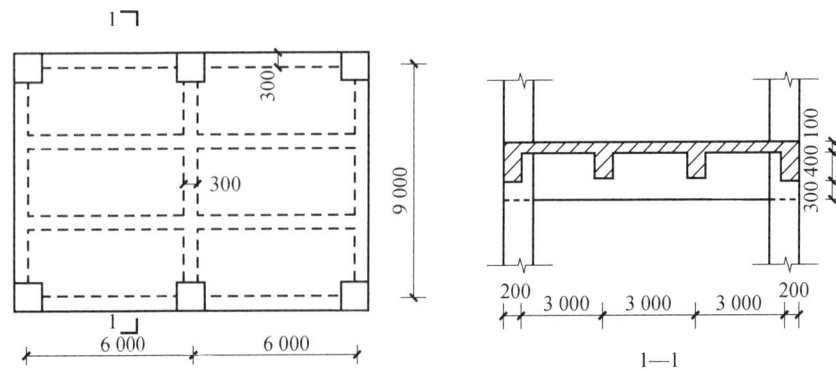

图 5.3.9　某有梁板尺寸(单位:mm)

例 5.3.8

以 11 栋学生公寓施工图中二层左下方小板(见图 5.3.10)为对象,板厚 100 mm,用手算和电算方法计算其工程量。

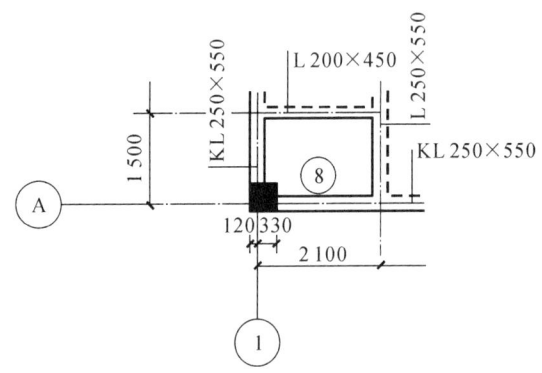

图 5.3.10　二层左下方小板(单位:mm)

解

(1)手工清单算量:

$$V = [(2.10 \text{ m} - 0.13 \text{ m} - 0.13 \text{ m}) \times (1.50 \text{ m} - 0.10 \text{ m} - 0.13 \text{ m})$$
$$- 0.20 \text{ m} \times 0.20 \text{ m}] \times 0.10 \text{ m}$$
$$= (1.84 \text{ m} \times 1.27 \text{ m} - 0.04 \text{ m}^2) \times 0.10 \text{ m}$$
$$= 0.23 \text{ m}^3$$

(2)电算工程量如图 5.3.11 所示。

图 5.3.11　电算现浇混凝土板工程量

5. 现浇混凝土楼梯

现浇混凝土楼梯包括直行楼梯和弧形楼梯,其工程量可以平方米计量,按设计图示尺寸以水平投影面积计算,不扣除宽度小于或等于 500 mm 的楼梯井,伸入墙内部分不计算;也可以立方米计量,按设计图示尺寸以体积计算。

整体楼梯(包括直行楼梯、弧形楼梯)水平投影面积包括休息平台、平台梁、斜梁和楼梯的连接梁。当整体楼梯与现浇楼板无梯梁连接时,以楼梯的最后一个踏步边缘加 300 mm 为界。

■ 例 5.3.9

某现浇混凝土楼梯尺寸如图 5.3.12 所示,计算楼梯工程量(该楼梯设计为六层不上人剪刀梯)。

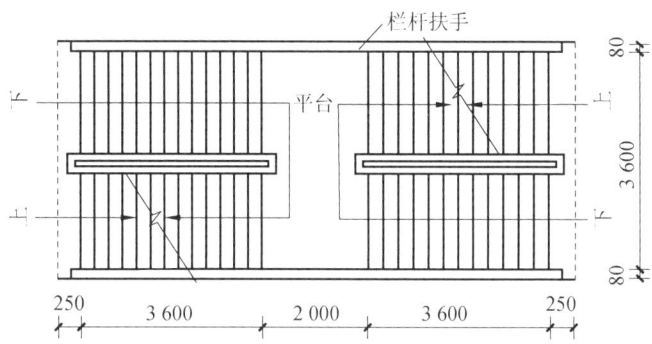

图 5.3.12　某现浇混凝土楼梯尺寸(单位:mm)

■ 解

楼梯工程量以平方米计量:

$$S = (3.60 \text{ m} \times 2 + 2.00 \text{ m} + 0.25 \text{ m} \times 2) \times (3.60 \text{ m} + 0.08 \text{ m} \times 2) \times (6-1)$$
$$= 182.36 \text{ m}^2$$

6. 现浇混凝土其他构件

现浇混凝土其他构件包括散水与坡道、室外地坪、电缆沟与地沟、台阶、扶手与压顶、化粪池与检查井及其他构件。现浇混凝土小型池槽、垫块、门框等,应按其他构件项目编码列项。架空式混凝土台阶,按现浇楼梯计算。

(1)散水、坡道、室外地坪,其工作量按设计图示尺寸以水平投影面积计算,不扣除单个面积小于或等于 0.3 m² 的孔洞所占面积,不扣除构件内钢筋、预埋铁件所占体积。

(2)电缆沟、地沟,其工程量按设计图示以中心线长度计算。

(3)台阶,其工程量以平方米计量,按设计图示尺寸以水平投影面积计算;或以立方米计量,按设计图示尺寸以体积计算。

(4)扶手、压顶,其工程量以米计量,按设计图示以中心线延长米计算;或以立方米计量,按设计图示尺寸以体积计算。

(5)化粪池、检查井,其工程量以立方米计量,按设计图示尺寸以体积计算;或以座计量,按设计图示数量计算。

(6) 其他构件，主要包括现浇混凝土小型池槽、垫块、门框等，其工程量一般按设计图示尺寸以体积计算。

例 5.3.10

某现浇混凝土挑檐天沟尺寸如图 5.3.13 所示，计算其工程量。

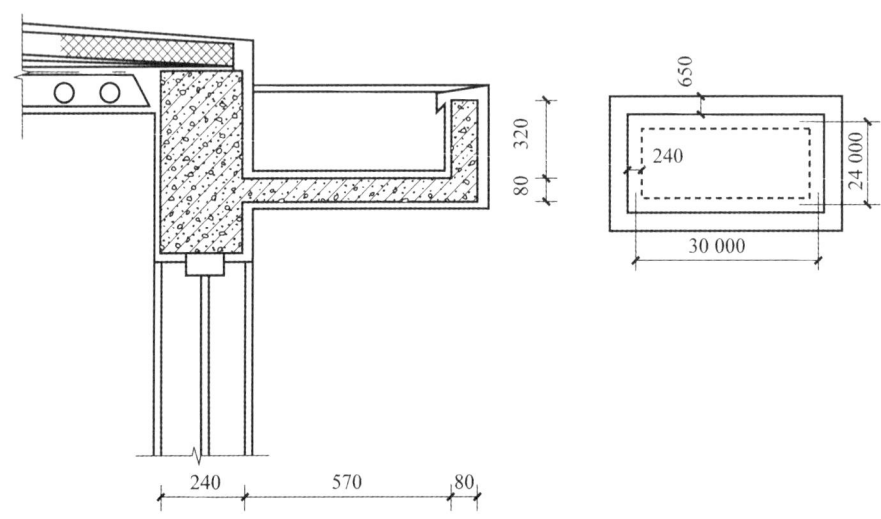

图 5.3.13　某现浇混凝土挑檐天沟尺寸（单位：mm）

解

挑檐天沟工程量为

$$
\begin{aligned}
V =& 0.65 \text{ m} \times 0.08 \text{ m} \times (30.00 \text{ m} + 0.24 \text{ m} + 0.65 \text{ m} + 24.00 \text{ m} + 0.24 \text{ m} \\
& + 0.65 \text{ m}) \times 2 + 0.32 \text{ m} \times 0.08 \text{ m} \times (30.00 \text{ m} + 0.24 \text{ m} + 0.65 \text{ m} \times 2 \\
& - 0.04 \text{ m} \times 2 + 24.00 \text{ m} + 0.24 \text{ m} + 0.65 \text{ m} \times 2 - 0.04 \text{ m} \times 2) \times 2 \\
=& 8.715 \text{ m}^3
\end{aligned}
$$

取 8.72 m³。

任务 **4** 钢筋工程计量

一、钢筋工程概述

1. 常用混凝土构件的钢筋种类

1) 受力钢筋（主筋）

受力钢筋（主筋）又称受力筋，是用于梁、板、柱等构件中，以承受拉应力和压应力为主的钢筋。

2）架立钢筋

架立钢筋又称架立筋，一般配置在梁的上部，用来固定箍筋以形成钢筋骨架。

3）箍 筋

箍筋一般用于梁和柱中，一方面承受一部分剪应力，另一方面在固定受力筋、架立筋位置时起到架立作用。

4）分布钢筋

分布钢筋又称分布筋，用于各种板内。分布筋垂直于受力筋设置，将所承受的荷载均匀地传递给受力筋，并固定受力筋的位置。

5）其他钢筋

除以上四种常用钢筋，还会因构件构造要求、受力情况或者施工安装需要而配置其他钢筋，如附加箍筋、吊筋、拉结筋、马凳筋等。

2. 钢筋的混凝土保护层厚度

钢筋在混凝土中应有一定厚度的保护层，用以保护构件中的钢筋不被锈蚀，加强钢筋与混凝土的粘结锚固作用，这层混凝土被称为保护层。保护层的厚度是指从钢筋的外边缘至混凝土外表面之间的距离。保护层的厚度因构件种类和所处环境类别的不同而取值不同，混凝土结构的环境类别如表5.4.1所示，混凝土保护层的最小厚度如表5.4.2所示，若设计有特殊说明或要求，按说明或要求设计。

表 5.4.1 混凝土结构的环境类别

环 境 类 别	条 件
一	室内干燥环境； 无侵蚀性静水浸没环境
二 a	室内潮湿环境； 非严寒和非寒冷地区的露天环境； 非严寒和非寒冷地区与无侵蚀性的水或土壤直接接触的环境； 严寒和寒冷地区的冰冻线以下与无侵蚀性的水或土壤直接接触的环境
二 b	干湿交替环境； 水位频繁变动环境； 严寒和寒冷地区的露天环境； 严寒和寒冷地区冰冻线以上与无侵蚀性的水或土壤直接接触的环境
三 a	严寒和寒冷地区冬季水位变动区环境； 受除冰盐影响环境； 海风环境
三 b	盐渍土环境； 受除冰盐作用环境； 海岸环境
四	海水环境
五	受人为或自然的侵蚀性物质影响的环境

注：1.室内潮湿环境是指构件表面经常处于结露或湿润状态的环境。

2.严寒和寒冷地区的划分应符合现行国家标准《民用建筑热工设计规范》(GB 50176—2016)的有关规定。

3.海岸环境和海风环境宜根据当地情况，考虑主导风向及结构所处迎风、背风部位等因素的影响，由调查研究和工程经验确定。

4.受除冰盐影响环境是指受到除冰盐盐雾影响的环境；受除冰盐作用环境是指除冰盐溶液溅射的环境以及使用除冰盐地区的洗车房、停车楼等建筑。

表 5.4.2　混凝土保护层的最小厚度

环　境　类　别	最小厚度/mm	
	板、墙、壳	梁、柱、杆
一	15	20
二 a	20	25
二 b	25	35
三 a	30	40
三 b	40	50

注：1. 表中混凝土保护层厚度是指最外层钢筋外边缘至混凝土表面的距离，适用于设计使用年限为 50 年的混凝土结构。

2. 混凝土强度等级不大于 C25 时，表中保护层厚度应增加 5 mm。

3. 钢筋混凝土基础宜设置混凝土垫层，其受力钢筋的保护层厚度应从垫层顶面算起，且不应小于 40 mm。

构件中受力钢筋的保护层厚度不应小于钢筋的公称直径。

一类环境中，设计使用年限为 100 年的混凝土结构最外层钢筋的保护层厚度应符合表 5.4.2 的规定；二、三类环境中，设计使用年限为 100 年的混凝土结构应采取专门的有效措施。

3. 钢筋的锚固长度

根据国家建筑标准设计图集《混凝土结构施工图整体表示方法制图规则和构造详图（现浇混凝土框架、剪力墙、梁、板）》（16G101-1），受拉钢筋的锚固长度如表 5.4.3 至表 5.4.6 所示。

特别说明：在《钢筋混凝土用钢　第 2 部分：热轧带肋钢筋》（GB/T 1499.2—2018）中 HRB335 级钢筋已被取消。部分图集中仍有相关数据，仅作为参考。以下仍使用该级钢筋数据，以学习计算方法。

表 5.4.3　受拉钢筋基本锚固长度 l_{ab}

钢　筋　种　类	混凝土强度等级							
	C20	C25	C30	C35	C40	C45	C50	C55	≥C60
HPB300	$39d$	$34d$	$30d$	$28d$	$25d$	$24d$	$23d$	$22d$	$21d$
HRB335、HRBF335	$38d$	$33d$	$29d$	$27d$	$25d$	$23d$	$22d$	$21d$	$21d$
HRB400、HRBF400、RRB400	—	$40d$	$35d$	$32d$	$29d$	$28d$	$27d$	$26d$	$25d$
HRB500、HRBF500	—	$48d$	$43d$	$39d$	$36d$	$34d$	$32d$	$31d$	$30d$

注：d 为锚固钢筋的直径，下同，且未注明单位时单位为 mm。

表 5.4.4　抗震设计时受拉钢筋基本锚固长度 l_{abE}

钢筋种类	抗震等级	混凝土强度等级							
		C20	C25	C30	C35	C40	C45	C50	C55	≥C60
HPB300	一、二级	$45d$	$39d$	$35d$	$32d$	$29d$	$28d$	$26d$	$25d$	$24d$
	三级	$41d$	$36d$	$32d$	$29d$	$26d$	$25d$	$24d$	$23d$	$22d$
HRB335、HRBF335	一、二级	$44d$	$38d$	$33d$	$31d$	$29d$	$26d$	$25d$	$24d$	$24d$
	三级	$40d$	$35d$	$31d$	$28d$	$26d$	$24d$	$23d$	$22d$	$22d$
HRB400、HRBF400、RRB400	一、二级	—	$46d$	$40d$	$37d$	$33d$	$32d$	$31d$	$30d$	$29d$
	三级	—	$42d$	$37d$	$34d$	$30d$	$29d$	$28d$	$27d$	$26d$

钢筋种类	抗震等级	混凝土强度等级								
		C20	C25	C30	C35	C40	C45	C50	C55	≥C60
HRB500、HRBF500	一、二级	—	$55d$	$49d$	$45d$	$41d$	$39d$	$37d$	$36d$	$35d$
	三级	—	$50d$	$45d$	$41d$	$38d$	$36d$	$34d$	$33d$	$32d$

注:1. 四级抗震时,$l_{abE} = l_{ab}$。

　　2. 当锚固钢筋的保护层厚度不大于 $5d$ 时,锚固钢筋长度范围内应设置横向构造钢筋,其直径不应小于 $d/4$;对梁、柱等杆状构件,间距不应大于 $5d$,对板、墙等平面构件,间距不应大于 $10d$,且均不应大于 100 mm。

4. 钢筋的末端弯钩长度

钢筋的末端弯钩有 180°、90° 和 135° 三种。180° 弯钩常用于Ⅰ级光圆钢筋;90° 弯钩常用于柱竖向钢筋的下部、附加钢筋和无抗震要求的箍筋;135° 弯钩常用于Ⅱ、Ⅲ级钢筋和有抗震要求的箍筋。

当弯弧内直径为 $2.5d$(Ⅱ、Ⅲ级钢筋为 $4d$)、平直部分为 $3d$ 时,其弯钩增加长度的计算值为:半圆(180°)弯钩为 $6.25d$,直(90°)弯钩为 $3.5d$,斜(135°)弯钩为 $4.9d$。计算简图如图 5.4.1 所示。若斜弯钩用于有抗震要求的箍筋中,平直部分为 $10d$,其弯钩增加长度的计算值为 $11.9d$。

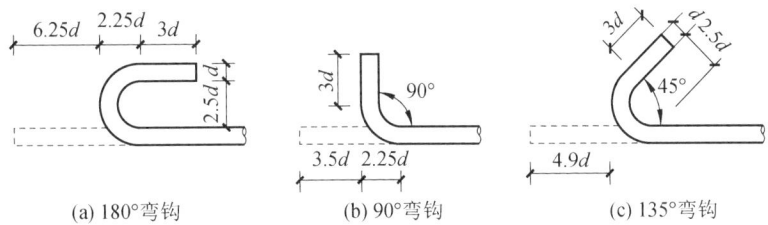

(a) 180°弯钩　　　　(b) 90°弯钩　　　　(c) 135°弯钩

图 5.4.1　钢筋弯钩计算简图

5. 钢筋的接头

钢筋接头根据连接方法的不同,有三种接头形式,即绑扎搭接接头、焊接接头、机械连接接头。当受拉钢筋直径>25 mm 及受压钢筋直径>28 mm 时,不宜采用绑扎搭接;轴心受拉及小偏心受拉构件中纵向受力钢筋不应采用绑扎搭接;纵向受力钢筋连接位置宜避开梁端、柱端箍筋加密区,如必须在此连接时,应采用机械连接或焊接。

绑扎搭接接头使用条件有一定限制,即搭接处接头可靠,必须有足够的搭接长度。其最小搭接长度应符合表 5.4.7 和表 5.4.8 的规定。

在计算钢筋工程量时,设计(含标准图集)已规定钢筋搭接长度的,按规定钢筋搭接长度计算;设计未规定搭接长度的(已包括在钢筋的损耗率之内),不另计算搭接长度。钢筋焊接、机械连接接头按个数计量。

6. 钢筋工程及螺栓、铁件清单项目

《房屋建筑与装饰工程工程量计算规范》(GB 50854—2013)将钢筋工程分为现浇构件钢筋、预制构件钢筋、钢筋网片、钢筋笼、先张法预应力钢筋、后张法预应力钢筋、预应力钢丝、预应力钢绞线、支撑钢筋(铁马)、声测管 10 个清单项目,将螺栓、铁件工程分为螺栓、预埋铁件及机械连接 3 个清单项目,如表 5.4.9 及表 5.4.10 所示。

表 5.4.5　受拉钢筋锚固长度 l_a

钢筋种类	混凝土强度等级																	
	C20	C25		C30		C35		C40		C45		C50		C55		≥C60	
	d≤25	d≤25	d>25	d≤25	d>25	d≤25	d>25	d≤25	d>25	d≤25	d>25	d≤25	d>25	d≤25	d>25	d≤25	d>25
HPB300	39d	34d	—	30d	—	28d	—	25d	—	24d	—	23d	—	22d	—	21d	—
HRB335、HRBF335	38d	33d	—	29d	—	27d	—	25d	—	23d	—	22d	—	21d	—	21d	—
HRB400、HRBF400、RRB400	—	40d	44d	35d	39d	32d	35d	29d	32d	28d	31d	27d	30d	26d	29d	25d	28d
HRB500、HRBF500	—	48d	53d	43d	47d	39d	43d	36d	40d	34d	37d	32d	35d	31d	34d	30d	33d

表 5.4.6　受拉钢筋抗震锚固长度 l_{aE}

钢筋种类	抗震等级	混凝土强度等级																
		C20	C25		C30		C35		C40		C45		C50		C55		≥C60	
		$d\leqslant25$	$d\leqslant25$	$d>25$	$d\leqslant25$	$d>25$	$d\leqslant25$	$d>25$	$d\leqslant25$	$d>25$	$d\leqslant25$	$d>25$	$d\leqslant25$	$d>25$	$d\leqslant25$	$d>25$	$d\leqslant25$	$d>25$
HPB300	一、二级	45d	39d	—	35d	—	32d	—	29d	—	28d	—	26d	—	25d	—	24d	—
	三级	41d	36d	—	32d	—	29d	—	26d	—	25d	—	24d	—	23d	—	22d	—
HRB335、HRBF335	一、二级	44d	38d	—	33d	—	31d	—	29d	—	26d	—	25d	—	24d	—	24d	—
	三级	40d	35d	—	30d	—	28d	—	26d	—	24d	—	23d	—	22d	—	22d	—
HRB400、HRBF400	一、二级	—	46d	51d	40d	45d	37d	40d	33d	37d	32d	36d	31d	35d	30d	33d	29d	32d
	三级	—	42d	46d	37d	41d	34d	37d	30d	34d	29d	33d	28d	32d	27d	30d	26d	29d
HRB500、HRBF500	一、二级	—	55d	61d	49d	54d	45d	49d	41d	46d	39d	43d	37d	40d	36d	39d	35d	38d
	三级	—	50d	56d	45d	49d	41d	45d	38d	42d	36d	39d	34d	37d	33d	36d	32d	35d

注：1. 当为环氧树脂涂层带肋钢筋时，表中数据尚应乘以1.25。

2. 当纵向受拉钢筋在施工过程中易受扰动时，表中数据尚应乘以1.1。

3. 当锚固长度范围内纵向受力钢筋周边保护层厚度为3d、5d时，表中数据可分别乘以0.8、0.7；中间时按内插法取值。

4. 当纵向受拉普通钢筋锚固长度修正系数多于一项时，可按连乘计算。

5. l_a、l_{aE} 计算值不应小于200。

6. 四级抗震时 $l_{aE}=l_a$。

7. HPB300级钢筋末端应做180°弯钩。

表 5.4.7　纵向受拉钢筋搭接长度 l_l

钢筋种类及同一区段内搭接钢筋面积百分率		混凝土强度等级																	
		C20		C25		C30		C35		C40		C45		C50		C55		C60	
		$d\leqslant25$	$d>25$	$d\leqslant25$	$d>25$	$d\leqslant25$	$d>25$	$d\leqslant25$	$d>25$	$d\leqslant25$	$d>25$	$d\leqslant25$	$d>25$	$d\leqslant25$	$d>25$	$d\leqslant25$	$d>25$	$d\leqslant25$	$d>25$
HPB300	≤25%	47d	—	41d	—	36d	—	34d	—	30d	—	29d	—	28d	—	26d	—	25d	—
	50%	55d	—	48d	—	42d	—	39d	—	35d	—	34d	—	32d	—	31d	—	29d	—
	100%	62d	—	54d	—	48d	—	45d	—	40d	—	38d	—	37d	—	35d	—	34d	—
HRB335、HRBF335	≤25%	46d	—	40d	—	35d	—	32d	—	30d	—	28d	—	26d	—	25d	—	25d	—
	50%	53d	—	46d	—	41d	—	38d	—	35d	—	32d	—	31d	—	29d	—	29d	—
	100%	61d	—	53d	—	46d	—	43d	—	40d	—	37d	—	35d	—	34d	—	34d	—
HRB400、HRBF400、RRB400	≤25%	—	—	48d	53d	42d	47d	38d	42d	35d	38d	34d	37d	32d	36d	31d	35d	30d	34d
	50%	—	—	56d	62d	49d	55d	45d	49d	41d	45d	39d	43d	38d	42d	36d	41d	35d	39d
	100%	—	—	64d	70d	56d	62d	51d	56d	46d	51d	45d	50d	43d	48d	42d	46d	40d	45d
HRB500、HRBF500	≤25%	—	—	58d	64d	52d	56d	47d	52d	43d	48d	41d	44d	38d	42d	37d	41d	36d	40d
	50%	—	—	67d	74d	60d	66d	55d	60d	50d	56d	48d	52d	45d	49d	43d	48d	42d	46d
	100%	—	—	77d	85d	69d	75d	62d	69d	58d	64d	54d	59d	51d	56d	50d	54d	48d	53d

注:1. 表中数值为纵向受拉钢筋绑扎搭接接头的搭接长度。

2. 两根不同直径钢筋搭接时,表中 d 取较细钢筋直径。

3. 当为环氧树脂涂层带肋钢筋时,表中数据尚应乘以 1.25。

4. 当纵向受拉钢筋在施工过程中易受扰动时,表中数据尚应乘以 1.1。

5. 当搭接长度范围内纵向受力钢筋周边保护层厚度为 3d、5d 时,表中数据尚可分别乘以 0.8、0.7;中间时按内插法取值。

6. 当上述修正系数多于一项时,可按连乘计算。

7. 当位于同一连接区段内的搭接钢筋面积百分率为表中数据中间值时,搭接长度可按内插法取值。

8. 任何情况下,搭接长度不应小于 300 mm。

9. HPB300 级钢筋末端应做 180°弯钩。

表 5.4.8　纵向受拉钢筋抗震搭接长度 l_{lE}

钢筋种类及同一区段内搭接钢筋面积百分率		混凝土强度等级																
		C20	C25		C30		C35		C40		C45		C50		C55		C60	
		d≤25	d≤25	d>25	d≤25	d>25	d≤25	d>25	d≤25	d>25	d≤25	d>25	d≤25	d>25	d≤25	d>25	d≤25	d>25
一、二级抗震等级	HPB300 ≤25%	54d	47d	—	42d	—	38d	—	35d	—	34d	—	31d	—	30d	—	29d	—
	HPB300 50%	63d	55d	—	49d	—	45d	—	41d	—	39d	—	36d	—	35d	—	34d	—
	HRB335、HRBF335 ≤25%	53d	46d	—	40d	—	37d	—	35d	—	31d	—	30d	—	29d	—	29d	—
	HRB335、HRBF335 50%	62d	53d	—	46d	—	43d	—	41d	—	36d	—	35d	—	34d	—	34d	—
	HRB400、HRBF400 ≤25%	55d	55d	61d	48d	54d	44d	48d	40d	44d	38d	43d	37d	42d	36d	40d	35d	38d
	HRB400、HRBF400 50%	64d	64d	71d	56d	63d	52d	56d	46d	52d	45d	50d	43d	49d	42d	46d	41d	45d
	HRB500、HRBF500 ≤25%	66d	66d	73d	59d	65d	54d	59d	49d	55d	47d	52d	44d	48d	43d	47d	42d	46d
	HRB500、HRBF500 50%	77d	77d	85d	69d	76d	63d	69d	57d	64d	55d	60d	52d	56d	50d	55d	49d	53d
三级抗震等级	HPB300 ≤25%	49d	43d	—	38d	—	35d	—	31d	—	30d	—	29d	—	28d	—	26d	—
	HPB300 50%	57d	50d	—	45d	—	41d	—	36d	—	35d	—	34d	—	32d	—	31d	—
	HRB335、HRBF335 ≤25%	48d	42d	—	36d	—	34d	—	31d	—	29d	—	28d	—	26d	—	26d	—
	HRB335、HRBF335 50%	56d	49d	—	42d	—	39d	—	36d	—	34d	—	32d	—	31d	—	31d	—
	HRB400、HRBF400 ≤25%	50d	50d	55d	44d	49d	41d	44d	36d	41d	35d	40d	34d	38d	32d	36d	31d	35d
	HRB400、HRBF400 50%	59d	59d	64d	52d	57d	48d	52d	42d	48d	41d	46d	39d	45d	38d	42d	36d	41d
	HRB500、HRBF500 ≤25%	60d	60d	67d	54d	59d	49d	54d	46d	50d	43d	47d	41d	44d	40d	43d	38d	42d
	HRB500、HRBF500 50%	70d	70d	78d	63d	69d	57d	63d	53d	59d	50d	55d	48d	52d	46d	50d	45d	49d

注：1. 表中数值为纵向受拉钢筋绑扎搭接接头的搭接长度。
2. 两根不同直径钢筋搭接时，表中 d 取较细钢筋直径。
3. 当为环氧树脂涂层带肋钢筋时，表中数据尚应乘以 1.25。
4. 当纵向受拉钢筋在施工过程中易受扰动时，表中数据尚应乘以 1.1。
5. 当搭接长度范围内纵向受力钢筋周边保护层厚度为 3d、5d 时，表中数据尚可分别乘以 0.8、0.7；中间时按内插法取值。
6. 当上述修正系数多于一项时，可按连乘计算。
7. 四级抗震时 $l_{lE}=l_l$。

表 5.4.9　钢筋工程(项目编码:010515)

项目编码	项目名称	项目特征	计量单位	工程量计算规则	工作内容
010515001	现浇构件钢筋	钢筋种类、规格	t	按设计图示钢筋(网)长度(面积)乘单位理论质量计算	(1)钢筋制作、运输; (2)钢筋安装; (3)焊接(绑扎)
010515002	预制构件钢筋				
010515003	钢筋网片				(1)钢筋网制作、运输; (2)钢筋网安装; (3)焊接(绑扎)
010515004	钢筋笼				(1)钢筋笼制作、运输; (2)钢筋笼安装; (3)焊接(绑扎)
010515005	先张法预应力钢筋	(1)钢筋种类、规格; (2)锚具种类		按设计图示钢筋长度乘单位理论质量计算	(1)钢筋制作、运输; (2)钢筋张拉
010515006	后张法预应力钢筋	(1)钢筋种类、规格; (2)钢丝种类、规格; (3)钢绞线种类、规格; (4)锚具种类; (5)砂浆强度等级		(1)按设计图示钢筋(丝束、绞线)长度乘单位理论质量计算。 (2)低合金钢筋两端均采用螺杆锚具时,钢筋长度按孔道长度减0.35 m计算,螺杆另行计算。 (3)低合金钢筋一端采用镦头插片、另一端采用螺杆锚具时,钢筋长度按孔道长度计算,螺杆另行计算。 (4)低合金钢筋一端采用镦头插片、另一端采用帮条锚具时,钢筋长度按孔道长度增加0.15 m计算;两端采用帮条锚具时,钢筋长度按孔道长度增加0.3 m计算。 (5)低合金钢筋采用后张混凝土自锚时,钢筋长度按孔道长度增加0.35 m计算。 (6)低合金钢筋(钢绞线)采用JM、XM、QM型锚具,孔道长度不大于20 m时钢筋长度按孔道长度增加1 m计算;孔道长度大于20 m时,钢筋长度按孔道长度增加1.8 m计算。 (7)碳素钢丝采用锥形锚具,孔道长度不大于20 m时,钢丝束长度按孔道长度增加1 m计算;孔道长度大于20 m时,钢丝束长度按孔道长度增加1.8 m计算。 (8)碳素钢丝采用镦头锚具时,钢丝束长度按孔道长度增加0.35 m计算	(1)钢筋、钢丝、钢绞线制作、运输; (2)钢筋、钢丝、钢绞线安装; (3)预埋管孔道铺设; (4)锚具安装; (5)砂浆制作、运输; (6)孔道压浆、养护
010515007	预应力钢丝				
010515008	预应力钢绞线				
010515009	支撑钢筋(铁马)	(1)钢筋种类; (2)规格		按钢筋长度乘单位理论质量计算	钢筋制作、焊接、安装

续表

项目编码	项目名称	项目特征	计量单位	工程量计算规则	工 作 内 容
010515010	声测管	(1) 材料; (2) 规格型号	t	按设计图示尺寸以质量计算	(1) 检测管截断、封头; (2) 套管制作、焊接; (3) 定位、固定

注:1. 现浇构件中伸出构件的锚固钢筋应并入钢筋工程量。除设计(包括规范规定)标明的搭接外,其他施工搭接不计算工程量,在综合单价中综合考虑。

2. 现浇构件中固定位置的支撑钢筋、双层钢筋用的"铁马"在编制工程量清单时,如果设计未明确,其工程数量可为暂估量,结算时按现场签证数量计算。

表 5.4.10　螺栓、铁件(项目编码:010516)

项目编码	项目名称	项目特征	计量单位	工程量计算规则	工 作 内 容
010516001	螺栓	(1) 螺栓种类; (2) 规格	t	按设计图示尺寸以质量计算	(1) 螺栓、铁件制作、运输; (2) 螺栓、铁件安装
010516002	预埋铁件	(1) 钢材种类; (2) 规格; (3) 铁件尺寸			
010516003	机械连接	(1) 连接方式; (2) 螺纹套筒种类; (3) 规格	个	按数量计算	(1) 钢筋套丝; (2) 套筒连接

注:编制工程量清单时,如果设计未明确,其工程数量可为暂估量,实际工程量按现场签证数量计算。

7. 钢筋工程量计算

钢筋工程量按下式计算:

钢筋工程量(kg)＝钢筋图示长度(m)×钢筋单位理论质(重)量(kg/m)

钢筋单位理论质(重)量可按表 5.4.11 查用,也可按下面简便公式计算:

钢筋单位理论质(重)量(kg/m)＝$0.617 \times D^2$

式中,D——钢筋直径,以 cm 计。

表 5.4.11　钢筋单位理论质(重)量

直径/mm	6	8	10	12	14	16	18	20	22	25	28	30
每米重量/(kg/m)	0.222	0.395	0.617	0.888	1.21	1.58	2.00	2.47	2.98	3.85	4.83	5.55

普通钢筋长度可按下式计算:

钢筋图示长度＝构件长度－两端保护层厚度＋末端弯钩长度＋钢筋搭接长度

平法标注钢筋的长度可按下式计算:

钢筋图示长度＝净长＋末端弯钩长度＋钢筋搭接长度＋节点锚固长度

计算箍筋长度时,先计算单个箍筋的长度,再计算箍筋的个数。若该箍筋有抗震要求,末端做 135°弯钩,弯钩平直部分的长度为箍筋直径的 10 倍,则

$$L = (a - 2c) \times 2 + (b - 2c) \times 2 + 2 \times 11.9d$$

式中:L——箍筋长度;

a、b——构件截面的宽、高;

c——保护层厚度；

d——箍筋直径。

箍筋的布置通常分为加密区和非加密区,计算个数时可按加密区长度和非加密区长度分别计算,即

箍筋个数=加密区长度/加密区间距+非加密区长度/非加密区间距+1

二、梁钢筋计量

1. 梁平法施工图表示方法

梁平法施工图是指在梁平面布置图上采用平面注写方式或者截面注写方式表达梁的配筋信息。下面以平面注写方式为例来了解梁钢筋的识图和计量。

平面注写方式,即平法标注,是指在梁平面布置图上,以在不同编号的梁中各选一根梁,在其上注写截面尺寸和配筋具体数值的方式来表达梁平法施工图。平面注写包括集中标注和原位标注:集中标注表达梁的通用数值;原位标注表达梁的特殊数值。当集中标注的某项数值不适用于梁的某部位时,则将该项数值原位标注。施工时,原位标注取值优先。框架梁平面注写示例如图 5.4.2 所示。

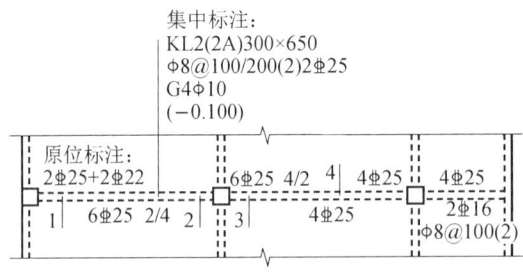

图 5.4.2　框架梁平面注写示例

在图 5.4.2 中集中标注表示的信息是:第 2 号框架梁,两跨,一端有悬挑,梁截面尺寸为 300 mm×650 mm;箍筋为 HPB300 级钢筋,直径为 8 mm,加密区间距为 100 mm,非加密区间距为 200 mm,均为双肢箍;上部通长筋为两根直径为 25 mm 的 HRB400 级钢筋;梁侧面纵向构造钢筋为 4 根直径为 10 mm 的 HPB300 级钢筋,每侧 2 根;该梁顶面相对于结构标准层的楼面标高低 0.1 m。原位标注表示了梁上部钢筋、梁下部钢筋、悬挑端钢筋及箍筋。梁上部钢筋:支座 1 上部为 2 根直径为 25 mm 和 2 根直径为 22 mm 的 HRB400 级钢筋,其中 2 根直径为 25 mm 的 HRB400 级钢筋为上部通长筋,2 根直径为 22 mm 的 HRB400 级钢筋为支座负筋;支座 2 上部为 6 根直径为 25 mm 的 HRB400 级钢筋,分两排布置,上面一排 4 根,下面一排 2 根;支座 3 上部为 4 根直径为 25 mm 的 HRB400 级钢筋。梁下部钢筋:第一跨为 6 根直径为 25 mm 的 HRB400 级钢筋,分两排布置,上面一排 2 根,下面一排 4 根,全部伸入支座;第二跨为 4 根直径为 25 mm 的 HRB400 级钢筋,全部伸入支座。悬挑端为 2 根直径为 16 mm 的 HRB400 级钢筋。箍筋为 HPB300 级钢筋,直径为 8 mm,间距为 100 mm,双肢箍。

2. 梁平法钢筋计量

平法标注的现浇混凝土框架梁钢筋构造(部分内容)如图 5.4.3 至图 5.4.7 所示,全部

构造内容参见国家建筑标准设计图集规范梁标准构造详图。

平法标注框架梁钢筋长度计算公式如表 5.4.12 所示。

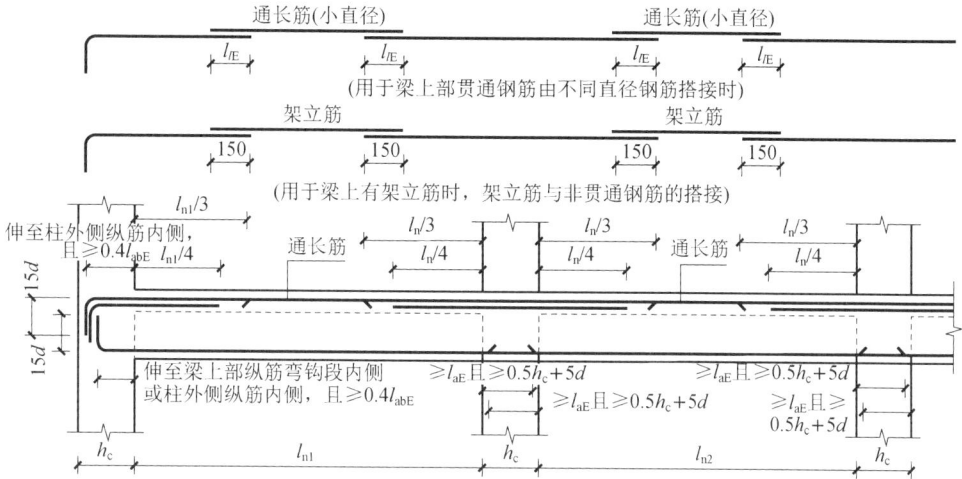

图 5.4.3　楼层框架梁(KL)纵向钢筋构造(单位:mm)

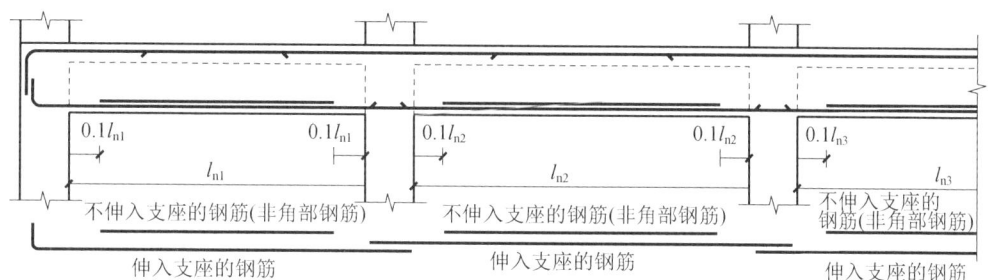

图 5.4.4　不伸入支座的梁下部纵向钢筋断点位置

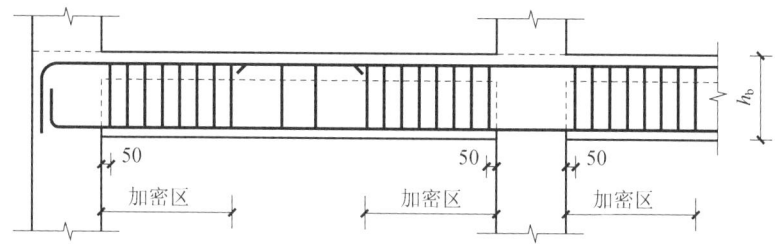

加密区:抗震等级为一级时应≥2.0h_b且≥500
　　　　抗震等级为二至四级时应≥1.5h_b且≥500

图 5.4.5　框架梁(KL、WKL)箍筋加密区范围 (单位:mm)

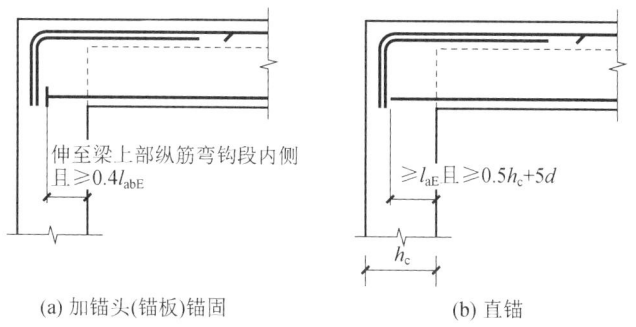

(a) 加锚头(锚板)锚固　　　　　(b) 直锚

图 5.4.6　端支座加锚头(锚板)锚固和直锚

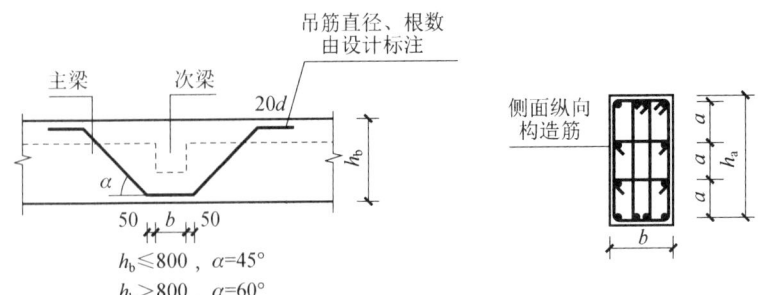

$h_b \leqslant 800$，$\alpha=45°$
$h_b > 800$，$\alpha=60°$

图 5.4.7　附加吊筋和侧面拉筋构造（单位：mm）

表 5.4.12　平法标注框架梁钢筋长度计算公式

钢筋部位及名称	计　算　公　式	备　　注
上部通长筋或下部通长筋	长度＝通跨净跨长＋首尾端支座锚固值	首尾端支座锚固长度的取值判断： 当 h_c －保护层厚度（直锚长度）＞l_{aE} 时，取 $\max(l_{aE}, 0.5h_c+5d)$； 当 h_c －保护层厚度（直锚长度）≤l_{aE} 时，必须弯锚，取"h_c －保护层厚度＋$15d$"
端支座负筋	第一排钢筋长度＝$l_n/3$＋端支座锚固值； 第二排钢筋长度＝$l_n/4$＋端支座锚固值	l_n 为本跨净跨长，端支座锚固值计算同上部通长筋
中间支座负筋	第一排钢筋长度＝$2l_n/3$＋中间支座宽度； 第二排钢筋长度＝$l_n/4$＋中间支座宽度	当中间跨两端的支座负筋延伸长度之和≥该跨的净跨长时，其钢筋长度： 第一排为该跨净跨长＋（$l_n/3$＋前中间支座宽度）＋（$l_n/3$＋后中间支座宽度）； 第二排为该跨净跨长＋（$l_n/4$＋前中间支座宽度）＋（$l_n/4$＋后中间支座宽度）
腰筋	构造钢筋长度＝净跨长＋2×$15d$； 抗扭钢筋算法同下部纵向钢筋	
拉筋	拉筋长度＝（梁宽－2×保护层厚度）＋2×$1.9d$＋2×$\max(10d, 75\,mm)$（抗震弯钩值）； 根数＝（布筋长度/布筋间距＋1）×排数	
下部非通长筋伸入支座	长度＝净跨长＋左右支座锚固值	钢筋的中间支座锚固值＝$\max(l_{aE}, 0.5h_c+5d)$，端支座锚固值计算同上部通长筋； 下部钢筋不论分排与否，计算的结果都是一样的
下部钢筋不伸入支座	长度＝本跨净跨长－2×$0.1l_n$	l_n 为本跨净跨长
箍筋	长度＝（梁宽－2×保护层厚度＋梁高－2×保护层厚度）×2＋2×$1.9d$＋2×$\max(10d, 75\,mm)$（抗震弯钩值）； 箍筋根数＝[（加密区长度－$500\,mm$)/加密区间距＋1]×2＋（非加密区长度/非加密区间距－1）	
吊筋	长度＝2×$20d$＋2×斜段长度＋次梁宽度＋2×$50\,mm$	框梁高度＞$800\,mm$ 时，夹角为$60°$；框梁高度≤$800\,mm$ 时，夹角为$45°$
架立筋	长度＝本跨净跨长－左侧负筋伸入长度－右侧负筋伸入长度＋2×搭接长度	当梁上部既有贯通筋又有架立筋时，搭接长度为$150\,mm$

例 5.4.1

试计算图 5.4.8 所示的 11 栋学生公寓一层 KL39 的钢筋工程量。已知该框架梁构件的环境类别为一类,柱截面尺寸均为 400 mm×400 mm,抗震等级为三级,混凝土强度等级为 C25。

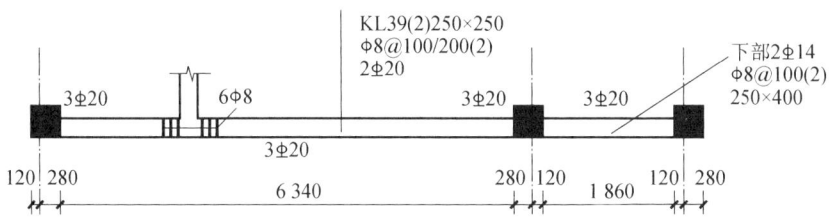

图 5.4.8 KL39 配筋示意图

解

查设计说明得保护层厚度为 25 mm。查表 5.4.6 得锚固长度为 35d。

(1) 上部通长筋 2Φ20:

$l_{aE}=35d=35\times20$ mm$=700$ mm,400 mm-25 mm$=375$ mm,700 mm>375 mm,所以两端支座采用弯锚。

$l=6\ 340$ mm$+1\ 860$ mm$+400$ mm$+(400$ mm-25 mm$)\times2+15\times20$ mm$\times2=9\ 950$ mm。

$2l=9\ 950$ mm$\times2=19\ 900$ mm。

(2) 下部受力筋长度计算如下。

第一跨 3Φ20:

$l=6\ 340$ mm$+400$ mm-25 mm$+15\times20$ mm$+\max(35\times20$ mm$,0.5\times400$ mm$+5\times20$ mm$)=7\ 715$ mm。

$3l=7\ 715$ mm$\times3=23\ 145$ mm。

第二跨 2Φ14:

$l_{aE}=35d=35\times14$ mm$=490$ mm,400 mm-25 mm$=375$ mm,490 mm>375 mm,所以支座处采用弯锚。

$l=1\ 860$ mm$+400$ mm-25 mm$+15\times14$ mm$+\max(35\times14$ mm$,0.5\times400$ mm$+5\times14$ mm$)=2\ 935$ mm。

$2l=2\ 935$ mm$\times2=5\ 870$ mm。

(3) 支座负筋长度计算如下。

1 号支座负筋 1Φ20:

$l=6\ 340$ mm$\div3+400$ mm-25 mm$+15\times20$ mm$=2\ 788.33$ mm。

2 号支座负筋及第二跨上部钢筋(除通长筋)1Φ20:

$l=6\ 340$ mm$\div3+400$ mm$+1\ 860$ mm$+400$ mm-25 mm$+15\times20$ mm$=5\ 048.33$ mm。

（4）箍筋 $\phi 8@100/200$：

单根长：

$l=(500\ mm+250\ mm)\times 2-8\ mm\times 25+2\times 11.9\times 8\ mm=1\ 490.40\ mm$。

第一跨根数：

$$n=\frac{\max(1.5\times 500\ mm,500\ mm)-50\ mm}{100\ mm}\times 2$$
$$+\frac{6\ 340\ mm-\max(1.5\times 500\ mm,500\ mm)\times 2}{200\ mm}+1$$
$$=40$$

第二跨根数：

$$n=\frac{1\ 860\ mm-50\ mm-50\ mm}{100\ mm}=18。$$

两跨共 58 根，则总长 $=58\times 1\ 490.40\ mm=86\ 443.20\ mm$。

（5）附加箍筋 $6\phi 8$：

$l=(500\ mm+250\ mm)\times 2-8\ mm\times 25+2\times 11.9\times 8\ mm=1\ 490.40\ mm$。

$6l=6\times 1\ 490.40\ mm=8\ 942.40\ mm$。

（6）汇总计算：

$\phi 20$ 钢筋重量 $=(19\ 900\ mm+23\ 145\ mm+2\ 778.33\ mm+5\ 048.33\ mm)\div 1\ 000\times 2.47\ kg/m=125.65\ kg$。

$\phi 14$ 钢筋重量 $=5\ 870\ mm\div 1\ 000\times 1.21\ kg/m=7.10\ kg$。

$\phi 8$ 钢筋重量 $=(86\ 443.20\ mm+8\ 942.40\ mm)\div 1\ 000\times 0.395\ kg/m=37.68\ kg$。

三、柱钢筋计量

1. 柱平法施工图表示方法

柱平法施工图是指在柱平面布置图上采用列表注写方式或截面注写方式表达。以下以截面注写方式为例了解柱钢筋的计量。

截面注写方式是指，在柱平面布置图的柱截面上，分别在同一编号的柱中选择一个截面，以直接注写截面尺寸和配筋具体数值的方式来表达柱平法施工工艺，样例如图 5.4.9 所示。

在图 5.4.9 中，配筋信息如下：1 号框架柱截面尺寸 $b\times h$ 为 650 mm×600 mm；柱的角筋为 4 根直径为 22 mm 的 HRB400 级钢筋，b 边有 5 根直径为 22 mm 的 HRB400 级钢筋，对称布置；h 边有 4 根直径为 20 mm 的 HRB400 级钢筋，对称布置；箍筋为 HPB300 级钢筋，直径为 10 mm，加密区间距为 100 mm，非加密区间距为 200 mm，箍筋类型为 4×4 肢箍。

2. 柱平法钢筋计量

平法标注的现浇混凝土框架柱钢筋构造（部分内容）如图 5.4.10 至图 5.4.14 所示，全部构造内容参见国家建筑标准设计图集规范柱标准构造详图及柱插筋在基础中的锚固构造设计。

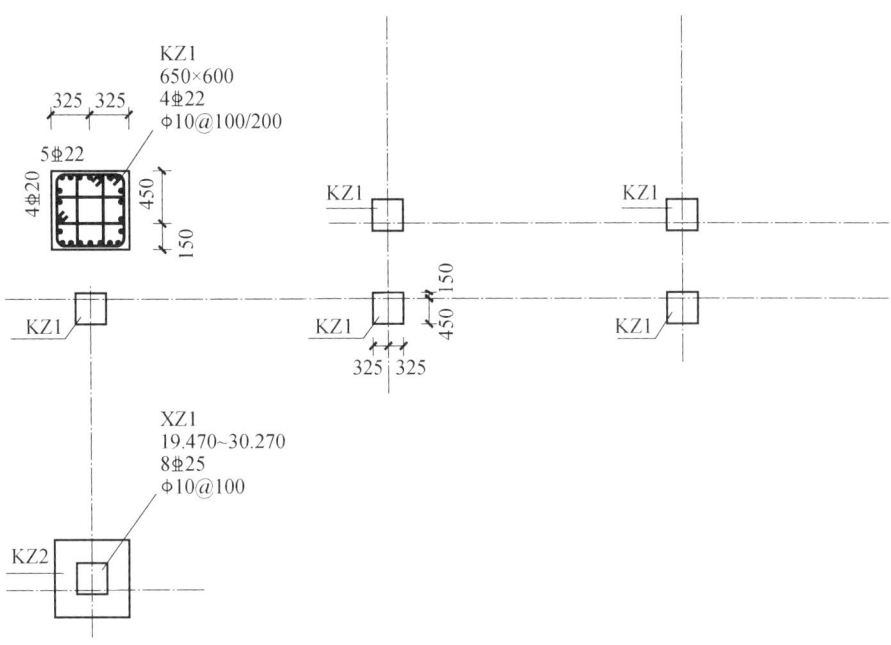

图 5.4.9 柱的截面注写示例

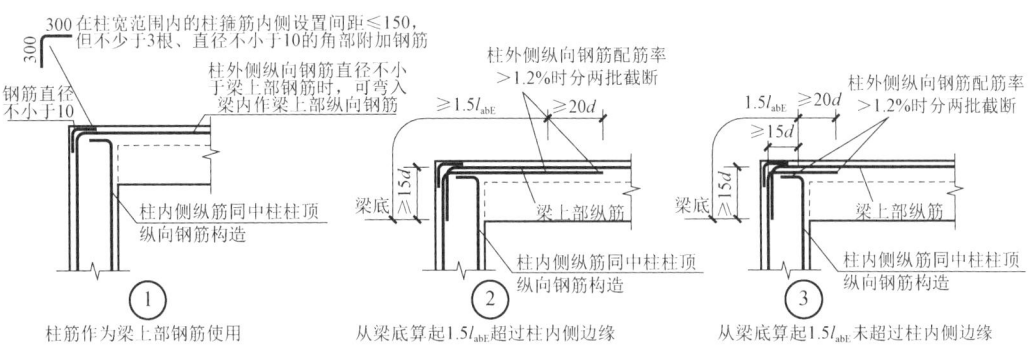

图 5.4.10 KZ 边柱和角柱柱顶纵向钢筋构造(单位:mm)

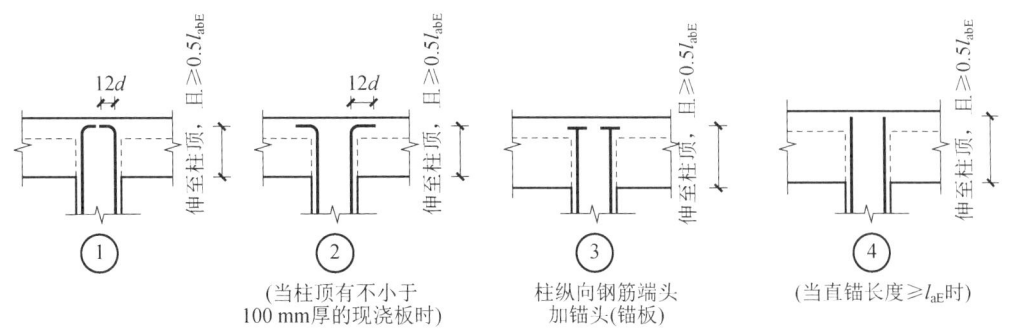

图 5.4.11 KZ 中柱柱顶纵向钢筋构造

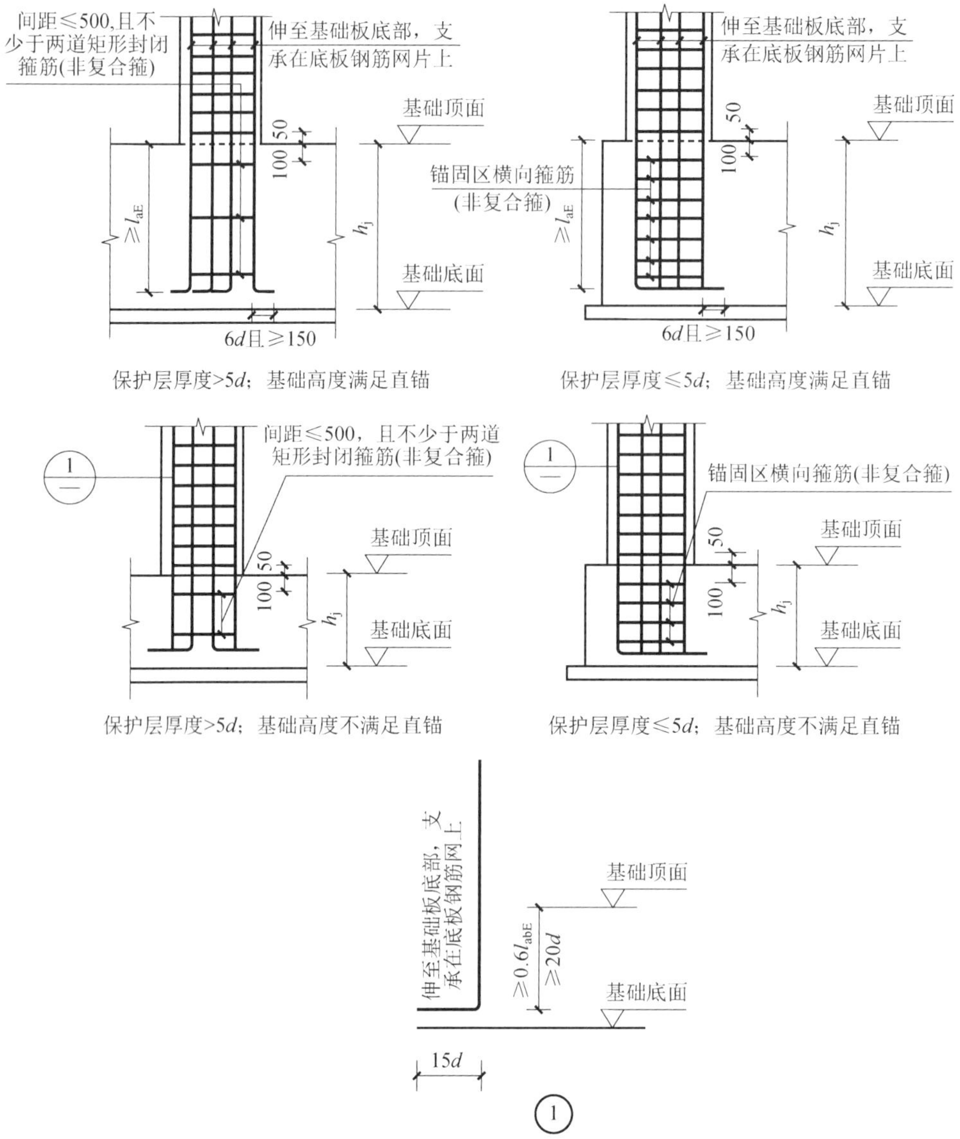

间距≤500,且不少于两道矩形闭合箍筋(非复合箍)

伸至基础板底部,支承在底板钢筋网片上

基础顶面

100 50

≥l_{aE}

h_j

基础底面

6d且≥150

保护层厚度>5d;基础高度满足直锚

伸至基础板底部,支承在底板钢筋网片上

基础顶面

50

100

锚固区横向箍筋(非复合箍)

≥l_{aE}

h_j

基础底面

6d且≥150

保护层厚度≤5d;基础高度满足直锚

①

间距≤500,且不少于两道矩形封闭箍筋(非复合箍)

基础顶面

100 50

h_j

基础底面

保护层厚度>5d;基础高度不满足直锚

①

锚固区横向箍筋(非复合箍)

基础顶面

50

100

h_j

基础底面

保护层厚度≤5d;基础高度不满足直锚

伸至基础板底部,支承在底板钢筋网上

基础顶面

≥0.6l_{abE}
≥20d

基础底面

15d

①

图 5.4.12 柱插筋在基础中的锚固构造(单位:mm)

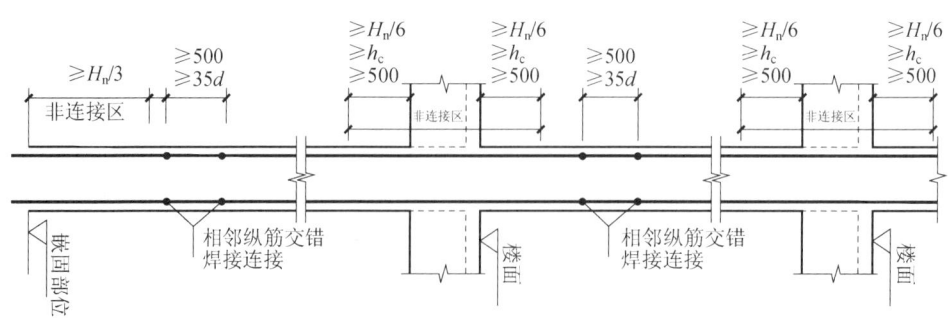

图 5.4.13 KZ 纵向钢筋焊接连接构造(单位:mm)

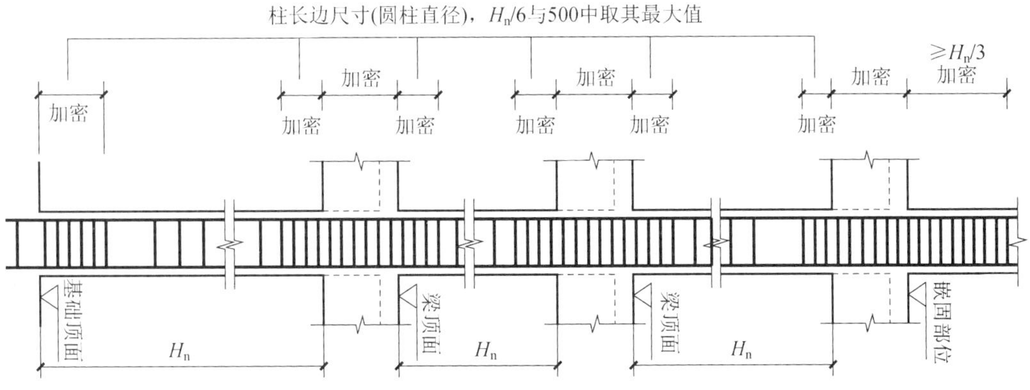

图 5.4.14 KZ 箍筋加密区范围(单位:mm)

平法标注框架柱钢筋长度计算公式如表 5.4.13 所示。

表 5.4.13 平法标注框架柱钢筋计算长度公式

钢筋部位及名称	计 算 公 式	备 注
柱插筋	长度=伸入上层的钢筋长度=基础高-保护层厚度+末端弯折长度	伸入上层的钢筋长度为 $H_n/3$ 或 $[H_n/3 + \max(500,35d)]$,其中 H_n 表示所在楼层的柱净高。末端弯折长度:当基础高 $>l_{aE}(l_a)$,为 $6d$ 且 $\geqslant 150$ mm,当基础高 $\leqslant l_{aE}(l_a)$,为 $15d$
柱在基础部分的箍筋	当保护层厚度 $>5d$,为间距 $\leqslant 500$ mm,且不少于两道;当保护层厚度 $\leqslant 5d$,为间距 $\leqslant 10d$ 且 $\leqslant 100$ mm	—
中间层柱纵筋	长度=层高-当前层伸出楼面的高度+上一层伸出楼面的高度	当前层伸出楼面的高度和上一层伸出楼面的高度为 $\max(H_n/6, h_c, 500$ mm$)$ 或 $[\max(H_n/6, h_c, 500$ mm$) + \max(500$ mm$, 35d)]$
边柱、角柱顶层纵筋	长度=H_n-当前层伸出楼面的高度+顶层钢筋锚固值	顶层钢筋锚固值外侧为 $\max[1.5l_{abE},($梁高-保护层厚度+柱宽-保护层厚度$)]$;内侧为弯锚 $(<l_{aE})$ 则为梁高-保护层厚度+$12d$,为直锚 $(\geqslant l_{aE})$ 则为梁高-保护层厚度
中柱顶层纵筋	长度=H_n-当前层伸出楼面的高度+顶层钢筋锚固值	弯锚 $(<l_{aE})$ 为梁高-保护层厚度+$12d$;直锚 $(\leqslant l_{aE})$ 为梁高-保护层厚度
箍筋	长度=(柱截面宽-2×保护层厚度+柱截面高-2×保护层厚度)×2+2×1.9d+2×$\max(10d, 75$ mm$)$(抗震弯钩值);中间层的箍筋根数=N 个加密区长度/加密区间距+N+非加密区长度/非加密区间距-1	首层柱箍筋的加密区有三个,分别为:下部的箍筋加密区,长度取 $H_n/3$;上部,取 $\max(500$ mm,柱长边尺寸,$H_n/6)$;梁节点范围内加密。如果该柱采用绑扎搭接,那么搭接范围内同时需要加密。首层以上柱箍筋的加密区分别为:上、下部的箍筋加密区,长度均取 $\max(500$ mm,柱长边尺寸,$H_n/6)$;梁节点范围内加密。如果该柱采用绑扎搭接,那么搭接范围内同时需要加密

例 5.4.2

计算图 5.4.15 所示的 KZ9 的钢筋工程量。已知:KZ9 为中柱,环境类别为一类,采用强度等级为 C25 的混凝土浇筑,三级抗震,采用焊接连接,嵌固部位为基础顶部,梁高为 3.2 m,保护层厚度为 40 mm。

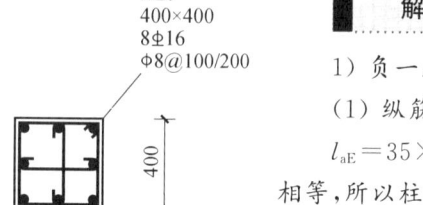

KZ9
400×400
8Φ16
Φ8@100/200

图 5.4.15　KZ9 截面图

解

1) 负一层

(1) 纵筋:

$l_{aE} = 35 \times 16$ mm $= 560$ mm,600 mm $- 40$ mm $= 560$ mm,二者相等,所以柱插筋在承台底部的弯折长度为 150 mm。

低位钢筋 4Φ16:$l = 3\ 120$ mm $+ 600$ mm $- 40$ mm $+ 150$ mm $+ (3\ 200$ mm $- 500$ mm$) \div 3 = 4\ 730$ mm。

$4l = 4\ 730$ mm $\times 4 = 18\ 920$ mm。

高位钢筋 4Φ16:$l = 3\ 120$ mm $+ 600$ mm $- 40$ mm $+ 150$ mm $+ (3\ 200$ mm $- 500$ mm$) \div 3 +$ max$(500$ mm,35×16 mm$) = 5\ 290$ mm。

$4l = 5\ 290$ mm $\times 4 = 21\ 160$ mm。

(2) 箍筋:

箍筋 1 单根箍筋长度(算至箍筋外皮):$l = 4 \times 400$ mm $- 8$ mm $\times 25 + 2 \times 11.9 \times 8$ mm $= 1\ 590.40$ mm。

下端加密区范围(高度)$= (3\ 120$ mm $- 500$ mm$) \div 3 = 873.33$ mm。

上端加密区范围(梁高 + 梁下箍筋加密区高度)$= 500$ mm $+$ max$[(3\ 120$ mm $- 500$ mm$) \div 6,400$ mm,500 mm$] = 1\ 000$ mm。

箍筋根数:$n = [(873.33$ mm $- 50$ mm$) \div 100$ mm $+ 1] + [(1\ 000$ mm $- 50$ mm$) \div 100$ mm $+ 1] + [(2\ 620$ mm $- 1\ 000$ mm $- 873.33$ mm$) \div 200$ mm $- 1] + 2 = 25$。

其中,基础内的箍筋根数为 2。

$nl = 25 \times 1\ 590.40$ mm $= 39\ 760$ mm。

箍筋 2 单根箍筋长度(算至箍筋外皮):$l = 400$ mm $- 25$ mm $+ 2 \times 11.9 \times 8$ mm $= 565.40$ mm。

箍筋根数:$n = \{[(873.33$ mm $- 50$ mm$) \div 100$ mm $+ 1] + [(1\ 000$ mm $- 50$ mm$) \div 100$ mm $+ 1] + [(2\ 620$ mm $- 1\ 000$ mm $- 873.33$ mm$) \div 200$ mm $- 1]\} \times 2 = 46$。

$nl = 46 \times 565.40$ mm $= 26\ 008.40$ mm。

2) 一层

(1) 纵筋:

低位钢筋 4Φ16:$l = 3\ 200$ mm $-$ max$[(3\ 200$ mm $- 500$ mm$) \div 6,400$ mm,500 mm$] +$ max$[(3\ 200$ mm $- 500$ mm$) \div 6,400$ mm,500 mm$] = 3\ 200$ mm。

$4l = 3\ 200$ mm $\times 4 = 12\ 800$ mm。

高位钢筋 4Φ16:$l = 3\ 200$ mm $-$ max$[(3\ 200$ mm $- 500$ mm$) \div 6,400$ mm,500 mm$] -$ max$(35 \times 16$ mm,500 mm$) +$ max$[(3200$ mm $- 500$ mm$) \div 6,400$ mm,500 mm$] +$ max$(35 \times 16$ mm,500 mm$) = 3\ 200$ mm。

$4l = 3\ 200\ \text{mm} \times 4 = 12\ 800\ \text{mm}$。

（2）箍筋：

箍筋1单根箍筋长度同负一层，$l = 1\ 590.40\ \text{mm}$。

箍筋2单根箍筋长度同负一层，$l = 565.40\ \text{mm}$。

下端加密区范围（高度）$= \max[(3\ 200\ \text{mm} - 500\ \text{mm}) \div 6, 400\ \text{mm}, 500\ \text{mm}] = 500\ \text{mm}$。

上端加密区范围（高度）$= 500\ \text{mm} + \max[(3\ 200\ \text{mm} - 500\ \text{mm}) \div 6, 400\ \text{mm}, 500\ \text{mm}] = 1\ 000\ \text{mm}$。

箍筋根数：$n = [(500\ \text{mm} - 50\ \text{mm}) \div 100\ \text{mm} + 1] + [(1\ 000\ \text{mm} - 50\ \text{mm}) \div 100\ \text{mm} + 1] + [(3\ 200\ \text{mm} - 1\ 000\ \text{mm} - 500\ \text{mm}) \div 200\ \text{mm} - 1] = 24$。

$nl = 24 \times (1\ 590.40\ \text{mm} + 565.40\ \text{mm} \times 2) = 65\ 308.80\ \text{mm}$。

3）二至五层

二至五层同一层。

4）六层

（1）纵筋：

$l_{aE} = 35d = 35 \times 16\ \text{mm} = 560\ \text{mm}$，$500\ \text{mm} - 25\ \text{mm} = 475\ \text{mm}$，$560\ \text{mm} > 475\ \text{mm}$，所以柱纵筋全部伸至柱顶并弯折12d。

低位钢筋 4Φ16：$l = 3\ 200\ \text{mm} - \max[(3\ 200\ \text{mm} - 500\ \text{mm}) \div 6, 400\ \text{mm}, 500\ \text{mm}] - 25\ \text{mm} + 12 \times 16\ \text{mm} = 2\ 867\ \text{mm}$。

$4l = 2\ 867\ \text{mm} \times 4 = 11\ 468\ \text{mm}$。

高位钢筋 4Φ16：$l = 3\ 200\ \text{mm} - \max[(3\ 200\ \text{mm} - 500\ \text{mm}) \div 6, 400\ \text{mm}, 500\ \text{mm}] - \max(35 \times 16\ \text{mm}, 500\ \text{mm}) - 25\ \text{mm} + 12 \times 16\ \text{mm} = 2\ 307\ \text{mm}$。

$4l = 2\ 307\ \text{mm} \times 4 = 9\ 228\ \text{mm}$。

（2）箍筋：

箍筋1单根箍筋长度同负一层，$l = 1\ 590.40\ \text{mm}$。

箍筋2单根箍筋长度同负一层，$l = 565.40\ \text{mm}$。

箍筋根数同一层，$n = 24$。

箍筋总长：$nl = 24 \times (1\ 590.40\ \text{mm} + 565.40\ \text{mm} \times 2) = 65\ 308.80\ \text{mm}$。

5）汇总计算

Φ16钢筋重量 $= [(18\ 920\ \text{mm} + 21\ 160\ \text{mm}) + (12\ 800\ \text{mm} + 12\ 800\ \text{mm}) \times 5 + (11\ 468\ \text{mm} + 9\ 228\ \text{mm})] \div 1\ 000 \times 1.58\ \text{kg/m} = 298.27\ \text{kg}$。

Φ8钢筋重量 $= [(39\ 760\ \text{mm} + 26\ 008.40\ \text{mm}) + 65\ 308.80\ \text{mm} \times 6] \div 1\ 000 \times 0.395\ \text{kg/m} = 180.76\ \text{kg}$。

四、板钢筋计量

1. 板平法施工图表示方法

板平法施工图包括有梁楼盖平法施工图和无梁楼盖平法施工图及楼板相关构造。下面以有梁楼盖平法施工图为例了解板钢筋的计量。

有梁楼盖平法施工图是以梁为支座的楼面板与屋面板平法施工图,它是在楼面板和屋面板布置图上,采用平面注写的表达方式,主要包括板块集中标注和板支座原位标注,如图 5.4.16 所示。

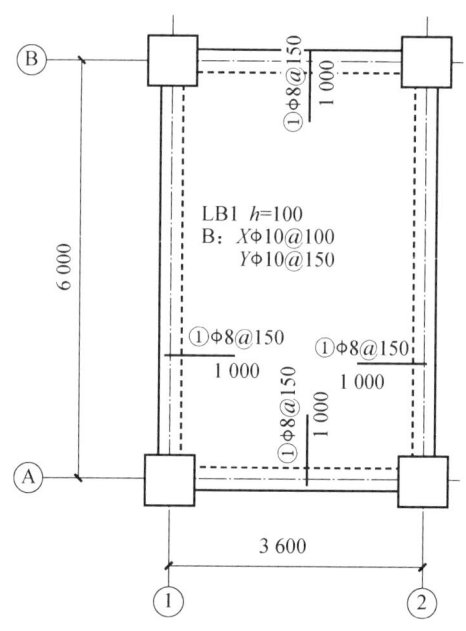

5.4.16 有梁楼盖平法施工图表示方法(单位:mm)

板块集中标注:LB1 表示 1 号楼面板,板厚为 100 mm;板的下部 X 向的贯通纵筋是直径为 10 mm 的 HPB300 级钢筋,间距为 100 mm,Y 向是直径为 10 mm 的 HPB300 级钢筋,间距为 150 mm;板上部未配置贯通纵筋。

板支座原位标注:①号支座负筋是直径为 8 mm 的 HPB300 级钢筋,间距为 150 mm,自支座中线向板内延伸 1 000 mm,沿板四周布置。

2. 板平法钢筋计量

平法标注的板钢筋构造(部分内容)如图 5.4.17 至图 5.4.19 所示,全部构造内容参见相关国家建筑标准设计图集规范梁标准构造详图。

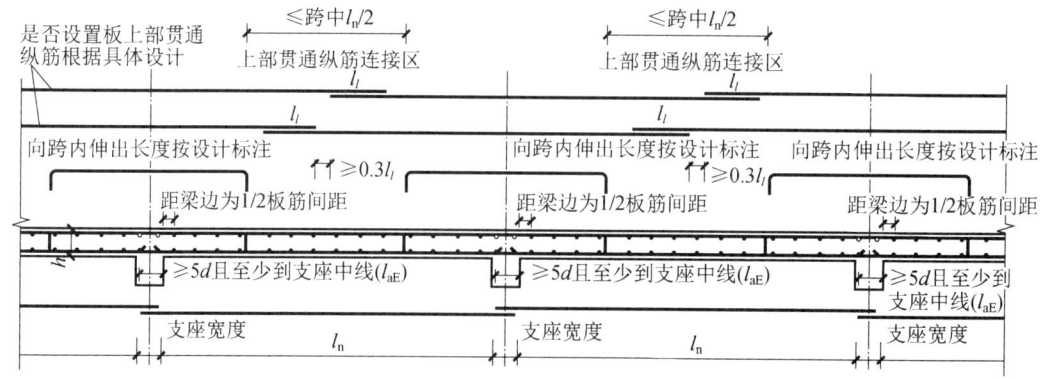

图 5.4.17 有梁楼盖楼面板 LB 和屋面板 WB 钢筋构造

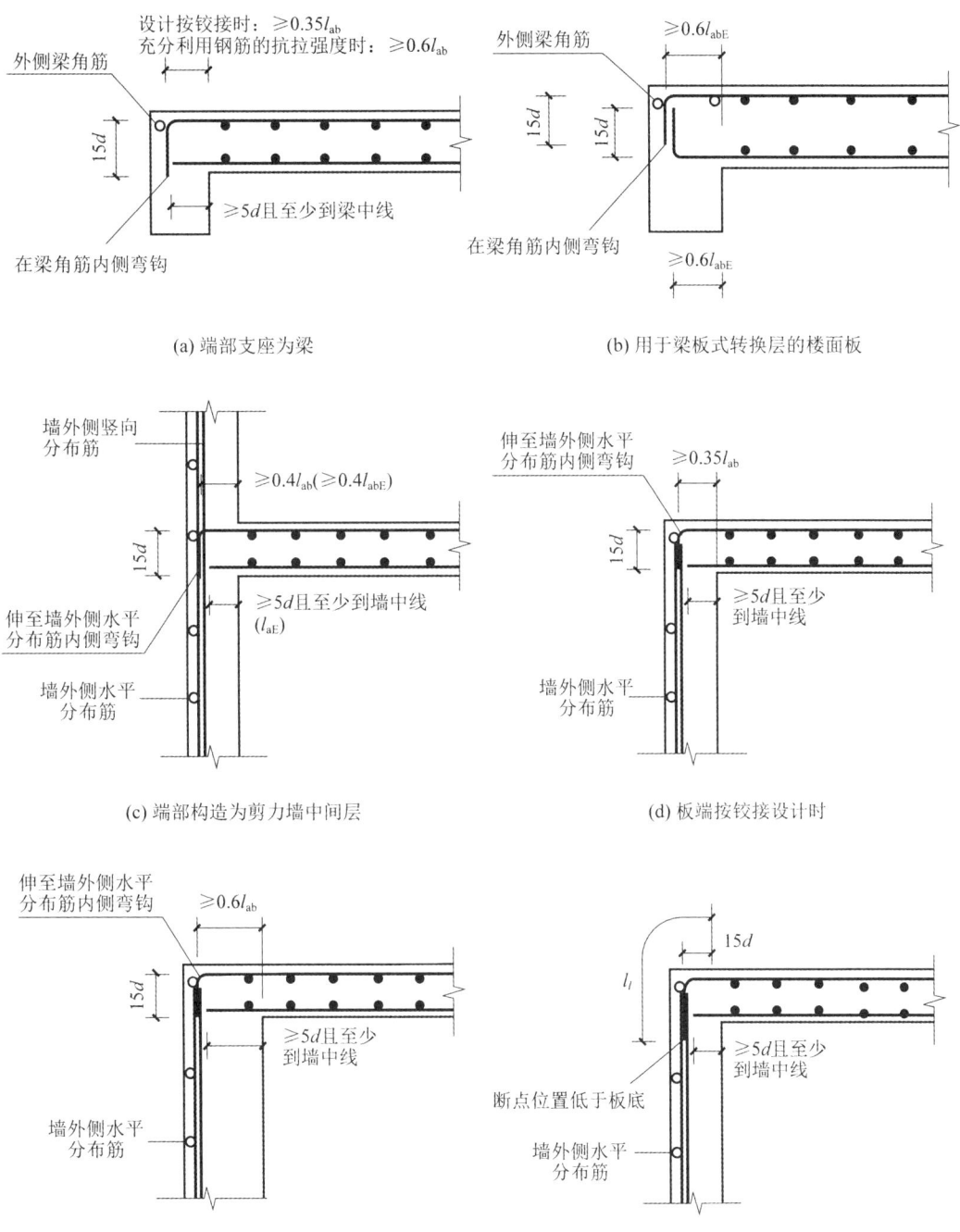

(a) 端部支座为梁

(b) 用于梁板式转换层的楼面板

(c) 端部构造为剪力墙中间层

(d) 板端按铰接设计时

(e) 板端上部纵筋按充分利用钢筋的抗拉强度设计时

(f) 搭接连接

图 5.4.18 板在端部支座的锚固构造

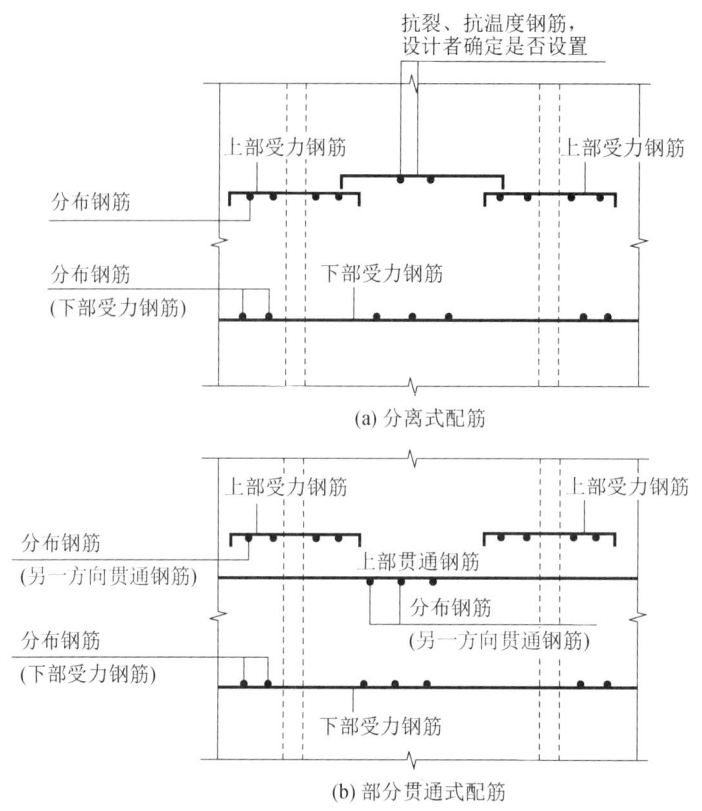

图 5.4.19　单（双）向板配筋示意

平法标注的板钢筋长度计算公式如表 5.4.14 所示。

表 5.4.14　平法标注的板钢筋长度计算公式

钢筋部位及名称	计 算 公 式	备　　注
板底钢筋	长度＝伸入左支座长度＋净跨长＋伸入右支座长度＋末端弯钩增长值； 第一根钢筋距支座边 1/2 板筋间距	伸入梁支座长度：$\geqslant 5d$ 且至少到梁中线（或 $\geqslant l_a$）。 伸入砌体墙支座长度：$\geqslant 120$ mm，$\geqslant h$（板厚）且 $\geqslant$ 墙厚/2。 伸入剪力墙支座长度：$\geqslant 5d$ 且至少到墙中线（或 $\geqslant l_a$）
板面钢筋	长度＝伸入左支座长度＋净跨长＋伸入右支座长度＋搭接长度×搭接个数＋末端弯钩增长值； 第一根钢筋距支座边 1/2 板筋间距	伸入左支座长度＝支座宽－保护层厚度＋$15d$； 伸入砌体墙支座长度＝$0.35l_{ab}$＋$15d$； 伸入剪力墙支座长度＝$0.4l_{ab}$＋$15d$
支座负筋	端支座：长度＝伸入支座长度＋伸入跨内长度＋弯折长度。 中间支座：长度＝伸入左跨内长度＋中间支座宽度＋伸入右跨内长度＋弯折长度×2。 第一根钢筋距支座边 1/2 板筋间距	伸入支座长度同板面钢筋； 弯折长度＝板厚－保护层厚度×2
负筋分布筋	X 向负筋的分布筋长度＝Y 向负筋跨内长度＋搭接长度（2×150 mm）； 分布筋根数计算的范围是 X 向负筋的长度范围； Y 向负筋的分布长度计算同理	

例 5.4.3

计算 11 栋学生公寓首层板钢筋(见图 5.4.20)①号板的钢筋工程量。已知:梁截面为 300 mm×600 mm,板厚 100 mm,保护层厚度为 20 mm。

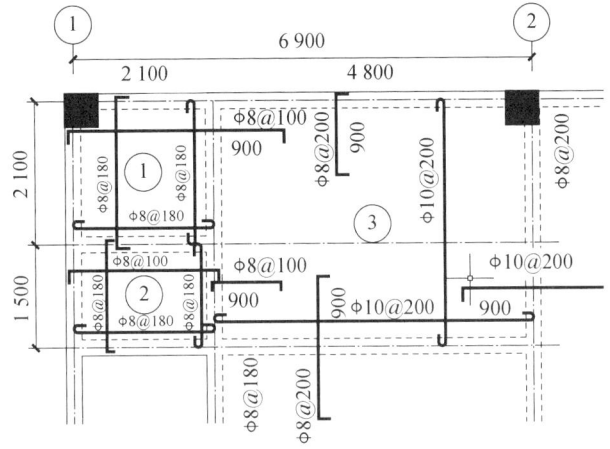

图 5.4.20 11 栋学生公寓首层板钢筋(单位:mm)

解

(1) 板底钢筋,X 向,$\phi 8@180$:

$l = \max(5\times 8 \text{ mm}, 125 \text{ mm}) + 2\,100 \text{ mm} - 250 \text{ mm} + \max(5\times 8 \text{ mm}, 125 \text{ mm}) + 2\times 6.25\times 8 \text{ mm} = 2\,200 \text{ mm}$。

根数 $n = (2\,100 \text{ mm} - 250 \text{ mm} - 100 \text{ mm}) \div 180 \text{ mm} + 1 = 11$。

(2) 板底钢筋,Y 向,$\phi 8@180$:

$l = \max(5\times 8 \text{ mm}, 125 \text{ mm}) + 2\,100 \text{ mm} - 250 \text{ mm} + \max(5\times 8 \text{ mm}, 125 \text{ mm}) + 2\times 6.25\times 8 \text{ mm} = 2\,200 \text{ mm}$。

根数 $n = (2\,100 \text{ mm} - 250 \text{ mm} - 100 \text{ mm}) \div 180 \text{ mm} + 1 = 11$。

(3) 负筋分布筋,$\phi 8@180$:

$l = (250 \text{ mm} - 20 \text{ mm} + 15\times 8 \text{ mm})\times 2 + 2\,100 \text{ mm} - 250 \text{ mm} = 2\,550 \text{ mm}$。

根数 $n = (2\,100 \text{ mm} - 250 \text{ mm} - 100 \text{ mm}) \div 180 \text{ mm} + 1 = 11$。

(4) 支座负筋,$\phi 8@100$:

$l = (250 \text{ mm} - 20 \text{ mm} + 15\times 8 \text{ mm}) + 2\,100 \text{ mm} - 250 \text{ mm} + 250 \text{ mm} + 900 \text{ mm} + 15\times 8 \text{ mm} = 3\,470 \text{ mm}$。

根数 $n = (2\,100 \text{ mm} - 250 \text{ mm} - 100 \text{ mm}) \div 100 \text{ mm} + 1 = 19$。

(5) 汇总计算钢筋工程量:

$\phi 8$ 钢筋重量 $= (2\,200 \text{ mm}\times 11 + 2\,200 \text{ mm}\times 11 + 2\,550 \text{ mm}\times 11 + 3\,470 \text{ mm}\times 19) \div 1\,000\times 0.395 \text{ kg/m} = 56.24 \text{ kg}$。

五、剪力墙钢筋计量

1. 剪力墙平法施工图表示方法

剪力墙平法施工图是在剪力墙平面布置图上采用列表注写方式或截面注写方式表达施工方式。以下以截面注写方式为例介绍剪力墙钢筋的计量。

为表达清楚、简便,剪力墙可视为由剪力墙柱、剪力墙身、剪力墙梁三类构件构成。截面注写方式是指在分标准层绘制的剪力墙平面布置图上,以直接在墙柱、墙身、墙梁上注写截面尺寸和配筋具体数值的方式来表达剪力墙施工做法,截面注写示例如图 5.4.21 所示。

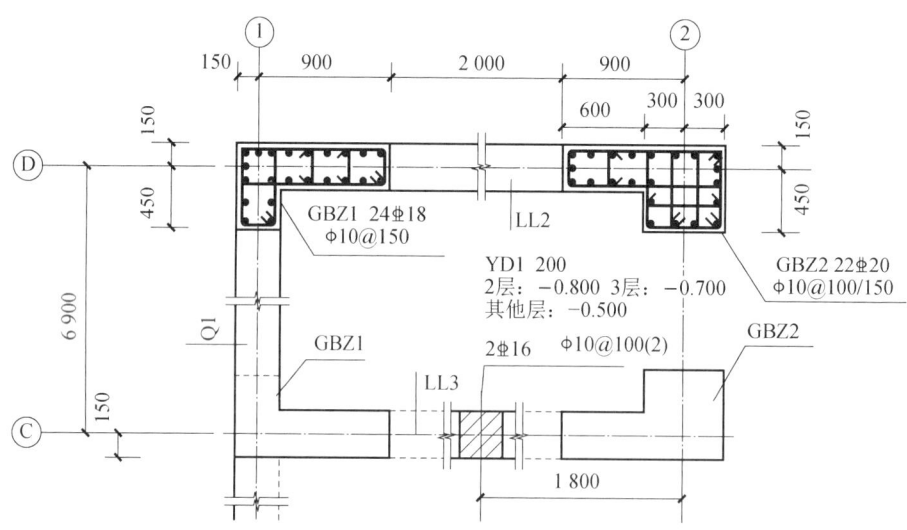

图 5.4.21　剪力墙截面注写示例

以图 5.4.21 中 GBZ2 为例,"GBZ2"表示 2 号构造边缘构件,截面为 L 形(1 200 mm×300 mm＋600 mm×300 mm);纵筋为 22 根直径为 20 mm 的 HRB400 级钢筋;箍筋为HPB300 级钢筋,直径为 10 mm,加密区间距为 100 mm,非加密区间距为 150 mm。

2. 剪力墙平法钢筋计量

剪力墙主要由墙柱、墙身、墙梁构成,其中墙柱包括暗柱、端柱、翼墙、转角墙四种类型,主要钢筋有纵筋和箍筋;墙身钢筋包括水平、竖向分布钢筋和拉筋;墙梁包括连梁、暗梁、边框梁三种类型,主要钢筋有纵筋和箍筋。

下面以剪力墙身为例介绍剪力墙钢筋工程量的计算。平法表示的剪力墙身钢筋构造(部分内容)如图 5.4.22 至图 5.4.24 所示,全部构造内容参见国家建筑标准设计图集规范剪力墙标准构造详图及墙插筋在基础中的锚固做法。

剪力墙身钢筋长度计算公式如表 5.4.15 所示。

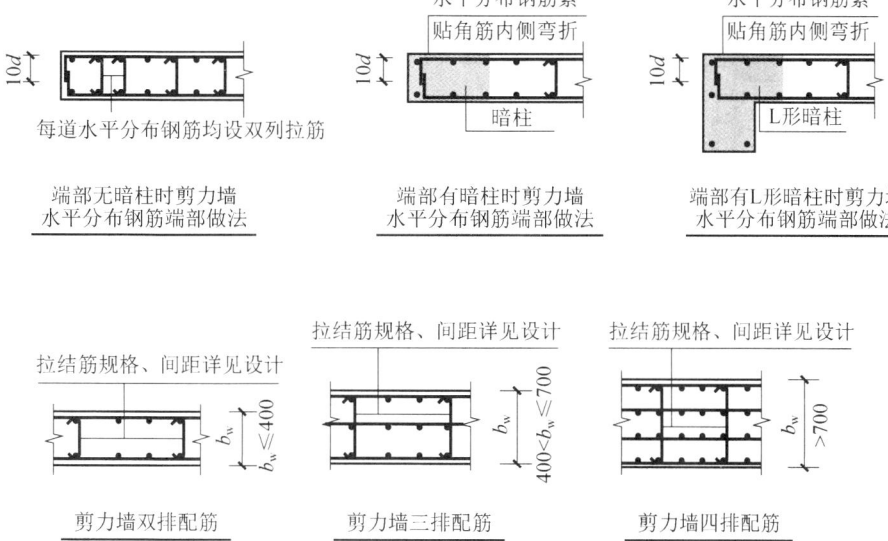

图 5.4.22 剪力墙水平分布钢筋构造(单位:mm)

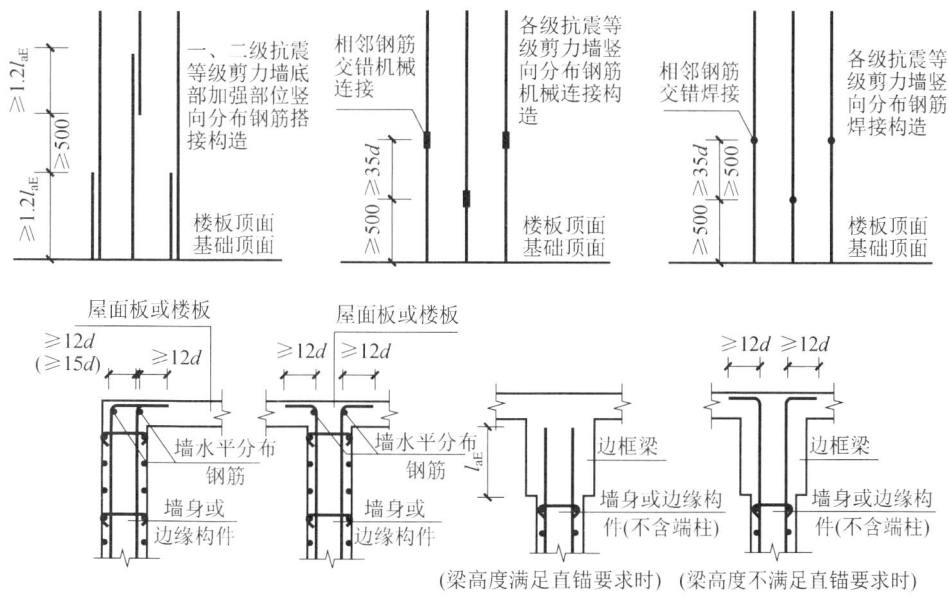

图 5.4.23 剪力墙竖向钢筋构造(单位:mm)

(保护层厚度>5d)　　　　　　　　　　(保护层厚度≤5d)

1—1
基础高度满足直锚

1a—1a
基础高度不满足直锚

2—2
基础高度满足直锚

2a—2a
基础高度不满足直锚

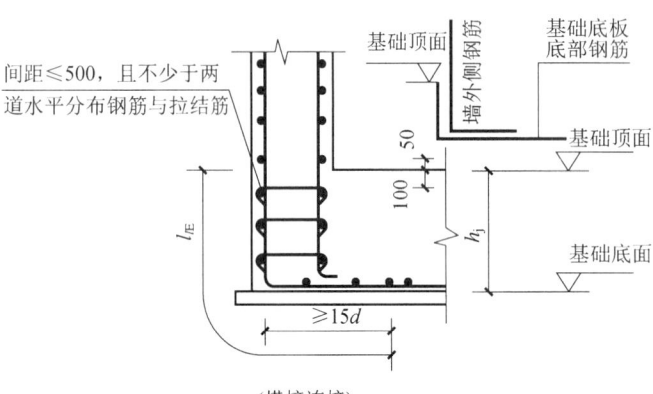

(搭接连接)

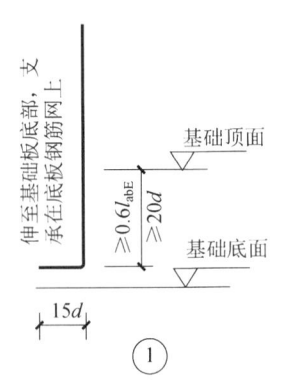

图 5.4.24　墙身竖向钢筋在基础中的构造(单位:mm)

表 5.4.15 剪力墙身钢筋长度计算公式

钢筋部位及名称	计 算 公 式	备 注
墙插筋	长度＝基础高－保护层厚度＋末端弯折长度＋伸入上层的钢筋长度	伸入上层的钢筋长度为 500 mm 或 500 mm＋35d
墙在基础部分的水平分布筋与拉筋根数	当保护层厚度＞5d 时,间距≤500 mm 且不少于两道水平分布钢筋与拉结筋;当保护层厚度≤5d 时,间距≤10d 且≤100 mm	
中间层墙身竖向钢筋	长度＝层高－当前层伸出楼面的高度＋上一层伸出楼面的高度	当前层伸出楼面的高度和上一层伸出楼面的高度为 500 mm 或 500 mm＋35d
顶层墙身竖向钢筋	长度＝H_n－当前层伸出楼面的高度＋顶层钢筋锚固值	顶层钢筋锚固值为"屋面板或楼板厚度－保护层厚度＋12d"或 $l_{aE}(l_a)$
墙身竖向钢筋根数	根数＝[(墙净长－2×50 mm)/间距＋1]×排数	墙身竖向钢筋从暗柱、端柱边 50 mm 开始布置
墙身水平钢筋	长度＝墙长－保护层厚度＋10d－保护层厚度＋10d; 基础层根数:在基础部位布置间距小于等于 500 mm 且不小于两道的水平分布筋与拉筋; 各楼层根数:(层高－2×50 mm)/间距＋1	具体计算与墙的末端形状和钢筋在墙内侧或外侧有关
拉筋	长度＝墙厚－2×保护层厚度＋1.9d×2＋2×max(10d,75 mm); 基础拉筋根数＝[(墙净长－2×50 mm)/拉筋间距＋1]×基础水平筋排数; 各楼层拉筋根数＝墙净面积/拉筋的布置面积	计算墙净面积时要扣除暗(端)柱、暗(连)梁; 拉筋的布置面积是指其水平方向间距×竖向间距

■ 例 5.4.4

计算图 5.4.25 所示的剪力墙 Q2 的钢筋工程量。已知:三级抗震,采用强度等级为 C25 的混凝土浇筑,保护层厚 15 mm,基础底面钢筋的保护层厚度取 40 mm,各层楼板厚度均为 100 mm,剪力墙竖向钢筋机械连接。相关数据如表 5.4.16 所示。

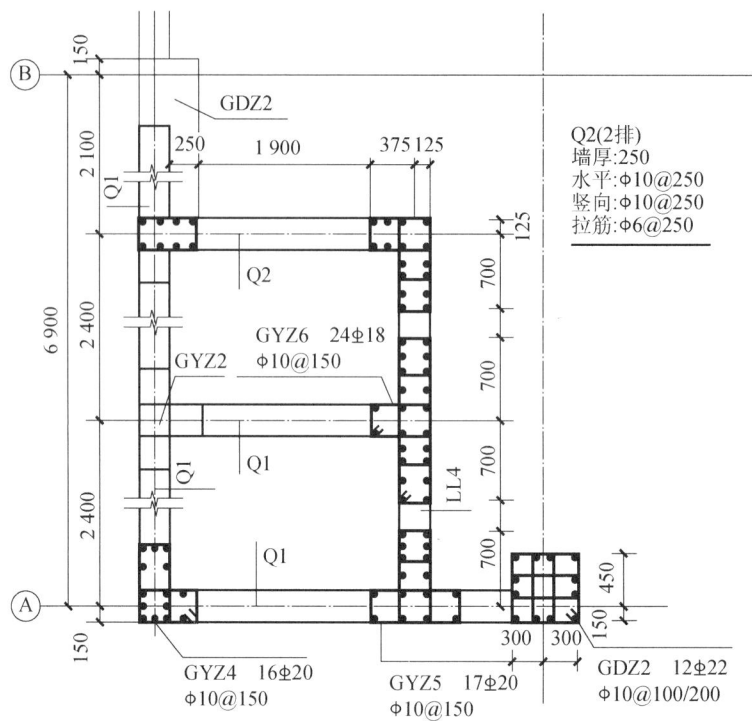

图 5.4.25 剪力墙配筋图（单位：mm）

表 5.4.16 剪力墙相关数据

楼　　层	顶标高/m	层高/mm	板厚/mm
3（顶层）	9.850	3 000	100
2	6.850	3 300	100
1	3.550	3 600	100
负 1	−0.050	4 200	100
基础	−4.250	500（基础厚度）	

解

1）剪力墙竖向钢筋

墙插筋：查表 5.4.6 得钢筋锚固长度为 $36d$，$h_j = 500$ mm，$l_{aE} = 36 \times 10$ mm $= 360$ mm，$h_j > l_{aE}$，所以末端弯折长度为 $\max(6d, 150$ mm$)$。考虑接头错开，长度有两种。

$l_1 = 500$ mm $- 40$ mm $+ \max(6 \times 10$ mm$, 150$ mm$) + 500$ mm $= 1\ 110$ mm。

$l_2 = 500$ mm $- 40$ mm $+ \max(6 \times 10$ mm$, 150$ mm$) + 500$ mm $+ 35 \times 10$ mm $= 1\ 460$ mm。

（1）负 1 层墙身竖向钢筋：

$l_1 = (4\ 200$ mm $- 500$ mm$) - 500$ mm $+ 500$ mm $= 3\ 700$ mm。

$l_2 = (4\ 200$ mm $- 500$ mm$) - 500$ mm $- 35 \times 10$ mm $+ 500$ mm $+ 35 \times 10$ mm $= 3\ 700$ mm。

（2）1层墙身竖向钢筋：

$l_1 = 3\ 600\ mm - 500\ mm + 500\ mm = 3\ 600\ mm$。

$l_2 = 3\ 600\ mm - 500\ mm - 35 \times 10\ mm + 500\ mm + 35 \times 10\ mm = 3\ 600\ mm$。

（3）同理，2层墙身竖向钢筋 $l_1 = 3\ 300\ mm$，$l_2 = 3\ 300\ mm$。

（4）3层（顶层）墙身竖向钢筋：

$l_1 = (3\ 000\ mm - 100\ mm) - 500\ mm + 100\ mm - 15\ mm + 12 \times 10\ mm = 2\ 605\ mm$。

$l_2 = (3\ 000\ mm - 100\ mm) - 500\ mm - 35 \times 10\ mm + 100\ mm - 15\ mm + 12 \times 10\ mm = 2\ 255\ mm$。

墙身竖向钢筋根数 $n = [(1\ 900\ mm - 2 \times 50\ mm) \div 250\ mm + 1] \times 2 = 18$。

Φ10竖向钢筋重量为 $(1\ 110\ mm + 3\ 700\ mm + 3\ 600\ mm + 3\ 300\ mm + 2\ 605\ mm) \div 1\ 000 \times 18 \times 0.617\ kg/m = 158.98\ kg$，或 $(1\ 460\ mm + 3\ 700\ mm + 3\ 600\ mm + 3\ 300\ mm + 2\ 255\ mm) \div 1\ 000 \times 18 \times 0.617\ kg/m = 158.98\ kg$。

从以上计算可看出，剪力墙竖向钢筋的接头位置不影响钢筋工程量，故计算可不考虑接头位置。

2）剪力墙水平钢筋

（1）墙身水平钢筋外侧长度 $l = 1\ 900\ mm + 500\ mm - 15\ mm + 100\ mm + 1.2 \times 36 \times 10\ mm = 2\ 917\ mm$。

（2）墙身水平钢筋内侧长度 $l = 1\ 900\ mm + 500\ mm - 15\ mm + 100\ mm + 500\ mm - 15\ mm + 150\ mm = 3\ 120\ mm$。

（3）根数：

负1层根数 $n = (3\ 700\ mm - 2 \times 50\ mm) \div 250\ mm + 1 = 16$。

1层根数 $n = (3\ 600\ mm - 2 \times 50\ mm) \div 250\ mm + 1 = 15$。

2层根数 $n = (3\ 300\ mm - 2 \times 50\ mm) \div 250\ mm + 1 = 14$。

3层根数 $n = (3\ 000\ mm - 2 \times 50\ mm) \div 250\ mm + 1 = 13$。

Φ10水平钢筋重量 $= (2\ 917\ mm + 3\ 120\ mm) \div 1\ 000 \times (2 + 16 + 15 + 14 + 13) \times 0.617\ kg/m = 223.49\ kg$。

3）剪力墙拉筋

（1）墙身拉筋长度 $l = 250\ mm - 2 \times 15\ mm + 11.9 \times 10\ mm \times 2 = 458\ mm$。

（2）根数：

基础拉筋根数 $n = [(1\ 900\ mm - 2 \times 50\ mm) \div 250\ mm + 1] \times 2 = 18$。

负1层根数 $n = (1\ 900\ mm \times 3\ 700\ mm) \div (250\ mm \times 250\ mm) = 113$。

1～3层根数 $n = (1\ 900\ mm \times 3\ 600\ mm) \div (250\ mm \times 250\ mm) + (1\ 900\ mm \times 3\ 300\ mm) \div (250\ mm \times 250\ mm) + (1\ 900\ mm \times 3\ 000\ mm) \div (250\ mm \times 250\ mm) = 303$。

拉筋重量 $= 458\ mm \div 1\ 000 \times (18 + 113 + 303) \times 0.617\ kg/m = 122.64\ kg$。

4）汇总计算

Φ10钢筋重量 $= 158.98\ kg + 223.49\ kg + 122.64\ kg = 505.11\ kg$。

任务 5 屋面及防水工程与保温、隔热、防腐工程计量

•••

一、屋面工程

1.瓦、型材及其他屋面清单项目

瓦、型材及其他屋面清单项目如表 5.5.1 所示。

表 5.5.1 瓦、型材及其他屋面(项目编码:010901)

项目编码	项目名称	项 目 特 征	计量单位	工程量计算规则	工 作 内 容
010901001	瓦屋面	(1) 瓦品种、规格; (2) 粘结层砂浆的配合比		按设计图示尺寸以斜面积计算;不扣除房上烟囱、风帽底座、风道、小气窗、斜沟等所占面积;小气窗的出檐部分不增加面积	(1) 砂浆制作、运输、摊铺、养护; (2) 安瓦,制作瓦脊
010901002	型材屋面	(1) 型材品种、规格; (2) 金属檩条材料品种、规格; (3) 接缝、嵌缝材料种类			(1) 檩条制作、运输、安装; (2) 屋面型材安装; (3) 接缝、嵌缝
010901003	阳光板屋面	(1) 阳光板品种、规格; (2) 骨架材料品种、规格; (3) 接缝、嵌缝材料种类; (4) 油漆品种,刷漆遍数	m²	按设计图示尺寸以斜面积计算;不扣除屋面面积≤0.3 m² 的孔洞所占面积	(1) 骨架制作、运输、安装,刷防护材料、油漆; (2) 阳光板安装; (3) 接缝、嵌缝
010901004	玻璃钢屋面	(1) 玻璃钢品种、规格; (2) 骨架材料品种、规格; (3) 玻璃钢固定方式; (4) 接缝、嵌缝材料种类; (5) 油漆品种,刷漆遍数			(1) 骨架制作、运输、安装,刷防护材料、油漆; (2) 玻璃钢制作、安装; (3) 接缝、嵌缝
010901005	膜结构屋面	(1) 膜布品种、规格; (2) 支柱(网架)钢材品种、规格; (3) 钢丝绳品种、规格; (4) 锚固基座做法; (5) 油漆品种,刷漆遍数		按设计图示尺寸以需要覆盖的水平投影面积计算	(1) 膜布热压胶接; (2) 支柱(网架)制作、安装; (3) 膜布安装; (4) 穿钢丝绳,锚头锚固; (5) 锚固基座,挖土、回填; (6) 刷防护材料、油漆

注:1.瓦屋面项目中,若是在木基层上铺瓦,项目特征不必描述粘结层砂浆的配合比;瓦屋面铺防水层,按《计量规范》屋面防水及其他项目中的相关项目编码列项。

2.型材屋面、阳光板屋面、玻璃钢屋面的柱、梁、屋架,按《计量规范》附录 F、附录 G 中相关项目编码列项。

2. 瓦、型材及其他屋面清单项目解析

1）瓦屋面

（1）特征描述：① 瓦品种、规格；② 粘结层砂浆的配合比。

（2）计算规则：按设计图示尺寸以斜面积计算，不扣除房上烟囱、风帽底座、风道、小气窗、斜沟等所占面积；小气窗的出檐部分不增加面积。计量单位为 m^2。

（3）工作内容：① 砂浆制作、运输、摊铺、养护；② 安瓦，制作瓦脊。

（4）清单项目说明：① 小青瓦、平瓦、琉璃瓦、石棉水泥瓦等按瓦屋面列项。② 瓦屋面工程中若是在木基层上铺瓦，项目特征不必描述粘结层砂浆的配合比；瓦屋面铺防水层，按《计量规范》屋面防水及其他项目中相关项目编码列项。

2）型材屋面

（1）特征描述：① 型材品种、规格；② 金属檩条材料品种、规格；③ 接缝、嵌缝材料种类。

（2）计算规则：按设计图示尺寸以斜面积计算，不扣除房上烟囱、风帽底座、风道、小气窗、斜沟等所占面积；小气窗的出檐部分不增加面积。计量单位为 m^2。

（3）工作内容：① 檩条制作、运输、安装；② 屋面型材安装；③ 接缝、嵌缝。

（4）清单项目说明：压型钢板、金属压型夹芯板按型材屋面列项。

3）膜结构屋面

（1）特征描述：① 膜布品种、规格；② 支柱（网架）钢材品种、规格；③ 钢丝绳品种、规格；④ 锚固基座做法；⑤ 油漆品种，刷漆遍数。

（2）计算规则：按设计图示尺寸以需要覆盖的水平投影面积计算。计量单位为 m^2。

（3）工作内容：① 膜布热压胶接；② 支柱（网架）制作、安装；③ 膜布安装；④ 穿钢丝绳，锚头锚固；⑤ 锚固基座，挖土、回填；⑥ 刷防护材料、油漆。

（4）清单项目说明：膜结构屋面适用于膜布屋面，膜结构可分为充气膜结构和张拉膜结构两大类。充气膜结构是通过往室内不断充气，使室内外产生一定压力差（一般为 $10\sim30$ mm水柱，约合 $100\sim300$ Pa），室内外的压力差使屋盖膜受到一定的向上的浮力，从而实现较大的跨度。张拉膜结构则通过柱及钢架支承或钢索张拉成型，其造型非常优美灵活。膜结构所用膜材料由基布和涂层两部分组成。基布主要采用聚酯纤维和玻璃纤维材料，涂层材料主要为聚氯乙烯和聚四氟乙烯。计算工程量时一定要特别注意，不是按照膜布的展开面积计算，而是按照需要覆盖的水平投影面积计算，如图5.5.1所示。

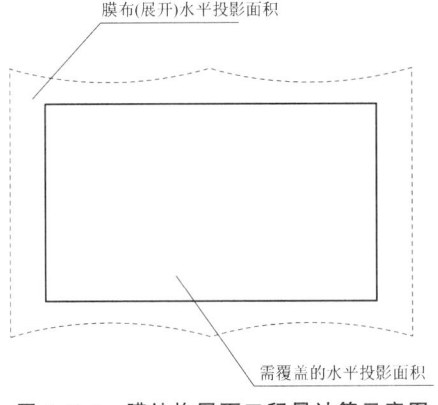

膜布(展开)水平投影面积

需覆盖的水平投影面积

图 5.5.1　膜结构屋面工程量计算示意图

例 5.5.1

黏土瓦屋面平面图如图 5.5.2 所示,屋面挂瓦条的铺设坡度为 $26°34'$,计算斜屋面面积并编制该分部分项工程项目清单。

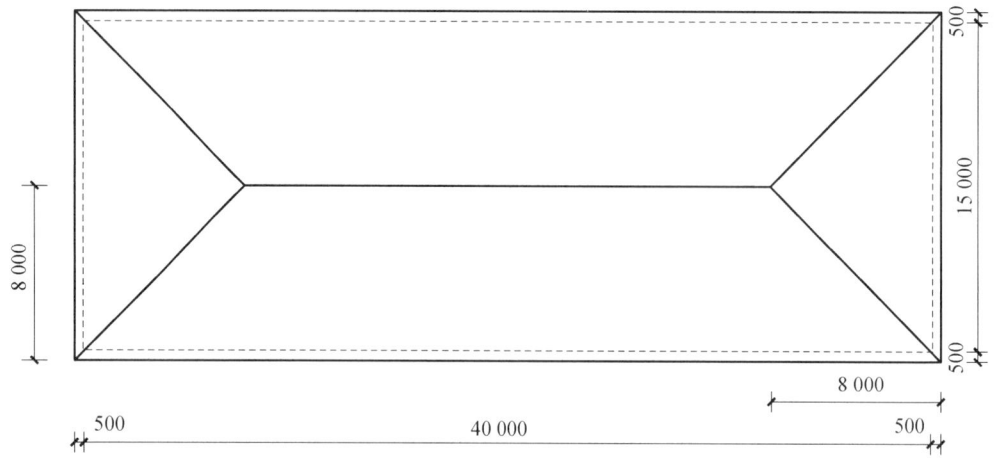

图 5.5.2　黏土瓦屋面平面图

解

计算过程如表 5.5.2 所示。

表 5.5.2　斜屋面面积计算过程

分部分项工程	计算表达式	结　果
瓦屋面	$(40\ mm+0.5\ mm+0.5\ mm)×(15\ mm+0.5\ mm+0.5\ mm)×\sec26°34'$	733.44 m²

编制分部分项工程项目清单,如表 5.5.3 所示。

表 5.5.3　黏土瓦屋面分部分项工程项目清单

序号	项 目 编 码	项目名称	项 目 特 征	计量单位	工程量
1	010901001001	瓦屋面	(1)瓦品种、规格:黏土瓦(其他特征按图纸说明描述)。 (2)粘结层砂浆的配合比:(按图纸说明描述)	m²	733.44

二、防水工程

1.屋面防水及其他清单项目

屋面防水及其他清单项目如表 5.5.4 所示。

表 5.5.4　屋面防水及其他（项目编码：010902）

项目编码	项目名称	项目特征	计量单位	工程量计算规则	工作内容
010902001	屋面卷材防水	（1）卷材品种、规格、厚度； （2）防水层数； （3）防水层做法	m²	（1）按设计图示尺寸以面积计算； （2）斜屋顶（不包括平屋顶找坡）按斜面积计算，平屋顶按水平投影面积计算； （3）不扣除房上烟囱、风帽底座、风道、屋面小气窗和斜沟所占面积； （4）屋面的女儿墙、伸缩缝和天窗等处的弯起部分，并入屋面工程量	（1）基层处理； （2）刷底油； （3）铺油毡卷材，接缝
010902002	屋面涂膜防水	（1）防水膜品种； （2）涂膜厚度、遍数； （3）增强材料种类			（1）基层处理； （2）刷基层处理剂； （3）铺布、喷涂防水层
010902003	屋面刚性层	（1）刚性层厚度； （2）混凝土种类； （3）混凝土强度等级； （4）嵌缝材料种类； （5）钢筋规格、型号		按设计图示尺寸以面积计算。不扣除房上烟囱、风帽底座、风道等所占面积	（1）基层处理； （2）混凝土制作、运输、铺筑、养护； （3）钢筋制作、安装
010902004	屋面排水管	（1）排水管品种、规格； （2）雨水斗、山墙出水口品种、规格； （3）接缝、嵌缝材料种类； （4）油漆品种，刷漆遍数	m	按设计图示尺寸以长度计算。如设计未标注尺寸，以檐口至设计室外散水上表面垂直距离计算	（1）排水管及配件安装、固定； （2）雨水斗、山墙出水口、雨水篦子安装； （3）接缝、嵌缝； （4）刷漆
010902005	屋面排（透）气管	（1）排（透）气管品种、规格； （2）接缝、嵌缝材料种类； （3）油漆品种，刷漆遍数		按设计图示尺寸以长度计算	（1）排（透）气管及配件安装、固定； （2）铁件制作、安装； （3）接缝、嵌缝； （4）刷漆
010902006	屋面（廊、阳台）泄（吐）水管	（1）吐水管品种、规格； （2）接缝、嵌缝材料种类； （3）吐水管长度； （4）油漆品种，刷漆遍数	根（个）	按设计图示数量计算	（1）水管及配件安装、固定； （2）接缝、嵌缝； （3）刷漆
010902007	屋面天沟、檐沟	（1）材料品种、规格； （2）接缝、嵌缝材料种类	m²	按设计图示尺寸以展开面积计算	（1）天沟材料铺设； （2）天沟配件安装； （3）接缝、嵌缝； （4）刷防护材料
010902008	屋面变形缝	（1）嵌缝材料种类； （2）止水带材料种类； （3）盖缝材料； （4）防护材料种类	m	按设计图示以长度计算	（1）清缝； （2）填塞防水材料； （3）止水带安装； （4）盖缝制作、安装； （5）刷防护材料

注：1.屋面刚性层无钢筋时，其钢筋项目特征不必描述。
　　2.屋面找平层按《计量规范》附录L中的"平面砂浆找平层"项目编码列项。
　　3.屋面防水搭接及附加层用量不另行计算，在综合单价中考虑。
　　4.屋面保温找坡层按《计量规范》附录K中的"保温隔热屋面"项目编码列项。

例 5.5.2

某卷材防水屋面平面图如图 5.5.3 所示,其防水层为再生橡胶卷材,计算屋面防水卷材的工程量(墙厚 240 mm)并编制分部分项工程项目清单。

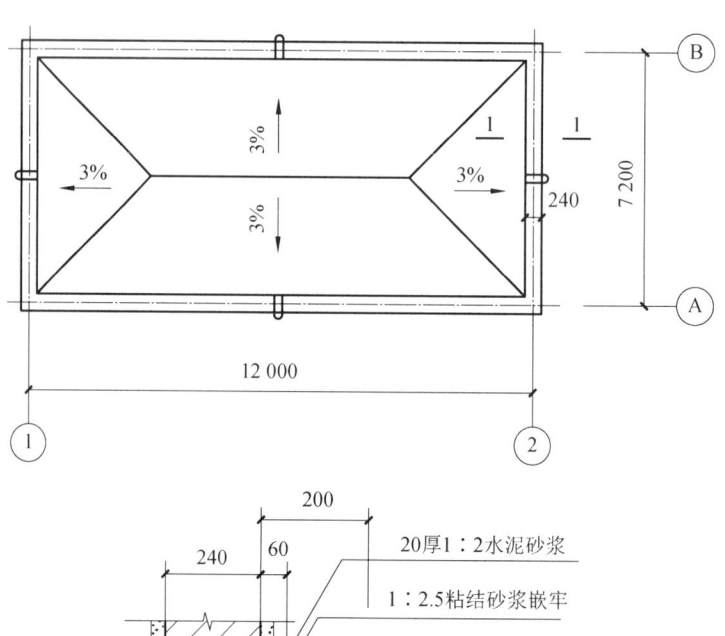

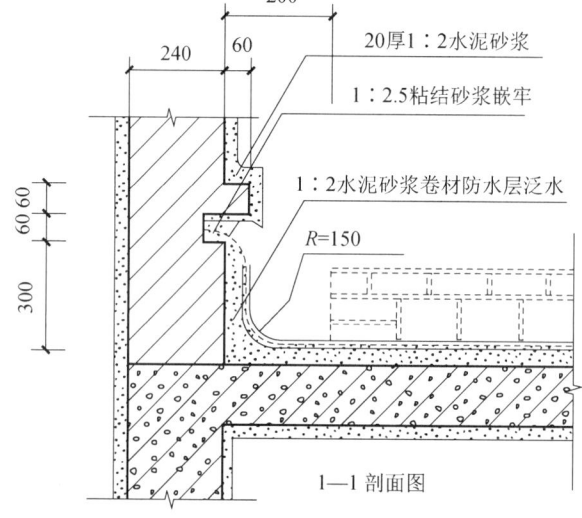

1—1 剖面图

图 5.5.3 某卷材防水屋面平面图(单位:mm)

解

计算过程如表 5.5.5 所示。

表 5.5.5 屋面防水卷材工程量计算过程

分部分项工程	位置	计算表达式	结果
防水卷材	屋面	$(12 \text{ m}-0.24 \text{ m}) \times (7.2 \text{ m}-0.24 \text{ m})+$ $(12 \text{ m}-0.24 \text{ m}+7.2 \text{ m}-0.24 \text{ m}) \times 2 \times 0.3 \text{ m}$	93.08 m²

编制分部分项工程项目清单,如表 5.5.6 所示。

表 5.5.6 屋面卷材防水分部分项工程项目清单

序号	项目编码	项目名称	项目特征	计量单位	工程量
1	010902001001	屋面卷材防水	(1)卷材品种、规格、厚度:再生橡胶卷材。 (2)防水层数:一层。 (3)防水层做法:见节点详图	m^2	93.08

例 5.5.3

某平屋面如图 5.5.4 所示。工程做法为:4 mm 厚高聚物改性沥青卷材防水层一道,卷材沿女儿墙卷起高度为 250 mm;20 mm 厚 1:3 水泥砂浆找平层;1:6 水泥焦渣找 2% 的坡,最薄处 30 mm 厚;60 mm 厚聚苯乙烯泡沫塑料板保温层。计算屋面防水工程量。

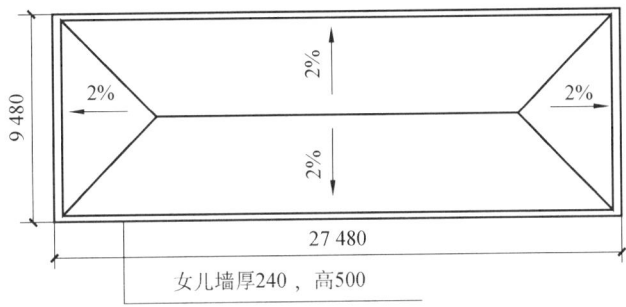

图 5.5.4 某平屋面(单位:mm)

解

屋面防水工程量=(9.48 m−0.24 m×2)×(27.48 m−0.24 m×2)+(9 m+27 m)×2× 0.25 m=261 m^2。

2. 墙面防水、防潮清单项目

墙面防水、防潮清单项目如表 5.5.7 所示。

表 5.5.7 墙面防水、防潮(项目编码:010903)

项目编码	项目名称	项目特征	计量单位	工程量计算规则	工作内容
010903001	墙面卷材防水	(1)卷材品种、规格、厚度; (2)防水层数; (3)防水层做法	m^2	按设计图示尺寸以面积计算	(1)基层处理; (2)刷粘结剂; (3)铺防水卷材; (4)接缝、嵌缝
010903002	墙面涂膜防水	(1)防水膜品种; (2)涂膜厚度、遍数; (3)增强材料种类			(1)基层处理; (2)刷基层处理剂; (3)铺布、喷涂防水层
010903003	墙面砂浆防水(防潮)	(1)防水层做法; (2)砂浆厚度、配合比; (3)钢丝网规格			(1)基层处理; (2)挂钢丝网片; (3)设置分格缝; (4)砂浆制作、运输、摊铺、养护

续表

项目编码	项目名称	项目特征	计量单位	工程量计算规则	工作内容
010903004	墙面变形缝	(1)嵌缝材料种类; (2)止水带材料种类; (3)盖缝材料; (4)防护材料种类	m	按设计图示以长度计算	(1)清缝; (2)填塞防水材料; (3)止水带安装; (4)盖缝制作、安装; (5)刷防护材料

注:1.墙面防水搭接及附加层用量不另行计算,在综合单价中考虑。
　　2.墙面变形缝,若做双面,工程量乘系数2。
　　3.墙面找平层按《计量规范》附录M中的"立面砂浆找平层"项目编码列项。

例 5.5.4

某建筑物一层平面图如图5.5.5所示,防潮层采用冷底子油1遍,石油沥青2遍,计算墙基防潮层工程量。

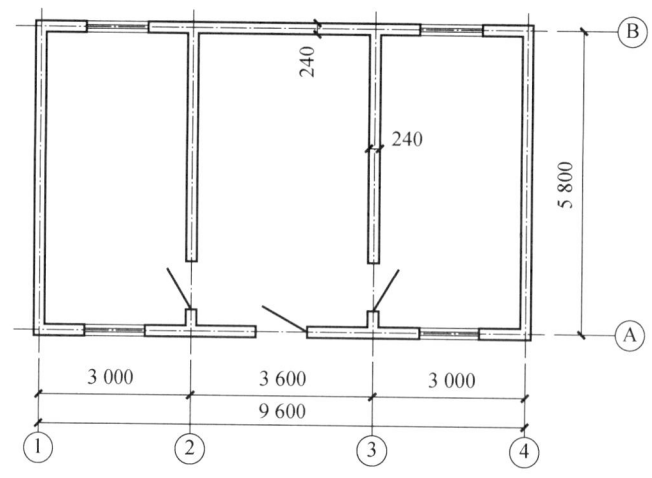

图 5.5.5　某建筑物一层平面图

解

计算过程如表5.5.8所示。

表 5.5.8　墙基防潮层工程量计算过程

分部分项工程	位　置	规　格	计算表达式	结果
墙基防潮层	墙基	外墙中心线长度	(9.60 m+5.80 m)×2	30.80 m
		内墙净长线长度	(5.80 m-0.24 m)×2	11.12 m
		面积	(30.80 m+11.12 m)×0.24 m	10.06 m²

编制分部分项工程项目清单,如表5.5.9所示。

表 5.5.9　墙基防潮层分部分项工程项目清单

序号	项目编码	项目名称	项 目 特 征	计量单位	工程量
1	010903003001	墙基防潮层	冷底子油 1 遍,石油沥青 2 遍	m²	10.06

例 5.5.5

某工程 SBS 改性沥青卷材防水屋面平面图、剖面图如图 5.5.6 所示,其自结构层由下向上的做法为:钢筋混凝土板上用 1∶12 水泥珍珠岩找坡,坡度为 2%,最薄处厚度为 60 mm;保温隔热层上 1∶3 水泥砂浆找平层反边高 300 mm,在找平层上刷冷底子油,加热烤铺,贴 3 mm 厚 SBS 改性沥青防水卷材一道(反边高 300 mm),在防水卷材上抹 1∶2.5 水泥砂浆找平(反边高 300 mm)。不考虑嵌缝,砂浆使用中砂为拌和料,女儿墙不计算,未列项目不补充。编制该屋面卷材防水分部分项工程项目清单。

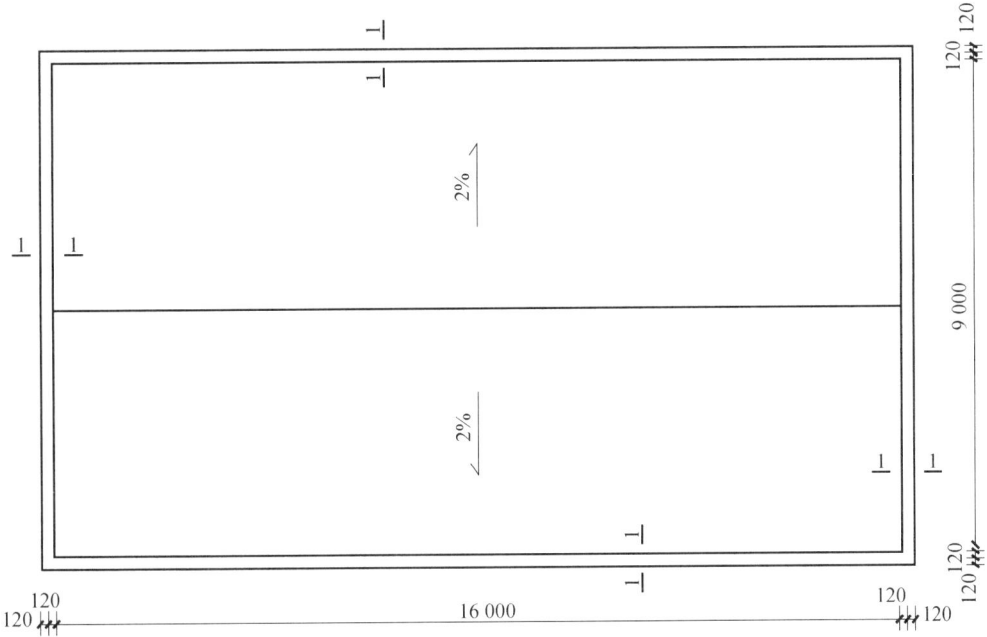

(a) 屋面平面图

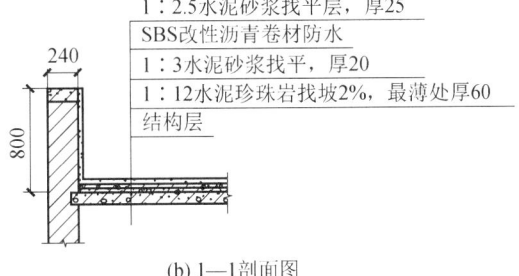

(b) 1—1 剖面图

图 5.5.6　屋面平面图、剖面图(单位:mm)

计算过程如表 5.5.10 所示。为保持工程项目完整性,此处也附上屋面保温及找平层相关计算。

表 5.5.10 卷材防水屋面工程量计算过程

分部分项工程	规格	计算表达式	结 果
屋面保温	面积	16 m×9 m	144 m²
屋面卷材防水	面积	16 m×9 m＋(16 m＋9 m)×2×0.3 m	159 m²
屋面找平层	面积	16 m×9 m＋(16 m＋9 m)×2×0.3 m	159 m²

编制分部分项工程项目清单,如表 5.5.11 所示。

表 5.5.11 卷材防水屋面分部分项工程项目清单

序号	项目编码	项目名称	项目特征	计量单位	工程量
1	011001001001	屋面保温	(1)材料品种:1∶12 水泥珍珠岩。 (2)保温厚度:最薄处为 60 mm	m²	144
2	010902001001	屋面卷材防水	(1)卷材品种、规格、厚度:3 mm 厚 SBS 改性沥青防水卷材。 (2)防水层数:一层。 (3)防水层做法:卷材底刷冷底子油,加热烤铺	m²	159
3	011101006001	屋面砂浆找平层	找平层厚度、砂浆配合比:20 mm 厚 1∶3 水泥砂浆找平层(防水底层),25 mm 厚 1∶2.5 水泥砂浆找平层(防水面层)	m²	159

三、保温、隔热、防腐工程

1. 保温、隔热清单项目

保温、隔热清单项目如表 5.5.12 所示。

表 5.5.12 保温、隔热(项目编码:011001)

项目编码	项目名称	项目特征	计量单位	工程量计算规则	工作内容
011001001	保温隔热屋面	(1)保温隔热材料品种、规格、厚度; (2)隔汽层材料品种、厚度; (3)粘结材料种类、做法; (4)防护材料种类、做法	m²	按设计图示尺寸以面积计算。扣除面积＞0.3 m² 的孔洞及占位面积	(1)基层清理; (2)刷粘结材料; (3)铺粘保温层; (4)铺、刷(喷)防护材料

项目编码	项目名称	项 目 特 征	计量单位	工程量计算规则	工 作 内 容
011001002	保温隔热天棚	(1) 保温隔热面层材料品种、规格、性能； (2) 保温隔热材料品种、规格及厚度； (3) 粘结材料种类及做法； (4) 防护材料种类及做法	m²	按设计图示尺寸以面积计算。扣除面积＞0.3 m²的柱、垛、孔洞所占面积；与天棚相连的梁按展开面积计算，并入天棚工程量	(1) 基层清理； (2) 刷粘结材料； (3) 铺粘保温层； (4) 铺、刷(喷)防护材料
011001003	保温隔热墙面	(1) 保温隔热部位； (2) 保温隔热方式； (3) 踢脚线、勒脚线保温做法； (4) 龙骨材料品种、规格； (5) 保温隔热面层材料品种、规格、性能； (6) 保温隔热材料品种、规格及厚度； (7) 增强网及抗裂防水砂浆种类； (8) 粘结材料种类及做法； (9) 防护材料种类及做法		按设计图示尺寸以面积计算。扣除门窗洞口以及面积＞0.3 m²的梁、孔洞所占面积；门窗洞口侧壁以及与墙相连的柱，并入保温墙体工程量计算	(1) 基层清理； (2) 刷界面剂； (3) 安装龙骨； (4) 填贴保温材料； (5) 保温板安装； (6) 粘贴面层； (7) 铺设增强格网，抹抗裂、防水砂浆面层； (8) 嵌缝； (9) 铺、刷(喷)防护材料
011001004	保温柱、梁			(1) 按设计图示尺寸以面积计算； (2) 柱按设计图示柱断面保温层中心线展开长度乘保温层高度，以面积计算，扣除面积＞0.3 m²的梁所占面积； (3) 梁按设计图示梁断面保温层中心线展开长度乘保温层长度，以面积计算	
011001005	保温隔热楼地面	(1) 保温隔热部位； (2) 保温隔热材料品种、规格、厚度； (3) 隔汽层材料品种、厚度； (4) 粘结材料种类、做法； (5) 防护材料种类、做法		按设计图示尺寸以面积计算。扣除面积＞0.3 m²的柱、垛、孔洞等所占面积。门洞、空圈、暖气包槽、壁龛的开口部分不增加面积	(1) 基层清理； (2) 刷粘结材料； (3) 铺粘保温层； (4) 铺、刷(喷)防护材料
011001006	其他保温隔热	(1) 保温隔热部位； (2) 保温隔热方式； (3) 隔汽层材料品种、厚度； (4) 保温隔热面层材料品种、规格、性能； (5) 保温隔热材料品种、规格及厚度； (6) 粘结材料种类及做法； (7) 增强网及抗裂防水砂浆种类； (8) 防护材料种类及做法		按设计图示尺寸以展开面积计算。扣除面积＞0.3 m²的孔洞及占位面积	(1) 基层清理； (2) 刷界面剂； (3) 安装龙骨； (4) 填贴保温材料； (5) 保温板安装； (6) 粘贴面层； (7) 铺设增强格网，抹抗裂防水砂浆面层； (8) 嵌缝； (9) 铺、刷(喷)防护材料

注：1.保温隔热装饰面层，按《计量规范》附录L、附录M、附录N、附录P、附录Q中相关项目编码列项；仅做找平层按《计量规范》附录L中的"平面砂浆找平层"或附录M中的"立面砂浆找平层"项目编码列项。

2.柱帽保温隔热应并入天棚保温隔热工程量。

3.池槽保温隔热应按"其他保温隔热"项目编码列项。

4.保温隔热方式是指内保温、外保温及夹芯保温。

5.保温柱、梁适用于不与墙、天棚相连的独立柱、梁。

例 5.5.6

某保温柱如图 5.5.7 所示,该柱子采用 65 mm 厚的沥青稻壳板铺贴保温层,柱高 3 m,计算保温柱的工程量并编制相应分部分项工程项目清单。

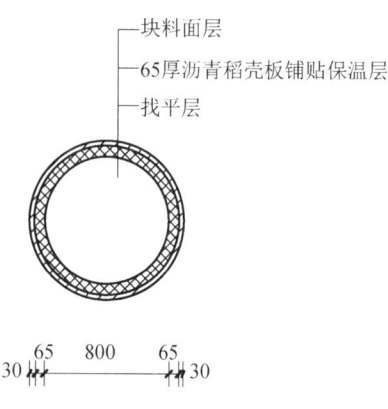

图 5.5.7　某保温柱(单位:mm)

解

计算过程如表 5.5.13 所示。

表 5.5.13　保温柱工程量计算过程

分部分项工程	规格	计算表达式	结果
保温柱	面积	$3.14 \times (0.8\ m + 0.065\ m) \times 3\ m$	8.15 m²

编制分部分项工程项目清单,如表 5.5.14 所示。

表 5.5.14　保温柱分部分项工程项目清单

项目编码	项目名称	项目特征	计量单位	工程量
011001004001	保温柱	(1) 保温隔热部位:保温柱。 (2) 保温隔热方式(内保温、外保温、夹芯保温):夹芯保温。 (3) 踢脚线、勒脚线保温做法:(按图纸说明描述)。 (4) 龙骨材料品种、规格:(按图纸说明描述)。 (5) 保温隔热面层材料品种、规格、性能:(按图纸说明描述)。 (6) 保温隔热材料品种、规格:65 mm 厚沥青稻壳板。 (7) 增强网及抗裂防水砂浆种类:(按图纸说明描述)。 (8) 粘结材料种类:(按图纸说明描述)。 (9) 防护材料种类及做法:(按图纸说明描述)	m²	8.15

例 5.5.7

某建筑外墙保温示意图如图 5.5.8 所示,该工程外墙保温做法:① 基层表面清理;② 刷界面砂浆(厚 5 mm);③ 刷 30 mm 厚胶粉聚苯颗粒;④ 门窗边采用保温做法,宽度为

120 mm。编制该工程外墙面保温的分部分项工程项目清单。

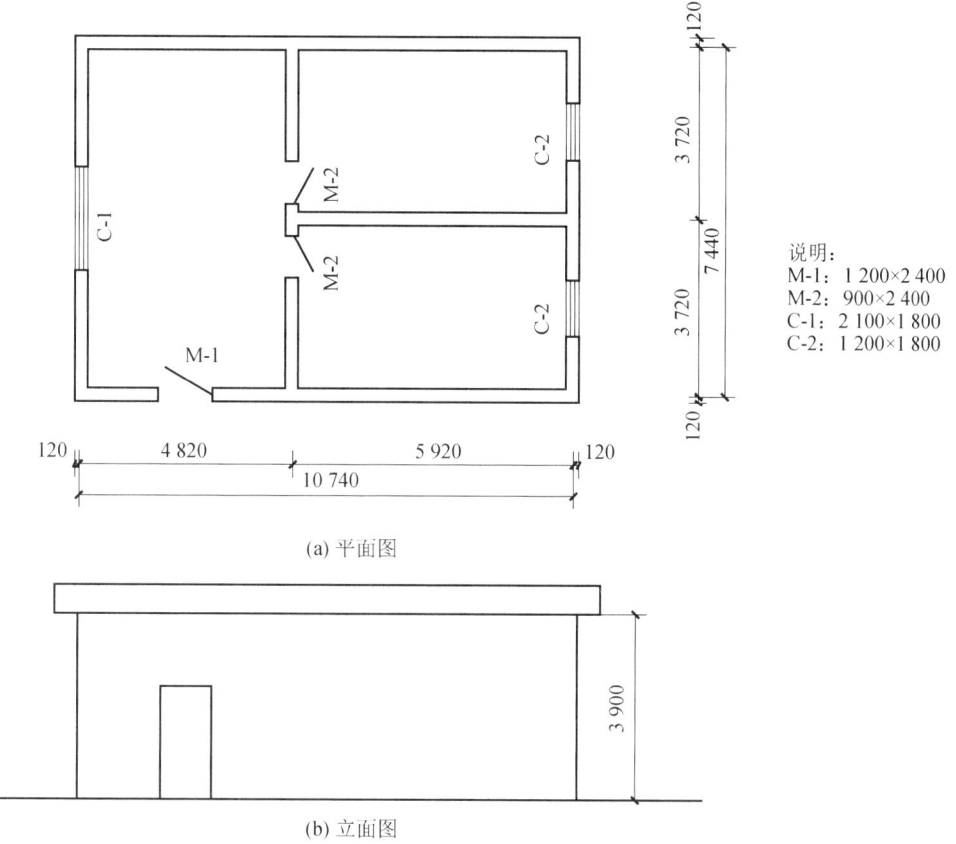

说明:
M-1: 1 200×2 400
M-2: 900×2 400
C-1: 2 100×1 800
C-2: 1 200×1 800

(a) 平面图

(b) 立面图

图 5.5.8 某建筑外墙保温示意图(单位:mm)

解

计算过程如表 5.5.15 所示。

表 5.5.15 外墙保温分部分项工程量计算过程

分部分项工程	位置	规格	计算表达式	结 果
保温墙面	墙面	面积	[(10.74 m+0.24 m)+(7.44 m+0.24 m)]×2× 3.90 m−(1.20 m×2.40 m+2.10 m×1.80 m+ 1.20 m×1.80 m×2)	134.57 m²
	门窗侧边	面积	[(2.10 m+1.80 m)×2+(1.20 m+1.80 m)× 4+(2.40 m×2+1.20 m)]×0.12 m	3.10 m²
	合计	面积	134.57 m²+3.10 m²	137.67 m²

编制分部分项工程项目清单,如表 5.5.16 所示。

表 5.5.16　保温墙面分部分项工程项目清单

序号	项目编码	项目名称	项 目 特 征	计量单位	工程量
1	011001003001	保温墙面	(1) 保温隔热部位:墙面。 (2) 保温隔热方式:外保温。 (3) 保温隔热材料品种、厚度:30 mm 厚胶粉聚苯颗粒。 (4) 基层材料:5 mm 厚界面砂浆	m²	137.67

2. 防腐面层清单项目

防腐面层清单项目如表 5.5.17 所示。

表 5.5.17　防腐面层(项目编码:011002)

项目编码	项目名称	项 目 特 征	计量单位	工程量计算规则	工 作 内 容
011002001	防腐混凝土面层	(1) 防腐部位; (2) 面层厚度; (3) 混凝土种类; (4) 胶泥种类、配合比	m²	(1) 按设计图示尺寸以面积计算。 (2) 平面防腐:扣除凸出地面的构筑物、设备基础等以及面积>0.3 m² 的孔洞、柱、垛等所占面积,门洞、空圈、暖气包槽、壁龛的开口部分不增加面积。 (3) 立面防腐:扣除门、窗、洞口以及面积>0.3 m² 的孔洞、梁所占面积,门、窗、洞口侧壁、垛突出部分按展开面积并入墙面积计算	(1) 基层清理; (2) 基层刷稀胶泥; (3) 混凝土制作、运输、摊铺、养护
011002002	防腐砂浆面层	(1) 防腐部位; (2) 面层厚度; (3) 砂浆、胶泥种类、配合比			(1) 基层清理; (2) 基层刷稀胶泥; (3) 砂浆制作、运输、摊铺、养护
011002003	防腐胶泥面层	(1) 防腐部位; (2) 面层厚度; (3) 胶泥种类、配合比			(1) 基层清理; (2) 胶泥调制、摊铺
011002004	玻璃钢防腐面层	(1) 防腐部位; (2) 玻璃钢种类; (3) 贴布材料的种类、层数; (4) 面层材料品种			(1) 基层清理; (2) 刷底漆,刮腻子; (3) 胶浆配制、涂刷; (4) 粘布、涂刷面层
011002005	聚氯乙烯板面层	(1) 防腐部位; (2) 面层材料品种、厚度; (3) 粘结材料种类			(1) 基层清理; (2) 配料、涂胶; (3) 聚氯乙烯板铺设
011002006	块料防腐面层	(1) 防腐部位; (2) 块料品种、规格; (3) 粘结材料种类; (4) 勾缝材料种类			(1) 基层清理; (2) 铺贴块料; (3) 胶泥调制、勾缝
011002007	池、槽块料防腐面层	(1) 防腐池、槽名称、代号; (2) 块料品种、规格; (3) 粘结材料种类; (4) 勾缝材料种类		按设计图示尺寸以展开面积计算	

注:防腐踢脚线,应按《计量规范》附录 L 中的"踢脚线"项目编码列项。

例 5.5.8

某建筑平面图如图 5.5.9 所示,地面做法示意图如图 5.5.10 所示,计算耐酸沥青混凝土地面工程量,踢脚线高度为 150 mm。

解

计算过程如表 5.5.18 所示。为保持工程完整性,此处附上踢脚线相关内容。

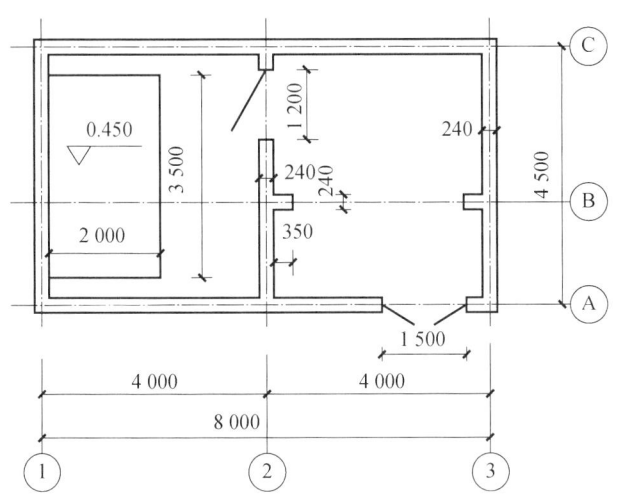

图 5.5.9 某建筑平面图(单位:mm)

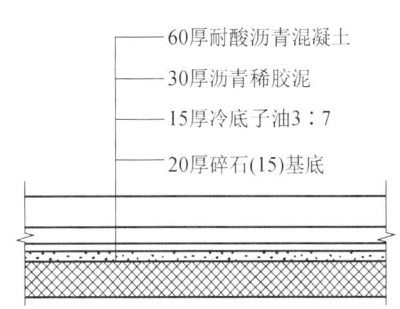

图 5.5.10 地面做法示意图(单位:mm)

表 5.5.18 防腐面层工程量计算过程

分部分项工程	位置	规格	计算表达式	结果
耐酸沥青混凝土地面	地面	面积	$(8.00\text{ m}-0.24\text{ m})\times(4.50\text{ m}-0.24\text{ m})-0.24\text{ m}\times0.35\text{ m}\times2-3.50\text{ m}\times2.00\text{ m}-0.24\text{ m}\times(4.50\text{ m}-0.24\text{ m})+1.20\text{ m}\times0.24\text{ m}$	25.16 m²
耐酸沥青混凝土踢脚线	踢脚线	面积	$(4.50\text{ m}-0.24\text{ m}+4.00\text{ m}-0.24\text{ m})\times2\times0.15\text{ m}+2.00\text{ m}\times2\times0.15\text{ m}-1.20\text{ m}\times0.15\text{ m}+0.12\text{ m}\times2\times0.15\text{ m}+(4.50\text{ m}-0.24\text{ m}+4.00\text{ m}-0.24\text{ m})\times2\times0.15\text{ m}-1.20\text{ m}\times0.15\text{ m}-1.50\text{ m}\times0.15\text{ m}+0.12\text{ m}\times2\times0.15\text{ m}+0.35\text{ m}\times0.15\text{ m}\times4+0.12\text{ m}\times0.15\text{ m}\times2$	5.15 m²

编制分部分项工程项目清单,如表5.5.19所示。

表 5.5.19 防腐面层分部分项工程项目清单

序号	项目编码	项目名称	项目特征	计量单位	工程量
1	011002001001	防腐混凝土面层	(1)防腐部位:地面。 (2)面层厚度:60 mm。 (3)混凝土种类:60 mm厚耐酸沥青混凝土。 (4)胶泥种类、配合比:30 mm厚沥青稀胶泥	m²	25.16
2	011105001001	防腐混凝土踢脚线	(1)踢脚线高度:150 mm。 (2)底层厚度、砂浆配合比:15 mm厚冷底子油3∶7。 (3)面层厚度、砂浆配合比:60 mm厚耐酸沥青混凝土	m²	5.15

3. 其他防腐清单项目

其他防腐清单项目如表5.5.20所示。

表 5.5.20　其他防腐(项目编码:011003)

项目编码	项目名称	项 目 特 征	计量单位	工程量计算规则	工 作 内 容
011003001	隔离层	(1) 隔离层部位; (2) 隔离层材料品种; (3) 隔离层做法; (4) 粘贴材料种类	m^2	(1) 按设计图示尺寸以面积计算。 (2) 平面防腐:扣除凸出地面的构筑物、设备基础等以及面积>0.3 m^2 的孔洞、柱、垛等所占面积,门洞、空圈、暖气包槽、壁龛的开口部分不增加面积。 (3) 立面防腐:扣除门、窗、洞口以及面积>0.3 m^2 的孔洞、梁所占面积,门、窗、洞口侧壁、垛突出部分按展开面积并入墙面积计算	(1) 基层清理、刷油; (2) 煮沥青; (3) 胶泥调制; (4) 隔离层铺设
011003002	砌筑沥青浸渍砖	(1) 砌筑部位; (2) 浸渍砖规格; (3) 胶泥种类; (4) 浸渍砖砌法	m^3	按设计图示尺寸以体积计算	(1) 基层清理; (2) 胶泥调制; (3) 浸渍砖铺砌
011003003	防腐涂料	(1) 涂刷部位; (2) 基层材料类型; (3) 刮腻子的种类、遍数; (4) 涂料品种,刷涂遍数	m^2	(1) 按设计图示尺寸以面积计算。 (2) 平面防腐:扣除凸出地面的构筑物、设备基础等以及面积>0.3 m^2 的孔洞、柱、垛等所占面积,门洞、空圈、暖气包槽、壁龛的开口部分不增加面积。 (3) 立面防腐:扣除门、窗、洞口以及面积>0.3 m^2 的孔洞、梁所占面积,门、窗、洞口侧壁、垛突出部分按展开面积并入墙面积计算	(1) 基层清理; (2) 刮腻子; (3) 刷涂料

注:"浸渍砖砌法"指平砌或立砌。

例 5.5.9

某库房地面做 1∶0.533∶0.533∶3.121 不发火沥青砂浆防腐面层,踢脚线抹 1∶0.3∶1.5∶4 铁屑砂浆,厚度均为 20 mm,踢脚线高度为 200 mm,如图 5.5.11 所示,墙厚均为 240 mm,门洞地面做防腐面层,侧边不做踢脚线。试编制该库房工程防腐面层的分部分项工程项目清单。

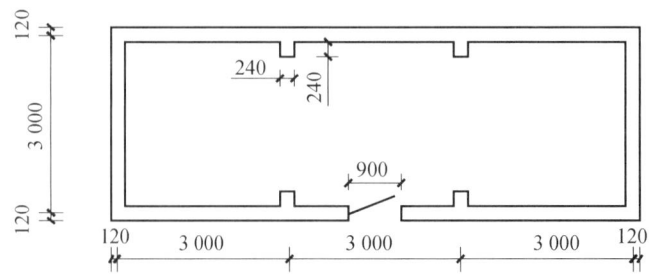

图 5.5.11　某库房地面面层示意图(单位:mm)

解

计算过程如表 5.5.21 所示。为保持工程项目的完整性,此处附上踢脚线相关内容。

表 5.5.21 防腐面层及踢脚线分部分项工程量计算过程

分部分项工程	规格	计算表达式	结果
防腐砂浆面层	面积	(9.00 m−0.24 m)×(3.00 m−0.24 m)	24.18 m²
砂浆踢脚线	长度	(9.00 m−0.24 m+0.24 m×4+3.00 m−0.24 m)×2−0.90 m	24.06 m

注:依据《计量规范》,防腐地面不扣除≤0.3 m² 的垛的面积,不增加门洞开口部分面积。

编制分部分项工程项目清单,如表 5.5.22 所示。

表 5.5.22 防腐面层及踢脚线分部分项工程项目清单

序号	项目编码	项目名称	项目特征	计量单位	工程量
1	011002002001	防腐砂浆面层	(1) 防腐部位:地面。 (2) 面层厚度:20 mm。 (3) 砂浆、胶泥种类、配合比:不发火沥青砂浆 1:0.533:0.533:3.121	m²	24.18
2	011105001001	铁屑砂浆踢脚线	(1) 踢脚线高度:200 mm。 (2) 面层厚度:20 mm。 (3) 铁屑砂浆配合比:1:0.3:1.5:4	m	24.06

例 5.5.10

某仓库防腐地面、踢脚线抹铁屑砂浆,厚度为 20 mm,如图 5.5.12 所示,计算地面、踢脚线防腐工程量。

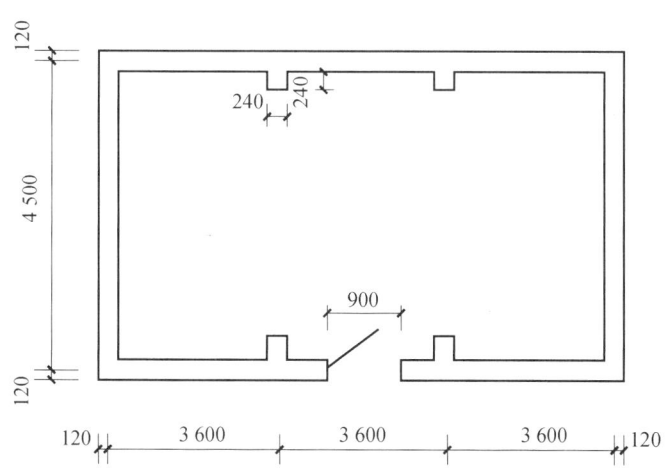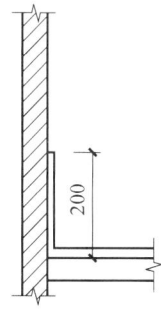

图 5.5.12 某仓库防腐地面、踢脚线尺寸(单位:mm)

解

地面防腐工程量=(10.80 m−0.24 m)×(4.50 m−0.24 m)=44.99 m²。

踢脚线防腐工程量＝［(10.80 m－0.24 m＋0.24 m×4＋4.50 m－0.24 m)×2－0.90 m＋0.12 m×2］×0.20 m＝6.18 m²。

任务 6 建筑装饰工程计量

一、楼地面工程计量

建筑装饰工程是指房屋建筑施工中包括抹灰、油漆、刷浆、玻璃、裱糊、饰面、罩面板和花饰等工艺的工程。它是房屋建筑施工中非常重要的一个施工过程,其具体内容包括内外墙面和顶棚的抹灰,内外墙饰面和镶面、楼地面的饰面、房屋立面花饰的安装,门窗等木制品和金属品的油漆刷浆等,是对整个建筑工程项目室内、室外进行的全过程的建筑装饰工程活动。

建筑装饰工程预算,是指在执行工程建设程序过程中,根据不同的设计阶段、设计文件的具体内容和国家规定的定额指标以及各种取费标准,预先计算和确定每项建筑装饰工程所需全部投资额的经济文件。它是装饰工程在不同建设阶段经济上的反映,是按照国家规定的特殊计划程序,预先计算和确定装饰工程价格的计划文件。

建筑的楼地面工程分为地面工程与楼面工程。地面工程一般由基层、垫层、找平层、结合层和面层组成,如图 5.6.1 所示。楼面工程一般由楼板(垫层)、找平层、结合层和面层组成,如图 5.6.2 所示。

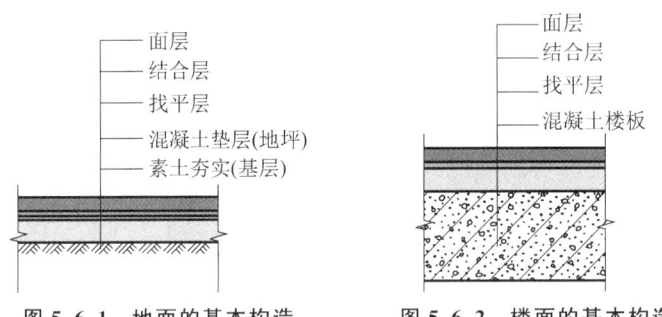

图 5.6.1　地面的基本构造　　　图 5.6.2　楼面的基本构造

找平层是指为铺设楼地面面层所做的平整底层,起到找平、找坡的作用。找平层可以用水泥砂浆、细石混凝土或者沥青砂浆来制作完成;多选用 1∶2～1∶3 的水泥砂浆或强度等级为 C10～C20 的细石混凝土作为找平层。

结合层是指面层与找平层相结合的中间层;常用 1∶1～1∶3 的水泥砂浆作为结合层。

面层是楼地面的表层,它直接受外界各种因素的作用。楼地面通常由面层所用的材料来命名,如水泥砂浆楼地面、毛毯楼地面、块料楼地面等。面层主要可分为整体式面层、块料面层、塑料橡胶面层、地毯面层、木地板面层、防静电活动地板面层、金属复合地板面层、环氧自流坪地面等。

楼地面装饰工程的做法主要包括整体面层及找平层、块料面层、橡塑面层、其他材料面层、踢脚线、楼梯面层、台阶装饰等。

1. 整体面层及找平层

整体面层及找平层有水泥砂浆楼地面、现浇水磨石楼地面、细石混凝土楼地面、菱苦土楼地面、自流坪楼地面、平面砂浆找平层项目,如表 5.6.1 所示。

表 5.6.1　整体面层及找平层(项目编码:011101)

项目编码	项目名称	项 目 特 征	计量单位	工程量计算规则	工 作 内 容
011101001	水泥砂浆楼地面	(1) 找平层厚度,砂浆配合比; (2) 素水泥浆遍数; (3) 面层厚度,砂浆配合比; (4) 面层做法要求	m²	按设计图示尺寸以面积计算。扣除凸出地面构筑物、设备基础、室内管道、地沟等所占面积,不扣除间壁墙及面积≤0.3 m² 的柱、垛、附墙烟囱及孔洞所占面积。门洞、空圈、暖气包槽、壁龛的开口部分不增加面积	(1) 基层清理; (2) 抹找平层; (3) 抹面层; (4) 材料运输
011101002	现浇水磨石楼地面	(1) 找平层厚度,砂浆配合比; (2) 面层厚度,水泥石子浆配合比; (3) 嵌条材料种类、规格; (4) 石子种类、规格、颜色; (5) 颜料种类、颜色; (6) 图案要求; (7) 磨光、酸洗、打蜡要求			(1) 基层清理; (2) 抹找平层; (3) 面层铺设; (4) 嵌缝条安装; (5) 磨光、酸洗、打蜡; (6) 材料运输
011101003	细石混凝土楼地面	(1) 找平层厚度,砂浆配合比; (2) 面层厚度,混凝土强度等级			(1) 基层清理; (2) 抹找平层; (3) 面层铺设; (4) 材料运输
011101004	菱苦土楼地面	(1) 找平层厚度,砂浆配合比; (2) 面层厚度; (3) 打蜡要求			(1) 基层清理; (2) 抹找平层; (3) 面层铺设; (4) 打蜡; (5) 材料运输
011101005	自流坪楼地面	(1) 找平层砂浆配合比、厚度; (2) 界面剂材料种类; (3) 中层漆材料种类、厚度; (4) 面漆材料种类、厚度; (5) 面层材料种类			(1) 基层处理; (2) 抹找平层; (3) 涂界面剂; (4) 涂刷中层漆; (5) 打磨、吸尘; (6) 镘自流平面漆(浆); (7) 拌和自流平浆料; (8) 铺面层
011101006	平面砂浆找平层	找平层厚度,砂浆配合比		按设计图示尺寸以面积计算	(1) 基层清理; (2) 抹找平层; (3) 材料运输

注:1.水泥砂浆面层处理是拉毛还是提浆压光应在面层做法要求中描述。
　　2.平面砂浆找平层只适用于仅做找平层的平面抹灰。
　　3.间壁墙指厚度≤120 mm 的墙。
　　4.楼地面混凝土垫层另按《计量规范》附录 E 中的"垫层"项目编码列项;除混凝土外的其他材料垫层按《计量规范》附录 D 中的"垫层"项目编码列项。

1) 水泥砂浆楼地面

水泥砂浆楼地面是指用 1：3 或 1：2.5 的水泥砂浆在基层上抹 15～20 mm 厚,抹平后待其终凝前再用铁板压光而形成的楼地面。水泥砂浆楼地面施工工艺:检验水泥、砂子→配合比试验→技术交底→准备机具设备→基层处理→找标高→贴饼冲筋→搅拌→铺设砂浆面层→木抹子搓平→铁抹子压第一遍→第二遍压光→第三遍压光→养护→检查验收。其特点是构造简单、坚固耐磨、防水防潮、造价低廉;缺点是导热系数大,舒适性较差,是一种较为低档的楼地面处理手法。

水泥砂浆楼地面构造如图 5.6.3 所示。

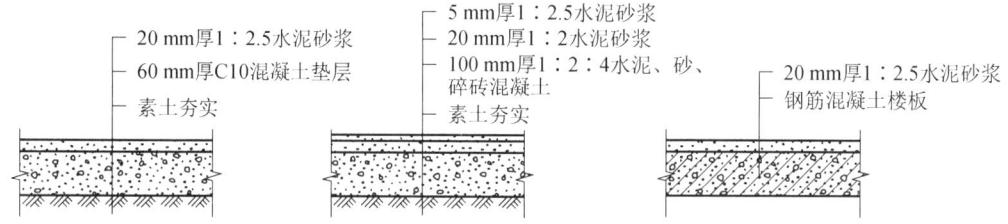

图 5.6.3　水泥砂浆楼地面构造

例 5.6.1

某建筑物底层平面图如图 5.6.4 所示,计算该建筑物水泥砂浆地面的工程量。

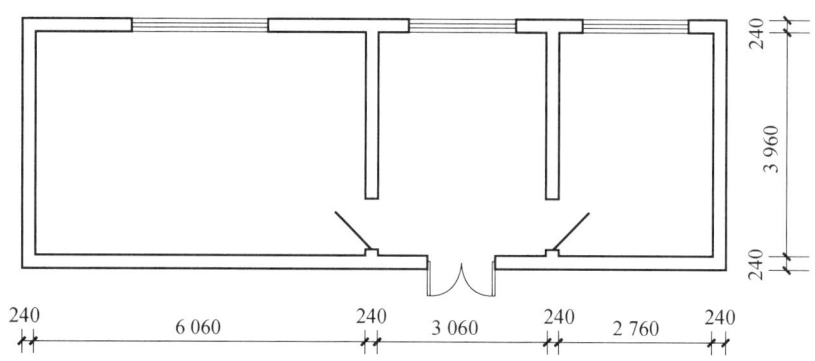

图 5.6.4　某建筑物底层平面图(单位:mm)

解

(1) 建筑物水泥砂浆地面的清单工程量:

$S = 3.96 \text{ m} \times 6.06 \text{ m} + 3.06 \text{ m} \times 3.96 \text{ m} + 2.76 \text{ m} \times 3.96 \text{ m} = 47.04 \text{ m}^2$。

(2) 定额工程量计算(与清单工程量计算方法相同):

$S = 3.96 \text{ m} \times 6.06 \text{ m} + 3.06 \text{ m} \times 3.96 \text{ m} + 2.76 \text{ m} \times 3.96 \text{ m} = 47.04 \text{ m}^2$。

2) 现浇水磨石楼地面

现浇水磨石楼地面是用水泥砂浆将天然的石子拌和在一起,浇抹结硬,再经磨光打蜡而形成的楼地面。现浇水磨石楼地面施工工艺流程:基层处理→找标高→弹水平层→铺抹找平层砂浆→弹分格线→嵌分格条→拌制水磨石拌合料→涂刷水泥浆结合层→铺水磨石拌合料→滚压、抹平→试磨→粗磨→细磨→磨光→草酸清洗→打蜡上光。现浇水磨石楼地面具有质地较为美观、表面光洁、易清洁、耐久性好、耐油耐碱等特点,通常用于公共建筑门厅、走道、主要房间的地面。

现浇水磨石楼地面构造如图 5.6.5 所示。

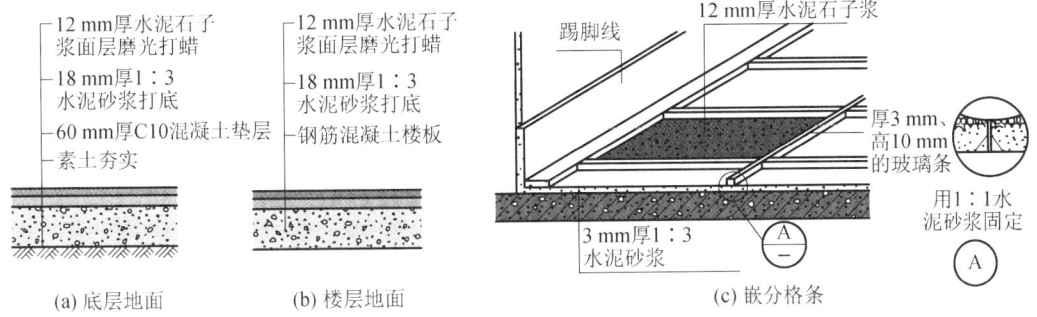

图 5.6.5　现浇水磨石楼地面构造

例 5.6.2

图 5.6.6 所示为某建筑物平面图,地面构造做法为:① 12 mm 厚水泥石子浆磨光打蜡;② 18 mm 厚 1∶3 水泥砂浆打底;③ 60 mm 厚 C10 混凝土;④ 素土夯实。试计算现浇水磨石地面工程量。

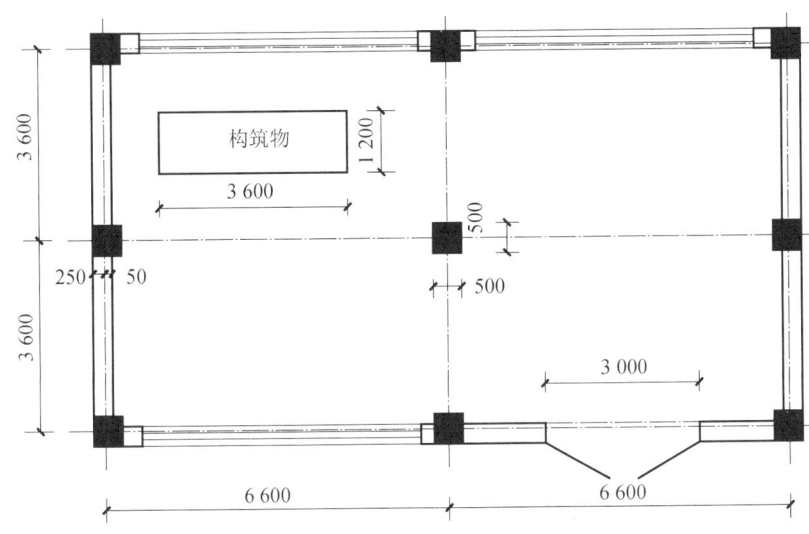

图 5.6.6　某建筑物平面图(单位:mm)

解

(1)该建筑物内设有凸出地面构筑物、独立柱及柱垛。

柱所占面积 $S_1 = 0.50 \text{ m} \times 0.50 \text{ m} = 0.25 \text{ m}^2$。

柱垛所占面积 $S_2 = 0.20 \text{ m} \times 0.50 \text{ m} = 0.10 \text{ m}^2$。

柱及柱垛所占面积均小于 0.3 m^2,所以现浇水磨石地面工程量中只扣除凸出地面构筑物所占面积,不扣除柱、垛所占面积,门洞开口部分也不增加面积。

（2）工程量计算：

现浇水磨石地面工程量＝设计图示尺寸面积－凸出地面构筑物所占面积，S_3＝（6.60 m× 2－0.05 m×2）×（3.60 m×2－0.05 m×2）－1.20 m×3.60 m＝88.69 m²。

2. 块料面层

块料面层是以陶制材料制品及天然石材等为主要材料，用建筑砂浆或粘结剂作为结合材料的楼地面，包括石材楼地面、碎石材楼地面、块料楼地面等，如表 5.6.2 所示。

表 5.6.2　块料面层（项目编码：011102）

项目编码	项目名称	项 目 特 征	计量单位	工程量计算规则	工 作 内 容
011102001	石材楼地面	（1）找平层厚度，砂浆配合比； （2）结合层厚度，砂浆配合比； （3）面层材料品种、规格、颜色； （4）嵌缝材料种类； （5）防护层材料种类； （6）酸洗、打蜡要求	m²	按设计图示尺寸以面积计算。门洞、空圈、暖气包槽、壁龛的开口部分并入相应的工程量计算	（1）基层清理，抹找平层； （2）面层铺设、磨边； （3）嵌缝； （4）刷防护材料； （5）酸洗、打蜡； （6）材料运输
011102002	碎石材楼地面				
011102003	块料楼地面				

注：1. 在描述碎石材项目的面层材料特征时可不描述规格、品牌、颜色。

2. 石材、块料与粘结材料的结合面所刷防渗材料的种类在防护层材料种类中描述。

3. 本表工作内容中的"磨边"指施工现场磨边，此后涉及的"磨边"含义与此相同。

1）石材楼地面

石材楼地面包括大理石楼地面和花岗石楼地面等。

大理石面层具有斑驳纹理，色泽鲜艳美丽，常用于大型公共建筑（如宾馆、展厅、商场、机场、车站等）室内墙面、地面、楼梯踏板、栏板、窗台板等，也用于室内外家具台面。个人住宅一般窗台板、卫生间台面、局部地面、局部墙面、一些软装饰也会用到大理石。大理石通常在工厂加工成 20～30 mm 厚的板材，每块大小一般为 300 mm×300 mm～800 mm×800 mm。大理石铺砌后，表面应粘贴纸张或覆盖保护层加以保护，待结合层强度达到 60%～70% 后，方可进行细磨和打蜡。

花岗石石材是没有彩色条纹的，多数只有彩色斑点，还有的是纯色，材质坚硬密实，硬度较高、耐磨，不易风化变质，外观色泽可保持一百年以上，所以常用于高级建筑装饰工程，在家居装饰装修中更适用于室外阳台、庭院、客（餐）厅的地面及窗台。花岗石通常被加工成条形和块状，厚度较大，为 50～150 mm，以砂、混凝土或钢筋混凝土为基层铺设。花岗石地面铺装构造示意图如图 5.6.7 所示。

2）碎石材楼地面

碎石材楼地面按设计图示尺寸以面积计算。门洞、空圈、暖气包槽、壁龛的开口部分并入相应的工程量计算。

3）块料楼地面

块料面层包括水泥花砖、马赛克（小瓷砖）、陶砖、预制水磨石板、混凝土板、花岗石板、青

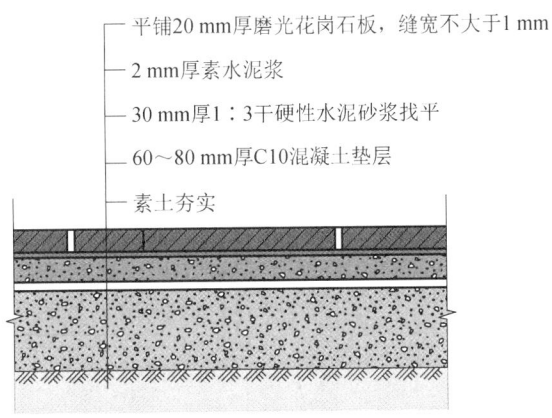

平铺20 mm厚磨光花岗石板,缝宽不大于1 mm

2 mm厚素水泥浆

30 mm厚1:3干硬性水泥砂浆找平

60~80 mm厚C10混凝土垫层

素土夯实

图 5.6.7 花岗石地面铺装构造示意图

(红)砖面层等。块料面层的优点是表面洁净,图案清晰,色泽一致,接缝均匀,周边顺直,勾缝平整光滑。块料楼地面的施工工艺:基层清理→铺设垫层→找坡→铺设防水层→抹找平层砂浆→弹铺砖控制线→铺设粘结层→铺砖→勾缝、擦缝→养护。

块料面层铺装构造示意图如图 5.6.8 所示。

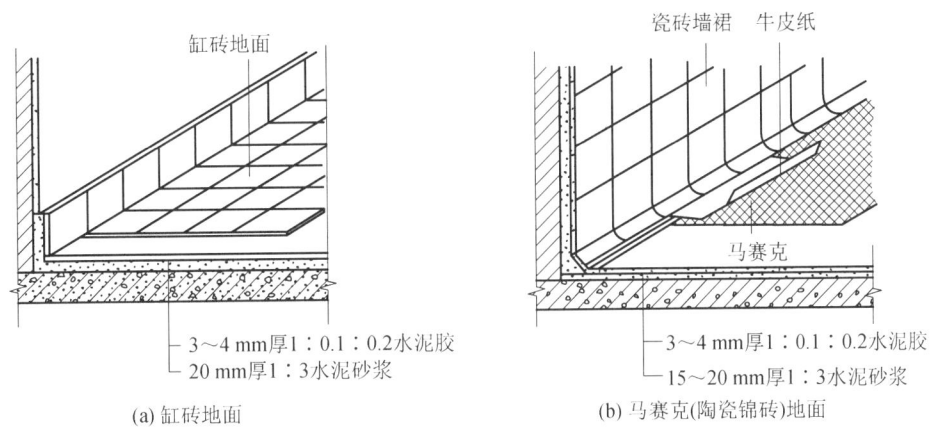

瓷砖墙裙   牛皮纸

缸砖地面

马赛克

3~4 mm厚1:0.1:0.2水泥胶
20 mm厚1:3水泥砂浆

3~4 mm厚1:0.1:0.2水泥胶
15~20 mm厚1:3水泥砂浆

(a) 缸砖地面

(b) 马赛克(陶瓷锦砖)地面

图 5.6.8 块料面层铺装构造示意图

例 5.6.3

图 5.6.9 所示为某建筑物底层平面图,室内地面均铺设大理石,墙厚 240 mm,计算该建筑物大理石地面工程量。

解

该建筑物大理石地面的工程量:

$S = (4.80 \text{ m} - 0.24 \text{ m}) \times (5.10 \text{ m} - 0.24 \text{ m}) + (4.80 \text{ m} - 0.24 \text{ m}) \times (3.00 \text{ m} - 0.24 \text{ m}) + (4.50 \text{ m} - 0.24 \text{ m}) \times (3.60 \text{ m} - 0.24 \text{ m}) + (4.50 \text{ m} - 0.24 \text{ m}) \times (4.50 \text{ m} - 0.24 \text{ m}) + 2.10 \text{ m} \times 0.24 \text{ m} + 1.20 \text{ m} \times 0.24 \text{ m} \times 3 = 68.58 \text{ m}^2$。

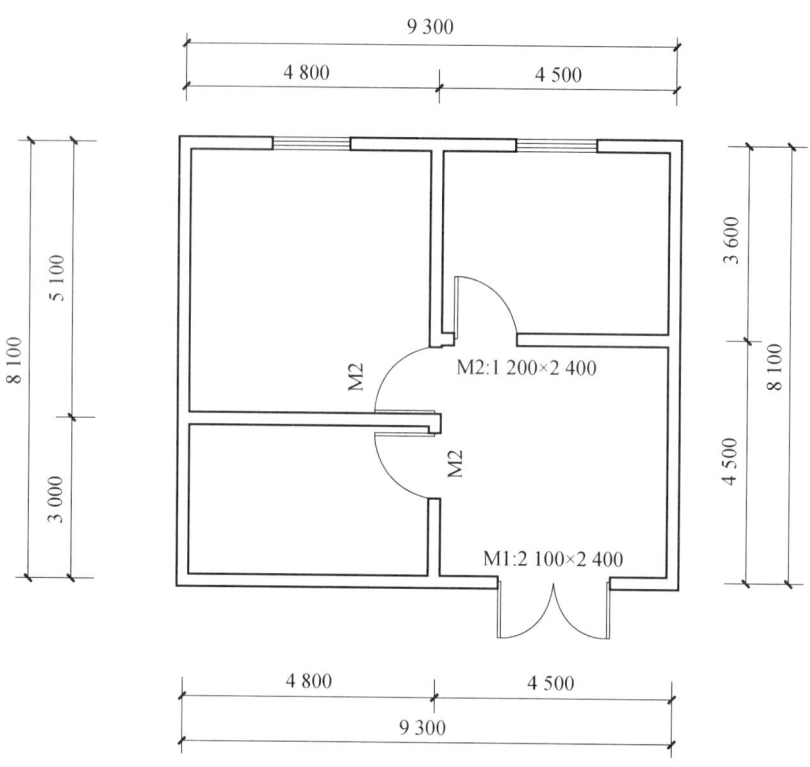

图 5.6.9 某建筑物底层平面图(单位:mm)

3. 橡塑面层

橡塑面层是指以天然橡胶或以含有适量填料的合成橡胶制成的复合板材。它具有吸声、绝缘、耐磨、弹性好、防滑等优点,多用于有绝缘、清洁、耐磨要求的场所。

橡塑面层有橡胶板楼地面、橡胶板卷材楼地面、塑料板楼地面、塑料卷材楼地面等项目,如表 5.6.3 所示。

表 5.6.3　橡塑面层(项目编码:011103)

项目编码	项目名称	项目特征	计量单位	工程量计算规则	工作内容
011103001	橡胶板楼地面	(1)粘结层厚度,材料种类; (2)面层材料品种、规格、颜色; (3)压线条种类	m²	按设计图示尺寸以面积计算。门洞、空圈、暖气包槽、壁龛的开口部分并入相应的工程量计算	(1)基层清理; (2)面层铺贴; (3)压缝条装钉; (4)材料运输
011103002	橡胶板卷材楼地面				
011103003	塑料板楼地面				
011103004	塑料卷材楼地面				

注:本表项目中如涉及找平层,另按《计量规范》附录 L 中的"找平层"项目编码列项。

例 5.6.4

图 5.6.10 所示为某建筑物底层平面图,计算该建筑物铺设橡胶板面层的工程量。

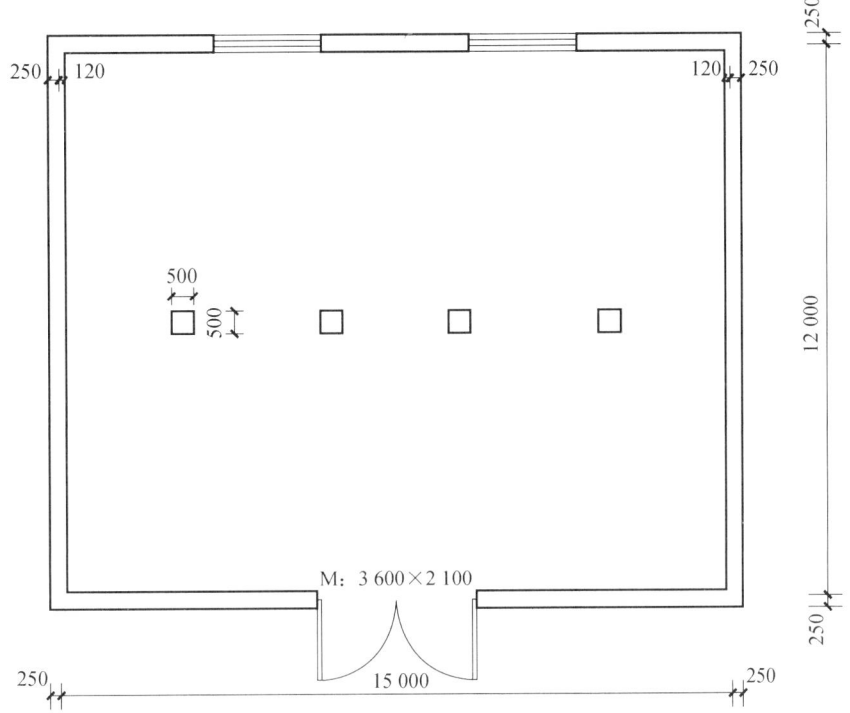

图 5.6.10　某建筑物底层平面图(单位:mm)

解

(1)该建筑物铺设橡胶板面层的清单工程量:

$S = (15.00 \text{ m} - 0.24 \text{ m}) \times (12.00 \text{ m} - 0.24 \text{ m}) + (3.60 \text{ m} \times 0.37 \text{ m}) - (0.50 \text{ m} \times 0.50 \text{ m}) \times 4 = 173.91 \text{ m}^2$。

(2)定额工程量计算(与清单工程量计算方法相同):

$S = (15.00 \text{ m} - 0.24 \text{ m}) \times (12.00 \text{ m} - 0.24 \text{ m}) + (3.60 \text{ m} \times 0.37 \text{ m}) - (0.50 \text{ m} \times 0.50 \text{ m}) \times 4 = 173.91 \text{ m}^2$。

4. 其他材料面层

其他材料面层有地毯楼地面,竹、木复合地板,金属复合地板,防静电活动地板等项目,如表 5.6.4 所示。

例 5.6.5

图 5.6.11 所示为某建筑物底层平面图,墙厚 240 mm,计算该建筑物铺设地毯地面的工程量。

解

(1)该建筑物铺设地毯地面的清单工程量:

$S = (3.60 \text{ m} - 0.24 \text{ m}) \times (6.30 \text{ m} - 0.24 \text{ m}) + (6.30 \text{ m} - 0.24 \text{ m}) \times (3.30 \text{ m} - 0.24 \text{ m}) + (3.60 \text{ m} - 0.24 \text{ m}) \times (3.30 \text{ m} + 3.60 \text{ m} - 0.24 \text{ m}) + 1.50 \text{ m} \times 0.24 \text{ m} + 1.20 \text{ m} \times 0.24 \text{ m} \times 2 = 62.22 \text{ m}^2$。

(2)定额工程量计算(与清单工程量计算方法相同):

$S = (3.60 \text{ m} - 0.24 \text{ m}) \times (6.30 \text{ m} - 0.24 \text{ m}) + (6.30 \text{ m} - 0.24 \text{ m}) \times (3.30 \text{ m} - 0.24 \text{ m}) + (3.60 \text{ m} - 0.24 \text{ m}) \times (3.30 \text{ m} + 3.60 \text{ m} - 0.24 \text{ m}) + 1.50 \text{ m} \times 0.24 \text{ m} + 1.20 \text{ m} \times 0.24 \text{ m} \times 2 = 62.22 \text{ m}^2$。

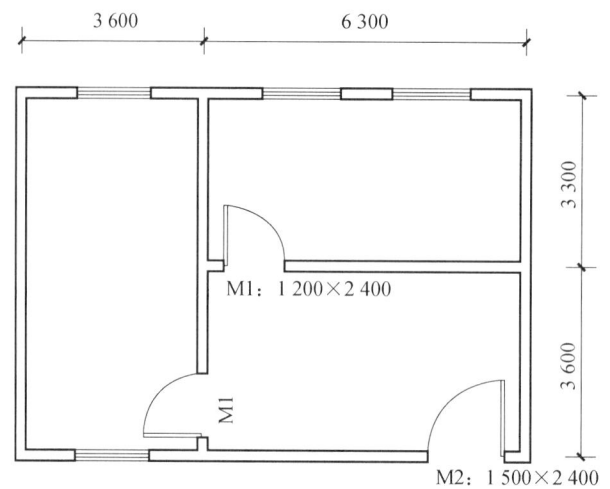

图 5.6.11　某建筑物底层平面图(单位:mm)

表 5.6.4　其他材料面层(项目编码:011104)

项目编码	项目名称	项目特征	计量单位	工程量计算规则	工作内容
011104001	地毯楼地面	(1)面层材料品种、规格、颜色; (2)防护材料种类; (3)粘结材料种类; (4)压线条种类	m²	按设计图示尺寸以面积计算。门洞、空圈、暖气包槽、壁龛的开口部分并入相应的工程量计算	(1)基层清理; (2)铺贴面层; (3)刷防护材料; (4)装钉压条; (5)材料运输
011104002	竹、木复合地板	(1)龙骨材料种类、规格,铺设间距; (2)基层材料种类、规格; (3)面层材料品种、规格、颜色; (4)防护材料种类			(1)基层清理; (2)龙骨铺设; (3)基层铺设; (4)面层铺贴; (5)刷防护材料; (6)材料运输
011104003	金属复合地板				
011104004	防静电活动地板	(1)支架高度,材料种类; (2)面层材料品种、规格、颜色; (3)防护材料种类			(1)基层清理; (2)固定支架安装; (3)活动面层安装; (4)刷防护材料; (5)材料运输

5. 踢脚线

踢脚线常见的有水泥砂浆踢脚线、石材踢脚线、块料踢脚线、塑料板踢脚线、木质踢脚线、金属踢脚线和防静电踢脚线等做法,如表 5.6.5 所示。

表 5.6.5　踢脚线(项目编码:011105)

项目编码	项目名称	项 目 特 征	计量单位	工程量计算规则	工 作 内 容
011105001	水泥砂浆踢脚线	(1)踢脚线高度; (2)底层厚度,砂浆配合比; (3)面层厚度,砂浆配合比	m² 或 m	(1)以平方米计量,按设计图示长度乘高度,以面积计算; (2)以米计量,按延长米计算	(1)基层清理; (2)底层和面层抹灰; (3)材料运输
011105002	石材踢脚线	(1)踢脚线高度; (2)粘结层厚度,材料种类; (3)面层材料品种、规格、颜色; (4)防护材料种类			(1)基层清理; (2)底层抹灰; (3)面层铺贴、磨边; (4)擦缝; (5)磨光、酸洗、打蜡; (6)刷防护材料; (7)材料运输
011105003	块料踢脚线				
011105004	塑料板踢脚线	(1)踢脚线高度; (2)粘结层厚度,材料种类; (3)面层材料种类、规格、颜色			(1)基层清理; (2)基层铺贴; (3)面层铺贴; (4)材料运输
011105005	木质踢脚线	(1)踢脚线高度; (2)基层材料种类、规格; (3)面层材料品种、规格、颜色			
011105006	金属踢脚线				
011105007	防静电踢脚线				

注:石材、块料与粘结材料的结合面所刷防渗材料的种类在防护材料种类中描述。

例 5.6.6

图 5.6.12 所示为某建筑物底层平面图,计算该建筑物水磨石踢脚线的工程量。

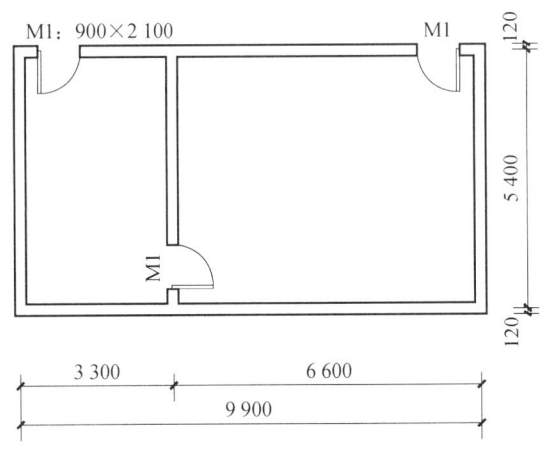

图 5.6.12　某建筑物底层平面图(单位:mm)

解

(1)该建筑物水磨石踢脚线的清单工程量:

$L = (3.30 \text{ m} - 0.24 \text{ m} + 5.40 \text{ m} - 0.24 \text{ m}) \times 2 + (6.60 \text{ m} - 0.24 \text{ m} + 5.40 \text{ m} - 0.24 \text{ m}) \times 2 - 0.90 \text{ m} \times 4 + 0.24 \text{ m} \times 2 = 36.36 \text{ m}.$

（2）定额工程量计算：

$L = (3.30 \text{ m} - 0.24 \text{ m} + 5.40 \text{ m} - 0.24 \text{ m}) \times 2 + (6.60 \text{ m} - 0.24 \text{ m} + 5.40 \text{ m} - 0.24 \text{ m}) \times 2 = 39.48 \text{ m}$。

例 5.6.7

某建筑物平面图如图 5.6.13 所示，设计楼面做法为：30 mm 厚细石混凝土找平，1:3 水泥砂浆铺贴 300 mm×300 mm 地砖面层，踢脚线为 150 mm 高地砖。M1：900 mm×2 400 mm。M2：900 mm×2 400 mm。C1：1 800 mm×1 800 mm。求楼面装饰工程量。

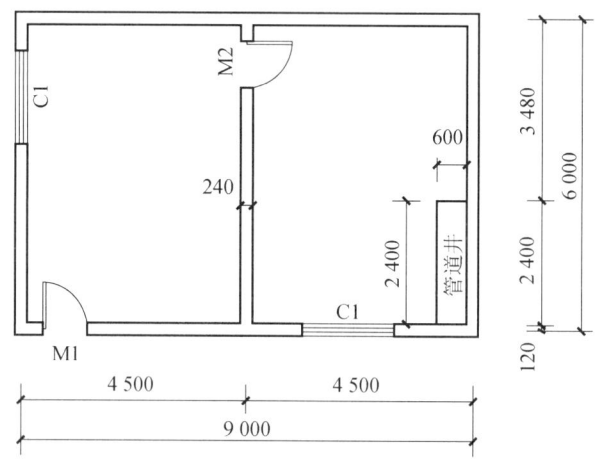

图 5.6.13 某建筑物平面图（单位：mm）

解

（1）30 mm 厚细石混凝土找平，工程量计算如下：

$S_1 = (4.50 \text{ m} \times 2 - 0.24 \text{ m} \times 2) \times (6.00 \text{ m} - 0.24 \text{ m}) - 0.60 \text{ m} \times 2.40 \text{ m} = 47.64 \text{ m}^2$。

（2）300 mm×300 mm 地砖面层，工程量计算如下：

$S_2 = (4.50 \text{ m} \times 2 - 0.24 \text{ m} \times 2) \times (6.00 \text{ m} - 0.24 \text{ m}) - 0.60 \text{ m} \times 2.40 \text{ m} + 0.90 \text{ m} \times 0.24 \text{ m} \times 2 = 48.07 \text{ m}^2$。

（3）地砖踢脚线，工程量计算如下：

$S_3 = [(4.50 \text{ m} - 0.24 \text{ m} + 6.00 \text{ m} - 0.24 \text{ m}) \times 2 \times 2 - 0.90 \text{ m} \times 3 + 0.24 \text{ m} \times 4] \times 0.15 \text{ m} = 5.75 \text{ m}^2$。

6. 楼梯面层

楼梯面层工程量清单项目的设置、项目特征描述的内容、计量单位及工程量计算规则应按表 5.6.6 的规定执行。

楼梯平面图如图 5.6.14 所示，剖面图如图 5.6.15 所示，楼梯面层工程量列项及计算注意事项如下：

（1）楼梯侧面装饰，可按"零星装饰"项目编码列项，并在清单项目特征中进行描述。

（2）楼梯底面装饰，可按相应天棚项目编码列项，在计算时，休息平台按水平投影面积计算。板式楼梯板底斜面部分按斜面积计算。

（3）楼梯踢脚线按"踢脚线"项目编码列项，工程量按图示尺寸计算。

（4）楼梯如设计为不等梯段，应分段计算面积。

表 5.6.6　楼梯面层（项目编码：011106）

项目编码	项目名称	项目特征	计量单位	工程量计算规则	工作内容
011106001	石材楼梯面层	（1）找平层厚度、砂浆配合比； （2）粘结层厚度、材料种类； （3）面层材料品种、规格、颜色； （4）防滑条材料种类、规格； （5）勾缝材料种类； （6）防护材料种类； （7）酸洗、打蜡要求	m²	按设计图示尺寸以楼梯（包括踏步、休息平台及宽度≤500 mm 的楼梯井）水平投影面积计算。楼梯与楼地面相连时，算至梯口梁内侧边沿；无梯口梁者，算至最上一层踏步边沿加 300 mm	（1）基层清理； （2）抹找平层； （3）面层铺贴、磨边； （4）贴嵌防滑条； （5）勾缝； （6）刷防护材料； （7）酸洗、打蜡； （8）材料运输
011106002	块料楼梯面层				
011106003	拼碎块料面层				
011106004	水泥砂浆楼梯面层	（1）找平层厚度、砂浆配合比； （2）面层厚度、砂浆配合比； （3）防滑条材料种类、规格			（1）基层清理； （2）抹找平层； （3）抹面层； （4）抹防滑条； （5）材料运输
011106005	现浇水磨石楼梯面层	（1）找平层厚度、砂浆配合比； （2）面层厚度、水泥石子浆配合比； （3）防滑条材料种类、规格； （4）石子种类、规格、颜色； （5）颜料种类、颜色； （6）磨光、酸洗、打蜡要求			（1）基层清理； （2）抹找平层； （3）抹面层； （4）贴嵌防滑条； （5）磨光、酸洗、打蜡； （6）材料运输
011106006	地毯楼梯面层	（1）基层种类； （2）面层材料品种、规格、颜色； （3）防护材料种类； （4）粘结材料种类； （5）固定配件材料种类、规格			（1）基层清理； （2）铺贴面层； （3）固定配件安装； （4）刷防护材料； （5）材料运输
011106007	木板楼梯面层	（1）基层材料种类、规格； （2）面层材料品种、规格、颜色； （3）粘结材料种类； （4）防护材料种类			（1）基层清理； （2）基层铺贴； （3）面层铺贴； （4）刷防护材料； （5）材料运输
011106008	橡胶板楼梯面层	（1）粘结层厚度、材料种类； （2）面层材料品种、规格、颜色； （3）压线条种类			（1）基层清理； （2）面层铺贴； （3）压缝条装钉； （4）材料运输
011106009	塑料板楼梯面层				

注：1. 在描述碎石材项目的面层材料特征时可不描述规格、颜色。

　　2. 石材、块料与粘结材料的结合面所刷防渗材料的种类在防护材料种类中描述。

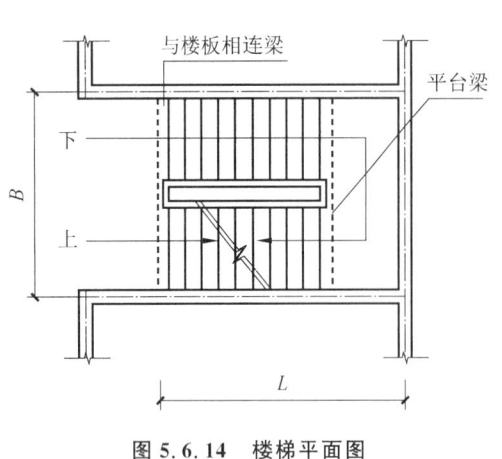

图 5.6.14　楼梯平面图

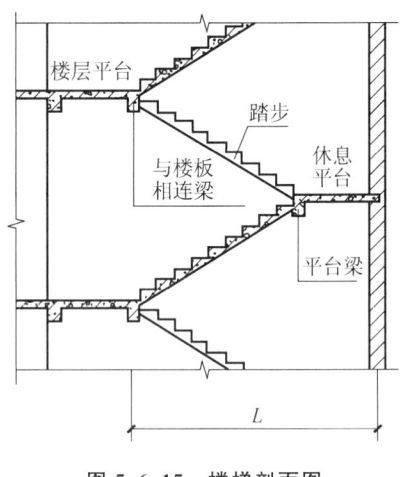

图 5.6.15　楼梯剖面图

例 5.6.8

图 5.6.16 所示为某建筑物楼梯平面图,试计算该建筑物楼梯铺贴花岗石板的工程量。

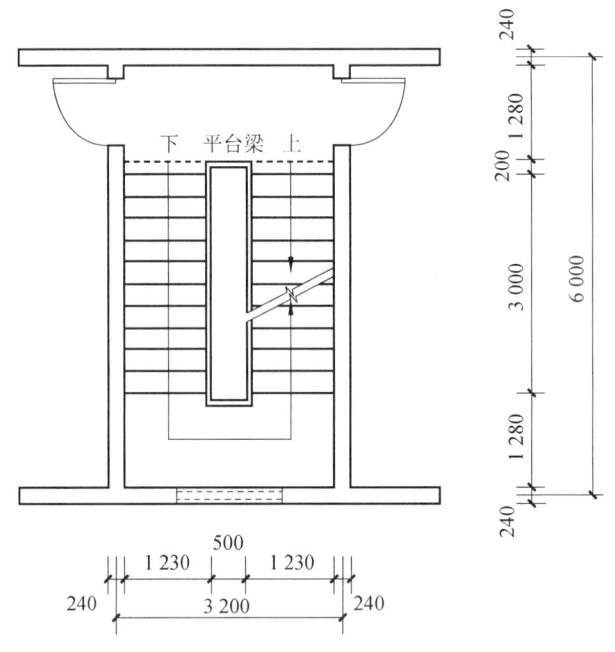

图 5.6.16　某建筑物楼梯平面图(单位:mm)

解

(1) 该建筑物楼梯铺贴花岗石板的清单工程量计算如下:

$$S = (3.20 \text{ m} - 0.24 \text{ m}) \times (6.00 \text{ m} - 0.24 \text{ m}) = 17.05 \text{ m}^2 。$$

(2) 定额工程量计算与清单工程量计算相同,$S = 17.05 \text{ m}^2$。

7. 台阶装饰

台阶装饰的常用做法有石材台阶面、块料台阶面、拼碎块料台阶面等,如表 5.6.7 所示。

表 5.6.7　台阶装饰(项目编码:011107)

项目编码	项目名称	项 目 特 征	计量单位	工程量计算规则	工 作 内 容
011107001	石材台阶面	(1) 找平层厚度,砂浆配合比;	m²	按设计图示尺寸以台阶(包括最上层踏步边沿加 300 mm)水平投影面积计算	(1) 基层清理; (2) 抹找平层; (3) 面层铺贴; (4) 贴嵌防滑条; (5) 勾缝; (6) 刷防护材料; (7) 材料运输
011107002	块料台阶面	(2) 粘结材料种类; (3) 面层材料品种、规格、颜色;			
011107003	拼碎块料台阶面	(4) 勾缝材料种类; (5) 防滑条材料种类、规格; (6) 防护材料种类			
011107004	水泥砂浆台阶面	(1) 找平层厚度,砂浆配合比; (2) 面层厚度,砂浆配合比; (3) 防滑条材料种类			(1) 基层清理; (2) 抹找平层; (3) 抹面层; (4) 抹防滑条; (5) 材料运输
011107005	现浇水磨石台阶面	(1) 找平层厚度,砂浆配合比; (2) 面层厚度,水泥石子浆配合比; (3) 防滑条材料种类、规格; (4) 石子种类、规格、颜色; (5) 颜料种类、颜色; (6) 磨光、酸洗、打蜡要求			(1) 清理基层; (2) 抹找平层; (3) 抹面层; (4) 贴嵌防滑条; (5) 打磨、酸洗、打蜡; (6) 材料运输
011107006	剁假石台阶面	(1) 找平层厚度,砂浆配合比; (2) 面层厚度,砂浆配合比; (3) 剁假石要求			(1) 清理基层; (2) 抹找平层; (3) 抹面层; (4) 剁假石; (5) 材料运输

注:1. 在描述碎石材项目的面层材料特征时可不描述规格、颜色。

2. 石材、块料与粘结材料的结合面所刷防渗材料的种类在防护材料种类中描述。

例 5.6.9

图 5.6.17 所示为某建筑物入口处台阶的平面图,试计算该台阶镶贴块料面层的工程量。

解

(1) 该建筑物台阶面层的清单工程量计算如下:

踏步面层的工程量 $S_1 = (6.00 \text{ m} + 0.30 \text{ m} \times 2) \times 0.30 \text{ m} \times 3 + (3.00 \text{ m} - 0.30 \text{ m}) \times 0.30 \text{ m} \times 3 = 8.37 \text{ m}^2$。

平台面层的工程量 $S_2 = (6.00 \text{ m} - 0.30 \text{ m}) \times (3.00 \text{ m} - 0.30 \text{ m}) = 15.39 \text{ m}^2$。

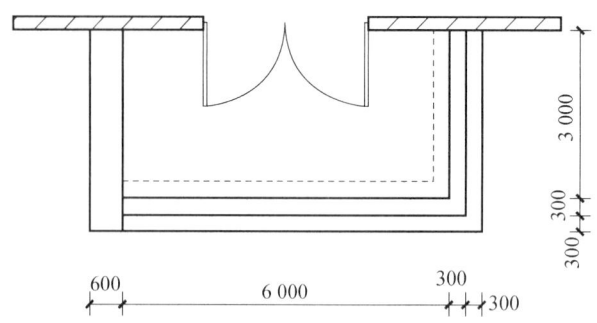

图 5.6.17　某建筑物入口处台阶平面图（单位：mm）

（2）定额工程量计算（计算方法同清单工程量）：

踏步面层的工程量 $S_1 = 8.37 \text{ m}^2$。

平台面层的工程量 $S_2 = 15.39 \text{ m}^2$。

8. 零星装饰项目

零星装饰项目包括石材零星项目、拼碎石材零星项目、块料零星项目等，如表 5.6.8 所示。

表 5.6.8　零星装饰项目（项目编码：011108）

项目编码	项目名称	项目特征	计量单位	工程量计算规则	工作内容
011108001	石材零星项目	（1）工程部位； （2）找平层厚度，砂浆配合比； （3）粘结层厚度，材料种类； （4）面层材料品种、规格、颜色； （5）勾缝材料种类； （6）防护材料种类； （7）酸洗、打蜡要求	m^2	按设计图示尺寸以面积计算	（1）清理基层； （2）抹找平层； （3）面层铺贴、磨边； （4）勾缝； （5）刷防护材料； （6）酸洗、打蜡； （7）材料运输
011108002	拼碎石材零星项目				
011108003	块料零星项目				
011108004	水泥砂浆零星项目	（1）工程部位； （2）找平层厚度，砂浆配合比； （3）面层厚度，砂浆厚度			（1）清理基层； （2）抹找平层； （3）抹面层； （4）材料运输

注：1. 楼梯、台阶牵边和侧面镶贴块料面层，面积≤0.5 m² 的少量分散的楼地面镶贴块料面层，应按本表执行。

2. 石材、块料与粘结材料的结合面所刷防渗材料的种类在防护材料种类中描述。

二、墙体装饰工程计量

随着建筑与装饰技术快速发展，新的施工工艺和做法不断涌现。以往主要使用砂浆涂抹的抹灰饰面已发展成为采用新工艺、使用多种饰面材料的现代抹灰饰面，抹灰不但起着找平和保护墙体的作用，更具有较强的装饰功能。

1. 墙面抹灰

墙面抹灰，按建筑部位可分为内墙抹灰和外墙抹灰；按墙体类型可分为（砖、石、混凝土等)墙面直接抹灰、墙体装钉石膏板抹灰、墙体装钉龙骨金属板(网)抹灰、轻钢龙骨石膏板墙体抹灰、木龙骨金属板(网)抹灰等;按使用功能可分为一般抹灰和装饰抹灰。

抹灰工程一般分为三类,即普通抹灰、中级抹灰和高级抹灰。普通抹灰为两遍,一遍底层,一遍面层;中级抹灰为三遍,一遍底层,一遍中层,一遍面层;高级抹灰为四遍,一遍底层,一遍中层,两遍面层。抹灰工程计量时,涂料品种不同,材料系数可以更换,人工费、机械费不变。独立柱一般抹灰面积以其周长乘以柱高。抹灰等级与抹灰遍数、工序、外观质量的对应关系如表5.6.9所示。

表 5.6.9 抹灰的等级标准

名称	普通抹灰	中级抹灰	高级抹灰
遍数	两遍	三遍	四遍
主要工序	分层找平、修整,表面压光	阳角找方、设置标筋、分层找平、修整,表面压光	阳角找方、设置标筋,分层找平、修整,表面压光
外观质量	表面光滑、洁净,接槎平整	表面光滑、洁净,接槎平整,压线清晰、顺直	表面光滑、洁净,颜色均匀,无抹纹,压线平直方正、清晰美观

一般抹灰工程可以根据施工位置的不同,分为内墙抹灰和外墙抹灰。

内墙抹灰工程量按设计图示尺寸以面积计算。应扣除墙裙、门窗洞口、空圈及单个面积>0.3 m²的孔洞面积,不扣除踢脚线、挂镜线和墙与构件交接处的面积,门窗洞口和孔洞的侧壁及顶面不增加面积。附墙柱、梁、垛、烟囱侧壁并入相应的墙面面积计算。

内墙面抹灰的长度,以主墙间的图示净长尺寸计算,其高度确定如下:①无墙裙的,其高度按室内地面或楼面至天棚底面的距离计算;②有墙裙的,其高度按墙裙顶至天棚底面的距离计算;③钉板天棚的内墙面抹灰,其高度按室内地面或楼面至天棚底面距离另加100 mm计算。

外墙抹灰面积按外墙面的垂直投影面积计算。应扣除门窗洞口、外墙裙和单个面积>0.3 m²的孔洞面积,门窗洞口和孔洞的侧壁及顶面不增加面积。附墙柱、梁、垛、烟囱侧壁并入外墙面抹灰面积计算。

栏板、栏杆、扶手、压顶、窗台线、门窗套、挑檐、遮阳板、凸出墙外的腰线等,另按相应规定计算:

(1)外墙裙抹灰面积按其长度乘以高度计算。

(2)飘窗凸出外墙面(指飘窗侧板)增加的抹灰工程量并入外墙工程量计算。

(3)窗台线、门窗套、挑檐、遮阳板、腰线等展开宽度在300 mm以内者,按装饰线以延长米计算,如展开宽度超过300 mm,按图示尺寸以展开面积计算,套用零星抹灰项目定额。

(4)栏板、栏杆(包括立柱、扶手或压顶等)抹灰按中心线的立面垂直投影面积乘以系数2.20计算,套用零星抹灰项目定额;外侧与内侧抹灰砂浆不同时,各按系数1.10计算。

(5)墙面勾缝按墙面垂直投影面积计算,不扣除门窗洞口、门窗套、腰线等零星抹灰所占的面积,附墙柱和门窗洞口侧面的勾缝面积亦不增加。独立柱、房上烟囱勾缝,按图示尺寸以面积计算。

墙面抹灰工程项目如表5.6.10所示。

表 5.6.10　墙面抹灰(项目编码:011201)

项目编码	项目名称	项目特征	计量单位	工程量计算规则	工作内容
011201001	墙面一般抹灰	(1)墙体类型; (2)底层厚度,砂浆配合比; (3)面层厚度,砂浆配合比; (4)装饰面材料种类; (5)分格缝宽度,材料种类	m²	(1)按设计图示尺寸以面积计算。扣除墙裙、门窗洞口及单个面积>0.3 m²的孔洞的面积,不扣除踢脚线、挂镜线和墙与构件交接处的面积,门窗洞口和孔洞的侧壁及顶面不增加面积。附墙柱、梁、垛、烟囱侧壁并入相应的墙面面积计算。 (2)外墙抹灰面积按外墙垂直投影面积计算。 (3)外墙裙抹灰面积按其长度乘以高度计算。 (4)内墙抹灰面积按主墙间的净长乘以高度计算:①无墙裙的,高度按室内楼地面至天棚底面距离计算;②有墙裙的,高度按墙裙顶至天棚底面距离计算;③有吊顶天棚抹灰的,高度算至天棚底。 (5)内墙裙抹灰面积按内墙净长乘以高度计算	(1)基层清理; (2)砂浆制作、运输; (3)底层抹灰; (4)抹面层; (5)抹装饰面; (6)勾分格缝
011201002	墙面装饰抹灰				
011201003	墙面勾缝	(1)勾缝类型; (2)勾缝材料种类			(1)基层清理; (2)砂浆制作、运输; (3)勾缝
011201004	立面砂浆找平层	(1)基层类型; (2)找平层砂浆厚度、配合比			(1)基层清理; (2)砂浆制作、运输; (3)抹灰找平

注:1. 立面砂浆找平项目适用于仅做找平层的立面抹灰。

2. 抹石灰砂浆、水泥砂浆、混合砂浆、聚合物水泥砂浆、麻刀石灰浆、石膏灰浆等按墙面一般抹灰列项;墙面水刷石、斩假石、干粘石、假面砖等按墙面装饰抹灰列项。

3. 飘窗凸出外墙面增加的抹灰工程量并入外墙工程量计算。

4. 有吊顶天棚的内墙面抹灰,抹至吊顶以上部分在综合单价中考虑。

例 5.6.10

图 5.6.18 所示为某建筑物外立面及平面图,其外墙裙做法是刷 14 mm 厚 1∶3 水泥砂浆,试计算该建筑物墙裙上水泥砂浆的工程量。

解

(1)建筑物水泥砂浆墙裙的清单工程量计算如下:

$S=(9.90 \text{ m}+0.24 \text{ m}+4.50 \text{ m}+0.24 \text{ m})×2×1.2 \text{ m}-0.90 \text{ m}×1.20 \text{ m}=34.63 \text{ m}^2$

(2)建筑物水泥砂浆墙裙的定额工程量计算如下:

$S=(9.90 \text{ m}+0.24 \text{ m}+4.50 \text{ m}+0.24 \text{ m})×2×1.20 \text{ m}-0.90 \text{ m}×1.20 \text{ m}=34.63 \text{ m}^2$

2. 柱(梁)面抹灰

柱(梁)面抹灰工程(项目设置如表 5.6.11 所示)工程量计算的一般规定:

(1)柱(梁)面一般抹灰、装饰抹灰按结构断面周长乘以高度计算。

(2)柱镶贴块料按外围饰面尺寸乘以高度计算。

(3)大理石(花岗石)柱墩、柱帽、腰线、阴角线按最大外径周长计算。

(4)除定额已列有柱帽、柱墩的项目外,其他项目的柱帽、柱墩工程量按设计图示尺寸以展开面积计算,并入相应柱面积计算,每个柱帽或柱墩另增人工(抹灰 0.25 工日,块料 0.38工日,饰面 0.5 工日)。

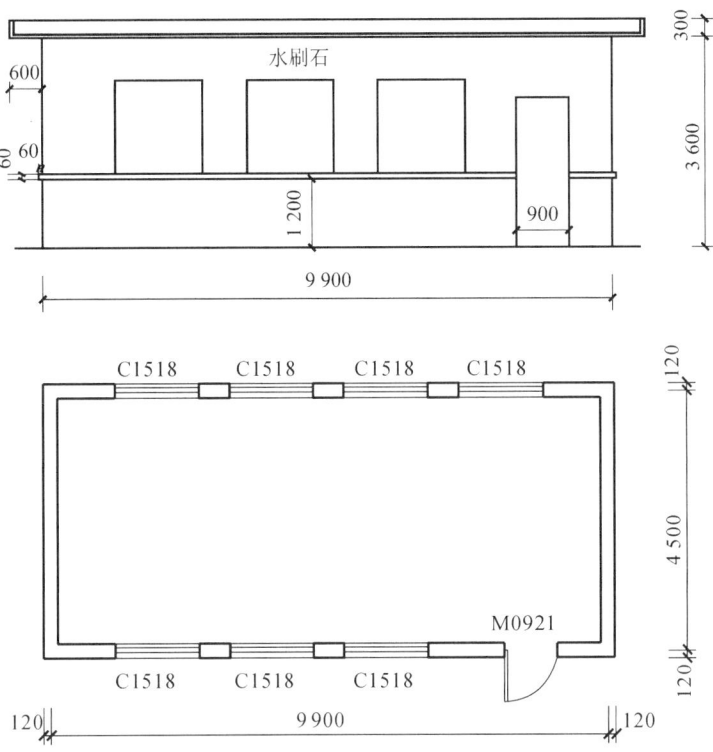

图 5.6.18 某建筑物外立面及平面图(单位:mm)

表 5.6.11 柱(梁)面抹灰(项目编码:011202)

项目编码	项目名称	项 目 特 征	计量单位	工程量计算规则	工 作 内 容
011202001	柱、梁面一般抹灰	(1)柱(梁)体类型; (2)底层厚度、砂浆配合比; (3)面层厚度、砂浆配合比; (4)装饰面材料种类; (5)分格缝宽度、材料种类	m²	(1)柱面抹灰:按设计图示柱断面周长乘高度,以面积计算。 (2)梁面抹灰:按设计图示梁断面周长乘长度,以面积计算	(1)基层清理; (2)砂浆制作、运输; (3)底层抹灰; (4)抹面层; (5)勾分格缝
011202002	柱、梁面装饰抹灰				
011202003	柱、梁面砂浆找平	(1)柱(梁)体类型; (2)找平的砂浆厚度、配合比			(1)基层清理; (2)砂浆制作、运输; (3)抹灰找平
011202004	柱面勾缝	(1)勾缝类型; (2)勾缝材料种类		按设计图示柱断面周长乘高度,以面积计算	(1)基层清理; (2)砂浆制作、运输; (3)勾缝

注:1.砂浆找平项目适用于仅做找平层的柱(梁)面抹灰。
　　2.柱(梁)面抹石灰砂浆、水泥砂浆、混合砂浆、聚合物水泥砂浆、麻刀石灰浆、石膏灰浆等按柱、梁面一般抹灰编码列项;柱(梁)面水刷石、斩假石、干粘石、假面砖等按柱、梁面装饰抹灰编码列项。

■ 例 5.6.11

图 5.6.19 所示为某独立柱的平面图与剖面图,柱身高 4.5 m,柱帽高 0.3 m,试计算该独立柱抹石灰砂浆的工程量。

解

(1) 独立柱的清单工程量:

柱身的面积 $S_1 = 0.40\ \text{m} \times 4 \times 4.50\ \text{m} = 7.20\ \text{m}^2$。

柱帽的面积 $S_2 = (0.40\ \text{m} + 0.20\ \text{m} \times 2 + 0.40\ \text{m}) \times \sqrt{0.2^2 + 0.3^2}\ \text{m} \div 2 \times 4 = 0.87\ \text{m}^2$。

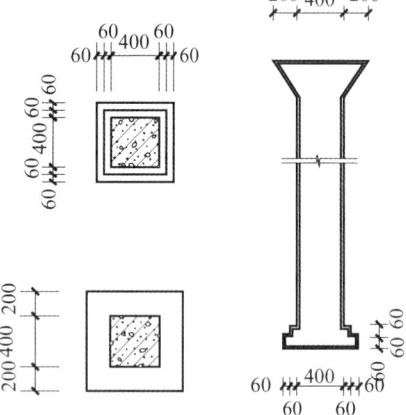

图 5.6.19 某独立柱的平面图
与剖面图(单位:mm)

柱脚的面积 $S_3 = (0.40\ \text{m} + 0.06\ \text{m} \times 4)^2 - 0.40\ \text{m} \times 0.40\ \text{m} + (0.40\ \text{m} + 0.06\ \text{m} \times 2) \times 0.06\ \text{m} \times 4 + (0.40\ \text{m} + 0.06\ \text{m} \times 4) \times 0.06\ \text{m} \times 4 = 0.53\ \text{m}^2$。

独立柱的清单工程量 $= 7.20\ \text{m}^2 + 0.87\ \text{m}^2 + 0.53\ \text{m}^2 = 8.60\ \text{m}^2$。

(2) 定额工程量计算(计算方法同清单工程量):

柱身的面积 $S_1 = 7.20\ \text{m}^2$。

柱帽的面积 $S_2 = 0.87\ \text{m}^2$。

柱脚的面积 $S_3 = 0.53\ \text{m}^2$。

独立柱的定额工程量 $= 8.60\ \text{m}^2$。

3. 零星抹灰

零星抹灰项目包括零星项目一般抹灰、零星项目装饰抹灰及零星项目砂浆找平,如表 5.6.12 所示。

表 5.6.12 零星抹灰(项目编码:011203)

项目编码	项目名称	项 目 特 征	计量单位	工程量计算规则	工 作 内 容
011203001	零星项目一般抹灰	(1) 基层类型、部位; (2) 底层厚度,砂浆配合比; (3) 面层厚度,砂浆配合比; (4) 装饰面材料种类; (5) 分格缝宽度,材料种类	m²	按设计图示尺寸以面积计算	(1) 基层清理; (2) 砂浆制作、运输; (3) 底层抹灰; (4) 抹面层; (5) 抹装饰面; (6) 勾分格缝
011203002	零星项目装饰抹灰	(1) 基层类型、部位; (2) 底层厚度,砂浆配合比; (3) 面层厚度,砂浆配合比; (4) 装饰面材料种类; (5) 分格缝宽度,材料种类			
011203003	零星项目砂浆找平	(1) 基层类型、部位; (2) 找平的砂浆厚度、配合比			(1) 基层清理; (2) 砂浆制作、运输; (3) 抹灰找平

注:1.零星项目抹石灰砂浆、水泥砂浆、混合砂浆、聚合物水泥砂浆、麻刀石灰浆、石膏灰浆等按本表中的零星项目一般抹灰编码列项;水刷石、斩假石、干粘石、假面砖等按本表中的零星项目装饰抹灰编码列项。

2.墙、柱(梁)面积≤0.5 m²的少量分散的抹灰按本表中的项目编码列项。

4. 墙面块料面层

墙面块料面层的子项目有石材墙面、拼碎石材墙面、块料墙面及干挂石材钢骨架,如表 5.6.13 所示。

表 5.6.13　墙面块料面层(项目编码:011204)

项目编码	项目名称	项目特征	计量单位	工程量计算规则	工作内容
011204001	石材墙面	(1)墙体类型; (2)安装方式; (3)面层材料品种、规格、颜色; (4)缝宽,嵌缝材料种类; (5)防护材料种类; (6)磨光、酸洗、打蜡要求	m²	按镶贴表面积计算	(1)基层清理; (2)砂浆制作、运输; (3)粘结层铺贴; (4)面层安装; (5)嵌缝; (6)刷防护材料; (7)磨光、酸洗、打蜡
011204002	拼碎石材墙面				
011204003	块料墙面				
011204004	干挂石材钢骨架	(1)骨架种类、规格; (2)防锈漆品种、遍数	t	按设计图示以质量计算	(1)骨架制作、运输、安装; (2)刷漆

注:1.在描述碎块项目的面层材料特征时可不描述规格、颜色。
　　2.石材、块料与粘结材料的结合面所刷防渗材料的种类在防护材料种类中描述。
　　3.安装方式可描述为砂浆或粘结剂粘贴、挂贴、干挂等,不论哪种安装方式,都要详细描述与组价相关的内容。

5. 柱(梁)面镶贴块料

柱(梁)面镶贴块料的子项目有石材柱面、块料柱面、拼碎块柱面、石材梁面、块料梁面等,如表 5.6.14 所示。

表 5.6.14　柱(梁)面镶贴块料(项目编码:011205)

项目编码	项目名称	项目特征	计量单位	工程量计算规则	工作内容
011205001	石材柱面	(1)柱截面类型、尺寸; (2)安装方式; (3)面层材料品种、规格、颜色; (4)缝宽,嵌缝材料种类; (5)防护材料种类; (6)磨光、酸洗、打蜡要求	m²	按镶贴表面积计算	(1)基层清理; (2)砂浆制作、运输; (3)粘结层铺贴; (4)面层安装; (5)嵌缝; (6)刷防护材料; (7)磨光、酸洗、打蜡
011205002	块料柱面				
011205003	拼碎块柱面				
011205004	石材梁面	(1)安装方式; (2)面层材料品种、规格、颜色; (3)缝宽,嵌缝材料种类; (4)防护材料种类; (5)磨光、酸洗、打蜡要求			
011205005	块料梁面				

注:1.在描述碎块项目的面层材料特征时可不描述规格、颜色。
　　2.石材、块料与粘结材料的结合面所刷防渗材料的种类在防护材料种类中描述。
　　3.柱(梁)面干挂石材的钢骨架按《计量规范》附录 M 中的相应项目编码列项。

6.镶贴零星块料

镶贴零星块料的子项目有石材零星项目、块料零星项目及拼碎块零星项目,如表5.6.15所示。

表5.6.15　镶贴零星块料(项目编码:011206)

项目编码	项目名称	项目特征	计量单位	工程量计算规则	工作内容
011206001	石材零星项目	(1) 基层类型、部位; (2) 安装方式; (3) 面层材料品种、规格、颜色; (4) 缝宽,嵌缝材料种类; (5) 防护材料种类; (6) 磨光、酸洗、打蜡要求	m²	按镶贴表面积计算	(1) 基层清理; (2) 砂浆制作、运输; (3) 面层安装; (4) 嵌缝; (5) 刷防护材料; (6) 磨光、酸洗、打蜡
011206002	块料零星项目				
011206003	拼碎块零星项目				

注:1.在描述碎块项目的面层材料特征时可不描述规格、颜色。

　　2.石材、块料与粘结材料的结合面所刷防渗材料的种类在防护材料种类中描述。

　　3.零星项目干挂石材的钢骨架按《计量规范》附录M中的相应项目编码列项。

　　4.墙、柱面面积≤0.5 m² 的少量分散的镶贴块料面层应按零星项目执行。

7.墙饰面

墙饰面的子项目有墙面装饰板和和墙面装饰浮雕,如表5.6.16所示。

表5.6.16　墙饰面(项目编码:011207)

项目编码	项目名称	项目特征	计量单位	工程量计算规则	工作内容
011207001	墙面装饰板	(1) 龙骨材料种类、规格、中距; (2) 隔离层材料种类、规格; (3) 基层材料种类、规格; (4) 面层材料品种、规格、颜色; (5) 压条材料种类、规格	m²	按设计图示墙净长乘净高,以面积计算;扣除门窗洞口及单个面积>0.3 m² 的孔洞所占面积	(1) 基层清理; (2) 龙骨制作、运输、安装; (3) 钉隔离层; (4) 基层铺钉; (5) 面层铺贴
011207002	墙面装饰浮雕	(1) 基层类型; (2) 浮雕材料种类; (3) 浮雕样式		按设计图示尺寸以面积计算	(1) 基层清理; (2) 材料制作、运输; (3) 安装成型

8.柱(梁)饰面

柱(梁)饰面的子项目有柱(梁)面装饰和成品装饰柱,如表 5.6.17 所示。

表 5.6.17　柱(梁)饰面(项目编码:011208)

项目编码	项目名称	项目特征	计量单位	工程量计算规则	工作内容
011208001	柱(梁)面装饰	(1)龙骨材料种类、规格、中距; (2)隔离层材料种类; (3)基层材料种类、规格; (4)面层材料品种、规格、颜色; (5)压条材料种类、规格	m²	按设计图示饰面外围尺寸以面积计算;柱帽、柱墩并入相应柱饰面工程量计算	(1)清理基层; (2)龙骨制作、运输、安装; (3)钉隔离层; (4)基层铺钉; (5)面层铺贴
011208002	成品装饰柱	(1)柱截面、高度尺寸; (2)柱材质	根或 m	(1)以根计量,按设计数量计算; (2)以米计量,按设计长度计算	柱运输、固定、安装

9.幕墙工程

幕墙工程的子项目有带骨架幕墙及全玻(无框玻璃)幕墙,如表 5.6.18 所示。

表 5.6.18　幕墙工程(项目编码:011209)

项目编码	项目名称	项目特征	计量单位	工程量计算规则	工作内容
011209001	带骨架幕墙	(1)骨架材料种类、规格、中距; (2)面层材料品种、规格、颜色; (3)面层固定方式; (4)隔离带、框边封闭材料品种、规格; (5)嵌缝、塞口材料种类	m²	按设计图示框外围尺寸以面积计算;与幕墙同种材质的窗所占面积不扣除	(1)骨架制作、运输、安装; (2)面层安装; (3)隔离带、框边封闭; (4)嵌缝、塞口; (5)清洗
011209002	全玻(无框玻璃)幕墙	(1)玻璃品种、规格、颜色; (2)粘结塞口材料种类; (3)固定方式		按设计图示尺寸以面积计算;带肋全玻幕墙按展开面积计算	(1)幕墙安装; (2)嵌缝、塞口; (3)清洗

注:幕墙钢骨架按《计量规范》附录 M 中的"干挂石材钢骨架"项目编码列项。

10.隔断

隔断项目包括木隔断、金属隔断、玻璃隔断等,如表 5.6.19 所示。

表 5.6.19　隔断(项目编码:011210)

项目编码	项目名称	项 目 特 征	计量单位	工程量计算规则	工 作 内 容
011210001	木隔断	(1)骨架、边框材料种类、规格; (2)隔板材料品种、规格、颜色; (3)嵌缝、塞口材料品种; (4)压条材料种类	m²	按设计图示框外围尺寸以面积计算;不扣除单个面积≤0.3 m²的孔洞所占面积;浴厕门的材质与隔断相同时,门的面积并入隔断面积	(1)骨架及边框制作、运输、安装; (2)隔板制作、运输、安装; (3)嵌缝、塞口; (4)装钉压条
011210002	金属隔断	(1)骨架、边框材料种类、规格; (2)隔板材料品种、规格、颜色; (3)嵌缝、塞口材料品种		按设计图示框外围尺寸以面积计算;不扣除单个面积≤0.3 m²的孔洞所占面积;浴厕门的材质与隔断相同时,门的面积并入隔断面积	(1)骨架及边框制作、运输、安装; (2)隔板制作、运输、安装; (3)嵌缝、塞口
011210003	玻璃隔断	(1)边框材料种类、规格; (2)玻璃品种、规格、颜色; (3)嵌缝、塞口材料种类		按设计图示框外围尺寸以面积计算;不扣除单个面积≤0.3 m²的孔洞所占面积	(1)边框制作、运输、安装; (2)玻璃制作、运输、安装; (3)嵌缝、塞口
011210004	塑料隔断	(1)边框材料种类、规格; (2)隔板材料品种、规格、颜色; (3)嵌缝、塞口材料品种			(1)骨架及边框制作、运输、安装; (2)隔板制作、运输、安装; (3)嵌缝、塞口
011210005	成品隔断	(1)隔断材料品种、规格、颜色; (2)配件品种、规格	m² 或间	(1)以平方米计量,按设计图示框外围尺寸以面积计算; (2)以间计量,按设计间的数量计算	(1)隔断运输、安装; (2)嵌缝、塞口
011210006	其他隔断	(1)骨架、边框材料种类、规格; (2)隔板材料品种、规格、颜色; (3)嵌缝、塞口材料品种	m²	按设计图示框外围尺寸以面积计算;不扣除单个面积≤0.3 m²的孔洞所占面积	(1)骨架及边框安装; (2)隔板安装; (3)嵌缝、塞口

三、天棚工程计量

1.天棚抹灰

天棚抹灰工程量清单项目的设置、项目特征描述的内容、计量单位及工程量计算规则应按表 5.6.20 的规定执行。

表 5.6.20　天棚抹灰(项目编码:011301)

项目编码	项目名称	项目特征	计量单位	工程量计算规则	工作内容
011301001	天棚抹灰	(1)基层类型; (2)抹灰厚度、材料种类; (3)砂浆配合比	m²	按设计图示尺寸以水平投影面积计算;不扣除间壁墙、垛、柱、附墙烟囱、检查口和管道所占的面积,带梁天棚的梁两侧抹灰面积并入天棚面积,板式楼梯底面抹灰按斜面积计算,锯齿形楼梯底板抹灰按展开面积计算	(1)基层清理; (2)底层抹灰; (3)抹面层

例 5.6.12

某工程现浇井字梁顶棚如图 5.6.20 所示,其做法为:刷素水泥浆一道,1:0.5:1 水泥石膏砂浆打底,1:3:9 水泥石灰膏砂浆抹平,最后用纸浆石灰浆罩面。试计算天棚抹灰工程量。

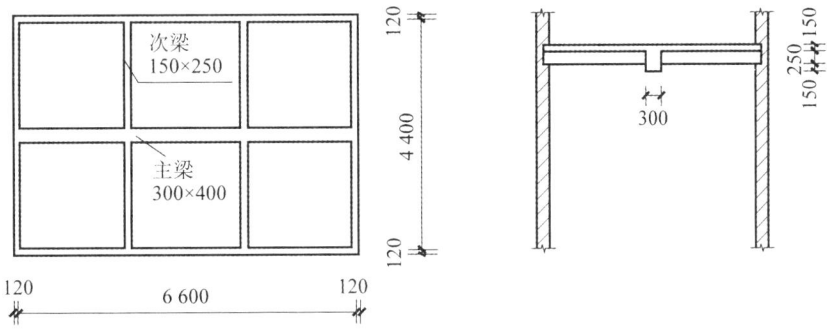

图 5.6.20　某工程现浇井字梁顶棚(单位:mm)

解

天棚抹灰的工程量计算如下:

水平投影 $S_1=(6.60\ m-0.24\ m)\times(4.40\ m-0.24\ m)=26.46\ m^2$。

主梁侧面 $S_2=(0.40\ m-0.12\ m)\times(6.60\ m-0.24\ m-0.15\ m\times2)\times2=3.39\ m^2$

次梁侧面 $S_3=(0.25\ m-0.12\ m)\times(4.40\ m-0.24\ m-0.30\ m)\times2\times2=2.01\ m^2$。

主次梁交接处 $S_4=(0.40\ m-0.25\ m)\times0.15\ m\times2\times2=0.09\ m^2$。

天棚抹灰的工程量 $S=S_1+S_2+S_3+S_4=26.46\ m^2+3.39\ m^2+2.01\ m^2+0.09\ m^2=31.95\ m^2$。

2. 天棚吊顶

天棚吊顶项目包括吊顶天棚、格栅吊顶等,如表 5.6.21 所示。

表 5.6.21　天棚吊顶(项目编码:011302)

项目编码	项目名称	项目特征	计量单位	工程量计算规则	工作内容
011302001	吊顶天棚	(1) 吊顶形式,吊杆规格、高度; (2) 龙骨材料种类、规格、中距; (3) 基层材料种类、规格; (4) 面层材料品种、规格; (5) 压条材料种类、规格; (6) 嵌缝材料种类; (7) 防护材料种类	m²	按设计图示尺寸以水平投影面积计算。天棚面中的灯槽及跌级、锯齿形、吊挂式、藻井式天棚面积不展开计算。不扣除间壁墙、检查口、附墙烟囱、柱垛和管道所占面积,扣除单个面积>0.3 m²的孔洞、独立柱及与天棚相连的窗帘盒所占的面积	(1) 基层清理、吊杆安装; (2) 龙骨安装; (3) 基层板铺贴; (4) 面层铺贴; (5) 嵌缝; (6) 刷防护材料
011302002	格栅吊顶	(1) 龙骨材料种类、规格、中距; (2) 基层材料种类、规格; (3) 面层材料品种、规格; (4) 防护材料种类		按设计图示尺寸以水平投影面积计算	(1) 基层清理; (2) 安装龙骨; (3) 基层板铺贴; (4) 面层铺贴; (5) 刷防护材料
011302003	吊筒吊顶	(1) 吊筒形状、规格; (2) 吊筒材料种类; (3) 防护材料种类			(1) 基层清理; (2) 吊筒制作安装; (3) 刷防护材料
011302004	藤条造型悬挂吊顶	(1) 骨架材料种类、规格; (2) 面层材料品种、规格			(1) 基层清理; (2) 龙骨安装; (3) 铺贴面层
011302005	织物软雕吊顶				
011302006	装饰网架吊顶	网架材料品种、规格			(1) 基层清理; (2) 网架制作安装

例 5.6.13

某办公室顶棚吊顶如图 5.6.21 和图 5.6.22 所示,已知该顶棚采用不上人装配式 U 形轻钢龙骨石膏板,单板规格为 600 mm×600 mm,计算顶棚吊顶工程量。

解

轻钢龙骨顶棚工程量 S_1=(5.30 m+0.80 m×2+0.60 m×2)×(3.80 m+0.80 m×2+0.60 m×2)=53.46 m²。

石膏板面层工程量 S_2=(5.30 m+0.80 m×2+0.60 m×2)×(3.80 m+0.80 m×2+0.60 m×2)+0.25 m×(5.30 m+0.60 m×2+3.80 m+0.60 m×2)×2+0.25 m×(5.3 m+3.8 m)×2=63.76 m²。

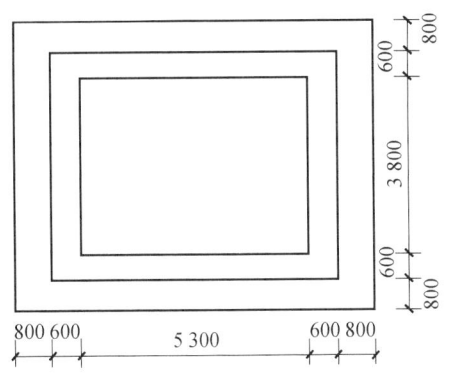

图 5.6.21 某办公室顶棚吊顶平面图（单位：mm）

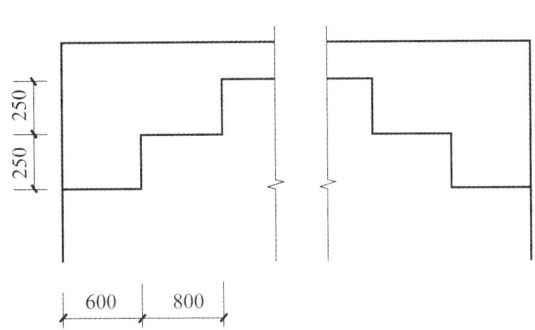

图 5.6.22 某办公室顶棚吊顶剖面图（单位：mm）

例 5.6.14

某三级天棚吊顶尺寸如图 5.6.23 和图 5.6.24 所示，钢筋混凝土板下吊双层楞木，面层为塑料板，计算天棚吊顶工程量。

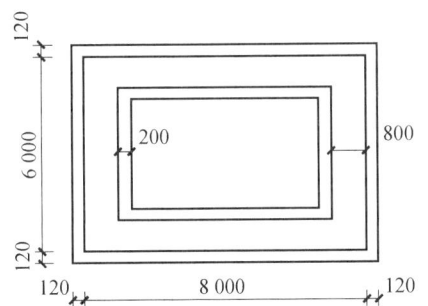

图 5.6.23 某三级天棚吊顶平面图（单位：mm）

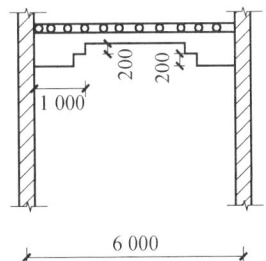

图 5.6.24 某三级天棚吊顶剖面图（单位：mm）

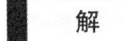解

（1）天棚吊顶清单工程量＝(8.00 m－0.24 m)×(6.00 m－0.24 m)＝44.70 m²。

（2）天棚吊顶定额工程量：

天棚吊顶工程量＝44.70 m²＋0.20 m×(6.00 m－0.24 m－0.80 m×2＋8.00 m－0.24 m－0.80 m×2)×2＋0.20 m×(6.00 m－0.24 m－1.00 m×2＋8.00 m－0.24 m－1.00 m×2)×2＝52.64 m²。

3. 采光天棚工程

采光天棚工程项目如表 5.6.22 所示。

表 5.6.22 采光天棚工程（项目编码：011303）

项目编码	项目名称	项目特征	计量单位	工程量计算规则	工作内容
011303001	采光天棚	(1) 骨架类型； (2) 固定类型、固定材料品种、规格； (3) 面层材料品种、规格； (4) 嵌缝、塞口材料种类	m²	按框外围展开面积计算	(1) 清理基层； (2) 面层制作、安装； (3) 嵌缝、塞口； (4) 清洗

注：采光天棚骨架不包括在采光天棚项目工程量中，应单独按《计量规范》附录 F 中的相关项目编码列项。

四、门窗工程计量

门窗工程包括木门、金属门等项目。

（1）木门：包括镶板木门、企口木板门、实木装饰门、胶合板门、夹板装饰门、木质防火门、木纱门、连窗门等，按设计图示数量计算或按设计图示洞口尺寸以面积计算。

（2）金属门：包括金属平开门、金属推拉门、金属地弹门、彩板门、塑钢门、防盗门、钢质防火门等，按设计图示数量计算或按设计图示洞口尺寸以面积计算。

（3）金属卷帘（闸）门：包括金属卷闸门、金属格栅门、防火卷帘门等，按设计图示数量计算或按设计图示洞口尺寸以面积计算。

（4）其他门：包括电子感应门、旋转门、电子对讲门、电动伸缩门、全玻门（带扇框）、全玻自由门（无扇框）、半玻门（带扇框）、镜面不锈钢饰面门等，按设计图示数量计算或按设计图示洞口尺寸以面积计算。玻璃、百叶面积占其门扇面积一半以内者应视为半玻门或半百叶门，超过一半时应视为全玻门或全百叶门。

（5）木窗：包括木质平开窗、木质推拉窗、矩形木百叶窗、异形木百叶窗、木组合窗、木天窗、矩形木固定窗、异形木固定窗、装饰空花木窗等，按设计图示数量计算或按设计图示洞口尺寸以面积、按设计图示尺寸以框外围展开面积、按框的外围尺寸以面积计算。

（6）金属窗：包括金属推拉窗、金属平开窗、金属固定窗、金属百叶窗、金属组合窗、彩板窗、塑钢窗、金属防盗窗、金属格栅窗等，按设计图示数量计算或按设计图示洞口尺寸以面积、按设计图示尺寸以框外围展开面积、按框的外围尺寸以面积计算。

（7）门窗套：包括木门窗套、金属门窗套、石材门窗套、门窗木贴脸、硬木筒子板、饰面夹板筒子板等，可以按设计图示尺寸以展开面积计算，或按设计图示数量计算，也可以按设计图示中心以延长米计算。

（8）窗台板：包括木窗台板、铝塑窗台板、石材窗台板、金属窗台板等，按设计图示尺寸以展开面积计算。

（9）窗帘、窗帘盒、窗帘轨：包括窗帘、木窗帘盒、饰面夹板、塑料窗帘盒、铝合金窗帘盒、窗帘轨等，窗帘盒、窗帘轨按设计图示尺寸以长度计算。

特殊五金按设计图示数量计算。木门五金应包括折页、插销、风钩、弓背拉手、搭扣、木螺丝、弹簧折页（自动门）、管子拉手（自由门、地弹门）、地弹簧（地弹门）、角铁、门轧头（地弹门、自由门）等。木窗五金应包括折页、插销、风钩、木螺丝、滑轮滑轨（推拉窗）等。铝合金窗五金应包括卡锁、滑轮、铰拉、执手、拉把、拉手、风撑、角码、牛角制等。铝合金门五金应包括地弹簧、门锁、拉手、门插、门铰、螺丝等。其他门五金应包括L形执手插锁（双舌）、球形执手锁（单舌）、门轧头、地锁、防盗门扣、门眼（猫眼）、门碰珠、电子锁（磁卡锁）、闭门器、装饰拉手等。

1. 木门

木门工程量清单项目设置如表5.6.23所示。

表 5.6.23　木门(项目编码:010801)

项目编码	项目名称	项目特征	计量单位	工程量计算规则	工作内容
010801001	木质门	(1)门代号及洞口尺寸; (2)镶嵌玻璃品种、厚度	樘或 m²	(1)以樘计量,按设计图示数量计算; (2)以平方米计量,按设计图示洞口尺寸以面积计算	(1)门安装; (2)玻璃安装; (3)五金安装
010801002	木质门带套				
010801003	木质连窗门				
010801004	木质防火门				
010801005	木门框	(1)门代号及洞口尺寸; (2)框截面尺寸; (3)防护材料种类	樘或 m	(1)以樘计量,按设计图示数量计算; (2)以米计量,按设计图示框的中心线以延长米计算	(1)木门框制作、安装; (2)运输; (3)刷防护材料
010801006	门锁安装	(1)锁品种; (2)锁规格	个(套)	按设计图示数量计算	安装

注:1.木质门应区分镶板木门、企口木板门、实木装饰门、胶合板门、夹板装饰门、木纱门、全玻门(带木质扇框)、木质半玻门(带木质扇框)等项目,分别编码列项。

2.木门五金应包括折页、插销、门碰珠、弓背拉手、搭扣、木螺丝、弹簧折页(自动门)、管子拉手(自由门、地弹门)、地弹簧(地弹门)、角铁、门轧头(地弹门、自由门)等。

3.木质门带套计量按洞口尺寸以面积计算,不包括门套的面积,但门套应计算在综合单价中。

4.以樘计量,项目特征必须描述洞口尺寸;以平方米计量,项目特征可不描述洞口尺寸。

5.单独制作、安装木门框按木门框项目编码列项。

2.金属门

金属门工程量清单项目设置如表 5.6.24 所示。

表 5.6.24　金属门(项目编码:010802)

项目编码	项目名称	项目特征	计量单位	工程量计算规则	工作内容
010802001	金属(塑钢)门	(1)门代号及洞口尺寸; (2)门框或扇外围尺寸; (3)门框、扇材质; (4)玻璃品种、厚度	樘或 m²	(1)以樘计量,按设计图示数量计算; (2)以平方米计量,按设计图示洞口尺寸以面积计算	(1)门安装; (2)五金安装; (3)玻璃安装
010802002	彩板门	(1)门代号及洞口尺寸; (2)门框或扇外围尺寸			
010802003	钢质防火门	(1)门代号及洞口尺寸; (2)门框或扇外围尺寸; (3)门框、扇材质			(1)门安装; (2)五金安装
010802004	防盗门				

注:1.金属门应区分金属平开门、金属推拉门、金属地弹门、全玻门(带金属扇框)、金属半玻门(带扇框)等项目,分别编码列项。

2.铝合金门五金包括地弹簧、门锁、拉手、门插、门铰、螺丝等。

3.金属门五金包括L形执手插锁(双舌)、执手锁(单舌)、门轧头、地锁、防盗门扣、门眼(猫眼)、门碰珠、电子锁(磁卡锁)、闭门器、装饰拉手等。

4.以樘计量,项目特征必须描述洞口尺寸,没有洞口尺寸时必须描述门框或扇外围尺寸;以平方米计量,项目特征可不描述洞口尺寸及门框、扇的外围尺寸。

5.以平方米计量,无设计图示洞口尺寸时,按门框、扇外围以面积计算。

例 5.6.15

某阳台用银白色铝合金门连窗(立面图如图 5.6.25 所示),门为单扇全玻平开门(每 10 m² 综合单价为 2 114.99 元),配 2 副铰链(综合单价为 18.76 元/副);窗为双扇推拉窗(每 10 m² 综合单价为 2 702.16 元)。门安装球形执手锁(综合单价为 39.77 元/个),五金配件综合单价为 14.11 元/樘。计算该铝合金门连窗的制作安装费用。

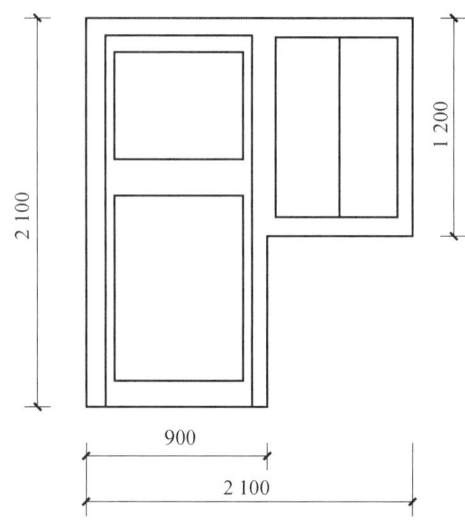

图 5.6.25 门连窗立面图(单位:mm)

解

计算工程量:

门制作安装工程量 $S_1 = 0.90 \text{ m} \times 2.10 \text{ m} = 1.89 \text{ m}^2$。

窗制作安装工程量:$1.20 \text{ m} \times (2.10 \text{ m} - 0.90 \text{ m}) = 1.44 \text{ m}^2$。

窗五金配件工程量:1 樘。门铰链工程量:2 副。球形执手锁工程量:1 个。

该门连窗制作安装费用计算如表 5.6.25 所示。

表 5.6.25 制作安装费用计算

序号	项目名称	计量单位	工程量	综合单价/元	合价/元
1	铝合金单扇全玻平开门	10 m²	0.189	2 114.99	399.73
2	铝合金双扇推拉窗	10 m²	0.144	2 702.16	389.11
3	铝合金五金配件	樘	1	14.11	14.11
4	铝合金门铰链	副	2	18.76	37.52
5	执手锁	个(套)	1	39.77	39.77
合计					880.24

3. 金属卷帘(闸)门

金属卷帘(闸)门工程量清单项目设置如表 5.6.26 所示。

表 5.6.26 金属卷帘(闸)门(项目编码:010803)

项目编码	项目名称	项目特征	计量单位	工程量计算规则	工作内容
010803001	金属卷帘(闸)门	(1)门代号及洞口尺寸; (2)门材质; (3)启动装置品种、规格	樘或 m²	(1)以樘计量,按设计图示数量计算; (2)以平方米计量,按设计图示洞口尺寸以面积计算	(1)门运输、安装; (2)启动装置、活动小门、五金安装
010803002	防火卷帘(闸)门				

注:以樘计量,项目特征必须描述洞口尺寸;以平方米计量,项目特征可不描述洞口尺寸。

4.厂库房大门、特种门

厂库房大门、特种门工程量清单项目设置如表 5.6.27 所示。

表 5.6.27 厂库房大门、特种门(项目编码:010804)

项目编码	项目名称	项目特征	计量单位	工程量计算规则	工作内容
010804001	木板大门	(1)门代号及洞口尺寸; (2)门框或扇外围尺寸; (3)门框、扇材质; (4)五金种类、规格; (5)防护材料种类	樘或 m²	(1)以樘计量,按设计图示数量计算; (2)以平方米计量,按设计图示洞口尺寸以面积计算	(1)门(骨架)制作、运输; (2)门、五金配件安装; (3)刷防护材料
010804002	钢木大门				
010804003	全钢板大门				
010804004	防护铁丝门			(1)以樘计量,按设计图示数量计算; (2)以平方米计量,按设计图示门框或扇以面积计算	
010804005	金属格栅门	(1)门代号及洞口尺寸; (2)门框或扇外围尺寸; (3)门框、扇材质; (4)启动装置的品种、规格		(1)以樘计量,按设计图示数量计算; (2)以平方米计量,按设计图示洞口尺寸以面积计算	(1)门安装; (2)启动装置、五金配件安装
010804006	钢质花饰大门	(1)门代号及洞口尺寸; (2)门框或扇外围尺寸; (3)门框、扇材质		(1)以樘计量,按设计图示数量计算; (2)以平方米计量,按设计图示门框或扇以面积计算	(1)门安装; (2)五金配件安装
010804007	特种门			(1)以樘计量,按设计图示数量计算; (2)以平方米计量,按设计图示洞口尺寸以面积计算	

注:1.特种门应区分冷藏门、冷冻间门、保温门、变电室门、隔音门、防射线门、人防门、金库门等项目,分别编码列项。
2.以樘计量,项目特征必须描述洞口尺寸,没有洞口尺寸时必须描述门框或扇外围尺寸;以平方米计量,项目特征可不描述洞口尺寸及门框、扇的外围尺寸。
3.以平方米计量,无设计图示洞口尺寸时,按门框、扇外围以面积计算。

例 5.6.16

某住宅用某种木板门 45 樘,相关尺寸如图 5.6.26 所示,计算该木板门制作、安装(含门锁及配件)工程量。

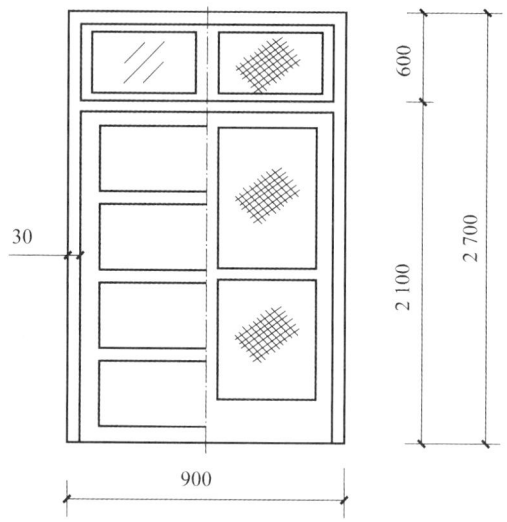

图 5.6.26　木板门相关尺寸(单位:mm)

解

木板门框、门扇制作安装工程量=0.90 m×2.70 m×45=109.35 m²。

木板门普通门锁安装工程量=45 个(套)。

木板门五金配件工程量=45 樘。

例 5.6.17

已知某一层建筑的 M1 为全钢板门,规格为 900 mm×2 100 mm,共 10 樘,现场制作安装,全部安装球形执手锁。门框、门扇制作综合单价分别为 541.50 元/10 m²、633.47 元/m²,安装综合单价分别为 29.64 元/10 m²、96.17 元/10 m²;五金配件综合单价为 11.31 元/樘;球形执手锁综合单价为 39.77 元/个(套)。计算该建筑制作安装门的工程量及费用。

解

门框制作安装、门扇制作安装的工程量=0.90 m×2.10 m×10=18.90 m²。

五金配件工程量:10 樘。球形执手锁工程量:10 个(套)。

全钢板门制作安装费用计算如表 5.6.28 所示。

表 5.6.28　门工程费用计算

项目名称	计量单位	工程量	综合单价/元	合价/元
门框制作	10 m²	1.89	541.50	1 023.44
门扇制作	10 m²	1.89	633.47	1 197.26
门框安装	10 m²	1.89	29.64	56.02

项目名称	计量单位	工程量	综合单价/元	合价/元
门扇安装	10 m²	1.89	96.17	181.76
五金配件	樘	10	11.31	113.10
球形执手锁	个(套)	10	39.77	397.70
合计				2 969.28

5. 其他门

其他门工程量清单项目设置如表 5.6.29 所示。

表 5.6.29 其他门(项目编码:010805)

项目编码	项目名称	项 目 特 征	计量单位	工程量计算规则	工 作 内 容
010805001	电子感应门	(1)门代号及洞口尺寸; (2)门框或扇外围尺寸; (3)门框、扇材质; (4)玻璃品种、厚度; (5)启动装置的品种、规格; (6)电子配件品种、规格	樘或 m²	(1)以樘计量,按设计图示数量计算; (2)以平方米计量,按设计图示洞口尺寸以面积计算	(1)门安装; (2)启动装置、五金、电子配件安装
010805002	旋转门				
010805003	电子对讲门	(1)门代号及洞口尺寸; (2)门框或扇外围尺寸; (3)门材质; (4)玻璃品种、厚度; (5)启动装置的品种、规格; (6)电子配件品种、规格			
010805004	电动伸缩门				
010805005	全玻自由门	(1)门代号及洞口尺寸; (2)门框或扇外围尺寸; (3)框材质; (4)玻璃品种、厚度			(1)门安装; (2)五金安装
010805006	镜面不锈钢饰面门	(1)门代号及洞口尺寸; (2)门框或扇外围尺寸; (3)框、扇材质; (4)玻璃品种、厚度			
010805007	复合材料门				

注:1.以樘计量,项目特征必须描述洞口尺寸,没有洞口尺寸时必须描述门框或扇外围尺寸;以平方米计量,项目特征可不描述洞口尺寸及门框、扇的外围尺寸。

2.以平方米计量,无设计图示洞口尺寸时,按门框、扇外围以面积计算。

6. 木窗

木窗工程量清单设置如表 5.6.30 所示。

表 5.6.30　木窗(项目编码:010806)

项目编码	项目名称	项 目 特 征	计量单位	工程量计算规则	工 作 内 容
010806001	木质窗	(1)窗代号及洞口尺寸; (2)玻璃品种、厚度	樘或 m²	(1)以樘计量,按设计图示数量计算; (2)以平方米计量,按设计图示洞口尺寸以面积计算	(1)窗安装; (2)五金、玻璃安装
010806002	木飘(凸)窗			(1)以樘计量,按设计图示数量计算; (2)以平方米计量,按设计图示尺寸以框外围展开面积计算	(1)窗制作、运输、安装; (2)五金、玻璃安装; (3)刷防护材料
010806003	木橱窗	(1)窗代号; (2)框截面及外围展开面积; (3)玻璃品种、厚度; (4)防护材料种类			
010806004	木纱窗	(1)窗代号及框的外围尺寸; (2)窗纱材料品种、规格		(1)以樘计量,按设计图示数量计算; (2)以平方米计量,按框的外围尺寸以面积计算	(1)窗安装; (2)五金安装

注:1.木质窗应区分木百叶窗、木组合窗、木天窗、木固定窗、木装饰空花窗等项目,分别编码列项。

2.以樘计量,项目特征必须描述洞口尺寸,没有洞口尺寸时必须描述窗框外围尺寸;以平方米计量,项目特征可不描述洞口尺寸及窗框的外围尺寸。

3.以平方米计量,无设计图示洞口尺寸时,按窗框外围以面积计算。

4.木飘(凸)窗、木橱窗以樘计量,项目特征必须描述框截面及外围展开面积。

5.木窗五金包括折页、插销、风钩、木螺丝、滑轮滑轨(推拉窗)等。

例 5.6.18

某建筑工程有 40 樘单层四扇亮玻璃木窗,立面图如图 5.6.27 所示,求其工程量。

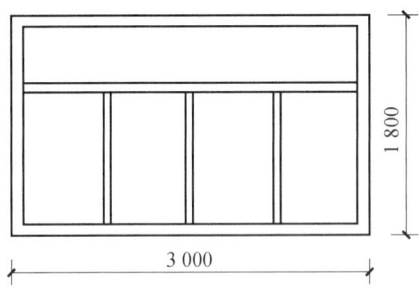

图 5.6.27　木窗立面图(单位:mm)

解

(1)该工程的玻璃木窗清单工程量计算如下:

木窗的清单工程量 $S_1 = 3.00 \text{ m} \times 1.80 \text{ m} \times 40 = 216 \text{ m}^2$。

(2)定额工程量计算(计算方法同清单工程量):

木窗的定额工程量 $S_2 = 216 \text{ m}^2$。

7. 金属窗

金属窗工程量清单项目设置如表 5.6.31 所示。

表 5.6.31　金属窗（项目编码:010807)

项目编码	项目名称	项目特征	计量单位	工程量计算规则	工作内容
010807001	金属(塑钢、断桥)窗	(1)窗代号及洞口尺寸; (2)框、扇材质; (3)玻璃品种、厚度	樘或 m²	(1)以樘计量,按设计图示数量计算; (2)以平方米计量,按设计图示洞口尺寸以面积计算	(1)窗安装; (2)五金、玻璃安装
010807002	金属防火窗				
010807003	金属百叶窗				
010807004	金属纱窗	(1)窗代号及洞口尺寸; (2)框材质; (3)窗纱材料品种、规格		(1)以樘计量,按设计图示数量计算; (2)以平方米计量,按框的外围尺寸以面积计算	(1)窗安装; (2)五金安装
010807005	金属格栅窗	(1)窗代号及洞口尺寸; (2)框外围尺寸; (3)框、扇材质		(1)以樘计量,按设计图示数量计算; (2)以平方米计量,按设计图示洞口尺寸以面积计算	
010807006	金属(塑钢、断桥)橱窗	(1)窗代号; (2)框外围展开面积; (3)框、扇材质; (4)玻璃品种、厚度; (5)防护材料种类		(1)以樘计量,按设计图示数量计算; (2)以平方米计量,按设计图示尺寸以框外围展开面积计算	(1)窗制作、运输、安装; (2)五金、玻璃安装; (3)刷防护材料
010807007	金属(塑钢、断桥)飘(凸)窗	(1)窗代号; (2)框外围展开面积; (3)框、扇材质; (4)玻璃品种、厚度			(1)窗安装; (2)五金、玻璃安装
010807008	彩板窗	(1)窗代号及洞口尺寸; (2)框外围尺寸; (3)框、扇材质; (4)玻璃品种、厚度		(1)以樘计量,按设计图示数量计算; (2)以平方米计量,按设计图示洞口尺寸或框外围以面积计算	
010807009	复合材料窗				

注:1.金属窗应区分金属组合窗、防盗窗等项目,分别编码列项。
　　2.以樘计量,项目特征必须描述洞口尺寸,没有洞口尺寸时必须描述窗框外围尺寸;以平方米计量,项目特征可不描述洞口尺寸及窗框的外围尺寸。
　　3.以平方米计量,无设计图示洞口尺寸时,按框外围以面积计算。
　　4.金属橱窗、金属飘(凸)窗以樘计量时,项目特征必须描述框外围展开面积。
　　5.金属窗五金包括折页、螺丝、执手、卡锁、风撑、滑轮滑轨(推拉窗)、拉把、拉手、角码、牛角制等。

8. 门窗套

门窗套工程量清单项目设置如表 5.6.32 所示。

表 5.6.32　门窗套（项目编码：010808）

项目编码	项目名称	项 目 特 征	计量单位	工程量计算规则	工 作 内 容
010808001	木门窗套	(1) 窗代号及洞口尺寸； (2) 门窗套展开宽度； (3) 基层材料种类； (4) 面层材料品种、规格； (5) 线条品种、规格； (6) 防护材料种类	樘、m²或 m	(1) 以樘计量，按设计图示数量计算； (2) 以平方米计量，按设计图示尺寸以展开面积计算； (3) 以米计量，按设计图示中心以延长米计算	(1) 清理基层； (2) 立筋制作、安装； (3) 基层板安装； (4) 面层铺贴； (5) 线条安装； (6) 刷防护材料
010808002	木筒子板	(1) 筒子板宽度； (2) 基层材料种类； (3) 面层材料品种、规格； (4) 线条品种、规格； (5) 防护材料种类			
010808003	饰面夹板筒子板				
010808004	金属门窗套	(1) 窗代号及洞口尺寸； (2) 门窗套展开宽度； (3) 基层材料种类； (4) 面层材料品种、规格； (5) 防护材料种类			(1) 清理基层； (2) 立筋制作、安装； (3) 基层板安装； (4) 面层铺贴； (5) 刷防护材料
010808005	石材门窗套	(1) 窗代号及洞口尺寸； (2) 门窗套展开宽度； (3) 粘结层厚度，砂浆配合比； (4) 面层材料品种、规格； (5) 线条品种、规格			(1) 清理基层； (2) 立筋制作、安装； (3) 基层抹灰； (4) 面层铺贴； (5) 线条安装
010808006	门窗木贴脸	(1) 门窗代号及洞口尺寸； (2) 贴脸板宽度； (3) 防护材料种类	樘或 m	(1) 以樘计量，按设计图示数量计算； (2) 以米计量，按设计图示尺寸以延长米计算	安装
010808007	成品木门窗套	(1) 门窗代号及洞口尺寸； (2) 门窗套展开宽度； (3) 门窗套材料品种、规格	樘、m²或 m	(1) 以樘计量，按设计图示数量计算； (2) 以平方米计量，按设计图示尺寸以展开面积计算； (3) 以米计量，按设计图示中心以延长米计算	(1) 清理基层； (2) 立筋制作、安装； (3) 板安装

注：1. 以樘计量，项目特征必须描述洞口尺寸、门窗套展开宽度。

2. 以平方米计量，项目特征可不描述洞口尺寸、门窗套展开宽度。

3. 以米计量，项目特征必须描述门窗套展开宽度、筒子板宽度及贴脸板宽度。

4. 木门窗套项目适用于单独门窗套的制作、安装。

9. 窗台板

窗台板工程量清单项目设置如表 5.6.33 所示。

表 5.6.33　窗台板（项目编码：010809）

项目编码	项目名称	项目特征	计量单位	工程量计算规则	工作内容
010809001	木窗台板	（1）基层材料种类； （2）窗台面板材质、规格、颜色； （3）防护材料种类	m²	按设计图示尺寸以展开面积计算	（1）基层清理； （2）基层制作、安装； （3）窗台板制作、安装； （4）刷防护材料
010809002	铝塑窗台板				
010809003	金属窗台板				
010809004	石材窗台板	（1）粘结层厚度，砂浆配合比； （2）窗台板材质、规格、颜色			（1）基层清理； （2）抹找平层； （3）窗台板制作、安装

10. 窗帘、窗帘盒、窗帘轨

窗帘、窗帘盒、窗帘轨工程量清单项目设置如表 5.6.34 所示。

表 5.6.34　窗帘、窗帘盒、窗帘轨（项目编码：010810）

项目编码	项目名称	项目特征	计量单位	工程量计算规则	工作内容
010810001	窗帘	（1）窗帘材质； （2）窗帘高度、宽度； （3）窗帘层数； （4）带幔要求	m 或 m²	（1）以米计量，按设计图示尺寸以成活后长度计算； （2）以平方米计量，按图示尺寸以成活后展开面积计算	（1）制作、运输； （2）安装
010810002	木窗帘盒				
010810003	饰面夹板、塑料窗帘盒	（1）窗帘盒材质、规格； （2）防护材料种类	m	按设计图示尺寸以长度计算	（1）制作、运输、安装； （2）刷防护材料
010810004	铝合金窗帘盒				
010810005	窗帘轨	（1）窗帘轨材质、规格； （2）轨的数量； （3）防护材料种类			

注：1. 窗帘若是双层，项目特征必须描述每层材质。
　　2. 窗帘以米计量时，项目特征必须描述窗帘高度和宽度。

五、油漆、涂料、裱糊工程计量

1. 门油漆

门油漆工程量清单项目设置如表 5.6.35 所示。

表 5.6.35　门油漆（项目编码：011401）

项目编码	项目名称	项 目 特 征	计量单位	工程量计算规则	工 作 内 容
011401001	木门油漆	（1）门类型； （2）门代号及洞口尺寸； （3）腻子种类； （4）刮腻子遍数； （5）防护材料种类； （6）油漆品种，刷漆遍数	樘或 m²	（1）以樘计量，按设计图示数量计算； （2）以平方米计量，按设计图示洞口尺寸以面积计算	（1）基层清理； （2）刮腻子； （3）刷防护材料、油漆
011401002	金属门油漆				（1）除锈，基层清理； （2）刮腻子； （3）刷防护材料、油漆

注：1. 木门油漆应区分木大门、单层木门、双层（一玻一纱）木门、双层（单裁口）木门、全玻自由门、半玻自由门、装饰门及有框门或无框门等项目，分别编码列项。

　　2. 金属门油漆应区分平开门、推拉门、钢制防火门等项目，分别编码列项。

　　3. 以平方米计量，项目特征可不描述洞口尺寸。

2. 窗油漆

窗油漆工程量清单项目设置如表 5.6.36 所示。

表 5.6.36　窗油漆（项目编码：011402）

项目编码	项目名称	项 目 特 征	计量单位	工程量计算规则	工 作 内 容
011402001	木窗油漆	（1）窗类型； （2）窗代号及洞口尺寸； （3）腻子种类； （4）刮腻子遍数； （5）防护材料种类； （6）油漆品种、刷漆遍数	樘或 m²	（1）以樘计量，按设计图示数量计算； （2）以平方米计量，按设计图示洞口尺寸以面积计算	（1）基层清理； （2）刮腻子； （3）刷防护材料、油漆
011402002	金属窗油漆				（1）除锈，基层清理； （2）刮腻子； （3）刷防护材料、油漆

注：1. 木窗油漆应区分单层玻璃木窗、双层（一玻一纱）木窗、双层框扇（单裁口）木窗、双层框三层（二玻一纱）木窗、单层组合窗、双层组合窗、木百叶窗、木推拉窗等项目，分别编码列项。

　　2. 金属窗油漆应区分平开窗、推拉窗、固定窗、组合窗、金属格栅窗等项目，分别编码列项。

　　3. 以平方米计量，项目特征可不描述洞口尺寸。

3. 木扶手及其他板条、线条油漆

木扶手及其他板条、线条油漆工程量清单项目设置如表 5.6.37 所示。

表 5.6.37　木扶手及其他板条、线条油漆(项目编码:011403)

项目编码	项目名称	项目特征	计量单位	工程量计算规则	工作内容
011403001	木扶手油漆	(1) 断面尺寸; (2) 腻子种类; (3) 刮腻子遍数; (4) 防护材料种类; (5) 油漆品种、刷漆遍数	m	按设计图示尺寸以长度计算	(1) 基层清理; (2) 刮腻子; (3) 刷防护材料、油漆
011403002	窗帘盒油漆				
011403003	封檐板、顺水板油漆				
011403004	挂衣板、黑板框油漆				
011403005	挂镜线、窗帘棍、单独木线油漆				

注:木扶手应区分带托板与不带托板,分别编码列项。若是木栏杆带木扶手,木扶手油漆不应单独列项,应包含在木栏杆油漆中。

4. 木材面油漆

木材面油漆工程量清单项目设置如表 5.6.38 所示。

表 5.6.38　木材面油漆(项目编码:011404)

项目编码	项目名称	项目特征	计量单位	工程量计算规则	工作内容
011404001	木护墙、木墙裙油漆	(1) 腻子种类; (2) 刮腻子遍数; (3) 防护材料种类; (4) 油漆品种、刷漆遍数	m²	按设计图示尺寸以面积计算	(1) 基层清理; (2) 刮腻子; (3) 刷防护材料、油漆
011404002	窗台板、筒子板、盖板、门窗套、踢脚线油漆				
011404003	清水板条天棚、檐口油漆				
011404004	木方格吊顶天棚油漆				
011404005	吸音板墙面、天棚面油漆				
011404006	暖气罩油漆				
011404007	其他木材面油漆				
011404008	木间壁、木隔断油漆			按设计图示尺寸以单面外围面积计算	
011404009	玻璃间壁露明墙筋油漆				
011404010	木栅栏、木栏杆(带扶手)油漆				

项目编码	项目名称	项目特征	计量单位	工程量计算规则	工作内容
011404011	衣柜、壁柜油漆	(1)腻子种类; (2)刮腻子遍数; (3)防护材料种类; (4)油漆品种、刷漆遍数	m²	按设计图示尺寸以油漆部分展开面积计算	(1)基层清理; (2)刮腻子; (3)刷防护材料、油漆
011404012	梁柱饰面油漆				
011404013	零星木装修油漆				
011404014	木地板油漆			按设计图示尺寸以面积计算。空洞、空圈、暖气包槽、壁龛的开口部分并入相应的工程量计算	
011404015	木地板烫硬蜡面	(1)硬蜡品种; (2)面层处理要求			(1)基层清理; (2)烫蜡

5. 金属面油漆

金属面油漆工程量清单项目设置如表5.6.39所示。

表5.6.39　金属面油漆(项目编码:011405)

项目编码	项目名称	项目特征	计量单位	工程量计算规则	工作内容
011405001	金属面油漆	(1)构件名称; (2)腻子种类; (3)刮腻子要求; (4)防护材料种类; (5)油漆品种、刷漆遍数	t或m²	(1)以吨计量,按设计图示尺寸以质量计算; (2)以平方米计量,按设计展开面积计算	(1)基层清理; (2)刮腻子; (3)刷防护材料、油漆

6. 抹灰面油漆

抹灰面油漆工程量清单项目设置如表5.6.40所示。

表5.6.40　抹灰面油漆(项目编码:011406)

项目编码	项目名称	项目特征	计量单位	工程量计算规则	工作内容
011406001	抹灰面油漆	(1)基层类型; (2)腻子种类; (3)刮腻子遍数; (4)防护材料种类; (5)油漆品种、刷漆遍数; (6)部位	m²	按设计图示尺寸以面积计算	(1)基层清理; (2)刮腻子; (3)刷防护材料、油漆
011406002	抹灰线条油漆	(1)线条宽度、道数; (2)腻子种类; (3)刮腻子遍数; (4)防护材料种类; (5)油漆品种、刷漆遍数	m	按设计图示尺寸以长度计算	
011406003	满刮腻子	(1)基层类型; (2)腻子种类; (3)刮腻子遍数	m²	按设计图示尺寸以面积计算	(1)基层清理; (2)刮腻子

■例 5.6.19

某建筑工程长宽轴线尺寸为 6 000 mm×3 600 mm,墙体厚度为 240 mm,板底高度为 3.2 m,有一门(1 000 mm×2 700 mm,内平)、一窗(1 500 mm×1 800 mm),窗台高 1 m,三合板木墙裙(高 1 m)上润油粉,刷硝基清漆 6 遍。墙面、顶棚刷乳胶漆 3 遍(光面,混合腻子),试确定油漆工程项目并计算工程量。

■解

(1) 列项:墙裙刷硝基清漆,顶棚刷乳胶漆,墙面刷乳胶漆。

(2) 计算工程量:

墙裙刷硝基清漆工程量=[(6.00 m−0.24 m+3.60 m−0.24 m)×2−1.00 m]×1.00 m=17.24 m²

顶棚刷乳胶漆工程量=(6.00 m−0.24 m)×(3.60 m−0.24 m)=19.35 m²

墙面刷乳胶漆工程量=(6.00 m−0.24 m+3.60 m−0.24 m)×2×(3.20 m−1.00 m)−1.00 m×(2.70 m−1.00 m)−1.50×1.80=35.73 m²。

7. 喷刷涂料

喷刷涂料工程量清单项目设置如表 5.6.41 所示。

表 5.6.41 喷刷涂料(项目编码:011407)

项目编码	项目名称	项目特征	计量单位	工程量计算规则	工作内容
011407001	墙面喷刷涂料	(1) 基层类型; (2) 喷刷涂料部位; (3) 腻子种类; (4) 刮腻子要求; (5) 涂料品种,喷刷遍数	m²	按设计图示尺寸以面积计算	(1) 基层清理; (2) 刮腻子; (3) 刷、喷涂料
011407002	天棚喷刷涂料				
011407003	空花格、栏杆刷涂料	(1) 腻子种类; (2) 刮腻子遍数; (3) 涂料品种,喷刷遍数		按设计图示尺寸以单面外围面积计算	
011407004	线条刷涂料	(1) 基层清理; (2) 线条宽度; (3) 刮腻子遍; (4) 刷防护材料、油漆	m	按设计图示尺寸以长度计算	
011407005	金属构件刷防火涂料	(1) 喷刷防火涂料构件名称; (2) 防火等级要求; (3) 涂料品种,喷刷遍数	t 或 m²	(1) 以吨计量,按设计图示尺寸以质量计算; (2) 以平方米计量,按设计展开面积计算	(1) 基层清理; (2) 刷防护材料、油漆; (3) 刷防火材料
011407006	木材构件喷刷防火涂料		m²	以平方米计量,按设计图示尺寸以面积计算	(1) 基层清理; (2) 刷防火材料

注:描述喷刷墙面涂料部位时要注明内墙或外墙。

8.裱糊

裱糊工程量清单项目设置如表5.6.42所示。

表5.6.42 裱糊(项目编码:011408)

项目编码	项目名称	项 目 特 征	计量单位	工程量计算规则	工 作 内 容
011408001	墙纸裱糊	(1) 基层类型; (2) 裱糊部位; (3) 腻子种类; (4) 刮腻子遍数; (5) 粘结材料种类; (6) 防护材料种类; (7) 面层材料品种、规格、颜色	m²	按设计图示尺寸以面积计算	(1) 基层清理; (2) 刮腻子; (3) 面层铺粘; (4) 刷防护材料
011408002	织锦缎裱糊				

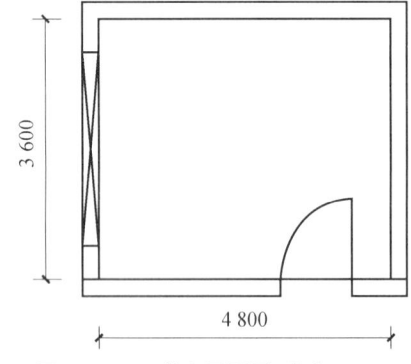

图5.6.28 书房平面图(单位:mm)

例5.6.20

某住宅书房平面图如图5.6.28所示。已知其墙面裱糊金属壁纸,窗尺寸为1 800 mm×1 500 mm,门尺寸为900 mm×2 000 mm,踢脚线高为120 mm,房间顶棚高度为2 800 mm。试计算房间贴金属壁纸的工程量。

解

(1) 建筑物贴金属壁纸的清单工程量:

$S = (3.60 \text{ m} + 4.80 \text{ m}) \times 2 \times 2.80 \text{ m} - 1.80 \text{ m} \times 1.50 \text{ m} - 0.90 \text{ m} \times 2.00 \text{ m} = 42.54 \text{ m}^2$。

(2) 定额工程量计算(与清单工程量计算方法相同):

$S = 42.54 \text{ m}^2$。

任务 **7** 措施项目计量

一、措施项目清单的相关概念

1.措施项目的概念

措施项目,是指为完成工程项目施工,发生于该工程施工准备和施工过程中的技术、生活、安全、环境等方面的项目。

2.措施项目清单的组成

《建设工程工程量清单计价规范》(GB 50500—2013)中,将措施项目分为总价措施项目(整体措施项目)和单价措施项目(单项措施项目)两部分,如表5.7.1所示。

表 5.7.1　措施项目分类

名　称	概　念	包括内容	备　注	列　项
总价措施项目	通常被称为"施工组织措施费",是指措施项目中不能计量的且以清单形式列出的项目费用	安全文明施工费(环境保护费、文明施工费、安全施工费、临时设施费)、夜间施工增加费、非夜间施工增加费、二次搬运费、冬雨(风)季施工增加费,以及地上、地下设施、建筑物的临时保护设施、已完工程及设备的保护费等	安全文明施工费是指在合同履行过程中,承包人按照国家法律、法规、标准等规定,为保证安全施工、文明施工,保护现场内外环境和搭拆临时设施等采取措施而发生的费用。作为强制性规定,安全文明施工费必须按国家或省级、行业建设主管部门的规定计算,不得作为竞争性费用	总价措施项目中,列出项目编码、项目名称,未列出项目特征、计量单位和工程量计算规则的项目,编制工程量清单时,应按规范中措施项目规定的项目编码、项目名称确定,一般可以以"项"为单位确定工作内容及相关金额
单价措施项目	通常被称为"施工技术措施费",是指措施项目中能计量的且以清单形式列出的项目费用	脚手架工程费、混凝土模板及支架(撑)费、垂直运输费、超高施工增加费、大型机械设备进出场及安拆费,以及施工排水、降水费等	—	在《计量规范》中列出了项目编码、项目名称、项目特征、计量单位、工程量计算规则等内容的项目,编制工程量清单时,与分部分项工程项目的相关规定一致

二、措施项目清单的相关计算规则

1.脚手架工程清单项目

脚手架工程清单项目设置如表5.7.2所示。

2.混凝土模板及支架(撑)清单项目

混凝土模板及支架(撑)清单项目设置如表5.7.3所示。

表 5.7.2　脚手架工程(项目编码:011701)

项目编码	项目名称	项目特征	计量单位	工程量计算规则	工作内容
011701001	综合脚手架	(1)建筑结构形式; (2)檐口高度	m²	按建筑面积计算	(1)场内、场外材料搬运; (2)搭、拆脚手架、斜道、上料平台; (3)安全网铺设; (4)选择附墙点,与主体连接; (5)测试电动装置、安全锁等; (6)拆除脚手架后材料堆放
011701002	外脚手架	(1)搭设方式; (2)搭设高度; (3)脚手架材质		按所服务对象的垂直投影面积计算	(1)场内、场外材料搬运; (2)搭、拆脚手架、斜道、上料平台; (3)安全网铺设; (4)拆除脚手架后材料堆放
011701003	里脚手架				
011701004	悬空脚手架	(1)搭设方式; (2)悬挑宽度; (3)脚手架材质		按搭设的水平投影面积计算	
011701005	挑脚手架		m	按搭设长度乘以搭设层数,以延长米计算	
011701006	满堂脚手架	(1)搭设方式; (2)搭设高度; (3)脚手架材质		按搭设的水平投影面积计算	
011701007	整体提升架	(1)搭设方式及启动装置; (2)搭设高度	m²	按所服务对象的垂直投影面积计算	(1)场内、场外材料搬运; (2)选择附墙点,与主体连接; (3)搭、拆脚手架、斜道、上料平台; (4)安全网铺设; (5)测试电动装置、安全锁等; (6)拆除脚手架后材料堆放
011701008	外装饰吊篮	(1)升降方式及启动装置; (2)搭设高度及吊篮型号			(1)场内、场外材料搬运; (2)吊篮安装; (3)测试电动装置、安全锁、平衡控制器等; (4)吊篮拆卸

注:1.使用综合脚手架时,不再使用外脚手架、里脚手架等单项脚手架;综合脚手架适用于能够按建筑面积计算规则计算建筑面积的建筑工程脚手架,不适用于房屋加层、构筑物及附属工程脚手架。

2.同一建筑物有不同檐高时,按建筑物竖向切面分别以不同檐高编列清单项目。

3.整体提升架已包括 2 m 高的防护架体设施。

4.脚手架材质可以不描述,但应注明由投标人根据工程实际情况按照国家现行标准《建筑施工扣件式钢管脚手架安全技术规范》(JGJ 130—2011)、《建筑施工附着升降脚手架管理暂行规定》等自行确定。

表 5.7.3 混凝土模板及支架(撑)(项目编码:011702)

项目编码	项目名称	项目特征	计量单位	工程量计算规则	工作内容
011702001	基础	基础类型	m²	(1)按模板与现浇混凝土构件的接触面积计算。 (2)现浇钢筋混凝土墙、板单孔面积≤0.3 m²的孔洞不予扣除,洞侧壁模板亦不增加;单孔面积>0.3 m²时应予扣除,洞侧壁模板面积并入墙、板工程量计算。 (3)现浇框架分别按梁、板、柱有关规定计算;附墙柱、暗梁、暗柱并入墙内工程量计算。 (4)柱、梁、墙、板相互连接的重叠部分,均不计算模板面积。 (5)构造柱按图示外露部分计算模板面积	(1)模板制作; (2)模板安装、拆除、整理堆放及场内外运输; (3)清理模板粘结物及模内杂物,刷隔离剂
011702002	矩形柱				
011702003	构造柱				
011702004	异形柱	柱截面形状			
011702005	基础梁	梁截面形状			
011702006	矩形梁	支撑高度			
011702007	异形梁	(1)梁截面形状; (2)支撑高度			
011702008	圈梁				
011702009	过梁				
011702010	弧形、拱形梁	(1)梁截面形状; (2)支撑高度			
011702011	直形墙				
011702012	弧形墙				
011702013	短肢剪力墙、电梯井壁				
011702014	有梁板	支撑高度			
011702015	无梁板				
011702016	平板				
011702017	拱板				
011702018	薄壳板				
011702019	空心板				
011702020	其他板				
011702021	栏板				
011702022	天沟、檐沟	构件类型		按模板与现浇混凝土构件的接触面积计算	
011702023	雨篷、悬挑板、阳台板	(1)构件类型; (2)板厚度		按图示外挑部分尺寸的水平投影面积计算,挑出墙外的悬臂梁及板边不另计算	
011702024	楼梯	类型		按楼梯(包括休息平台、平台梁、斜梁和楼层板的连接梁)的水平投影面积计算,不扣除宽度≤500 mm的楼梯井所占面积,楼梯踏步、踏步板、平台梁等侧面模板不另计算,伸入墙内部分亦不增加工程量	
011702025	其他现浇构件	构件类型		按模板与现浇混凝土构件的接触面积计算	
011702026	电缆沟、地沟	(1)沟类型; (2)沟截面		按模板与电缆沟、地沟的接触面积计算	
011702027	台阶	台阶踏步宽		按图示台阶水平投影面积计算,台阶端头两侧不另计算模板面积。架空式混凝土台阶,按现浇楼梯计算	
011702028	扶手	扶手断面尺寸		按模板与扶手的接触面积计算	
011702029	散水			按模板与散水的接触面积计算	
011702030	后浇带	后浇带部位		按模板与后浇带的接触面积计算	
011702031	化粪池	(1)化粪池部位; (2)化粪池规格		按模板与混凝土的接触面积计算	
011702032	检查井	(1)检查井部位; (2)检查井规格			

注:1.原槽浇灌的混凝土基础,不计算模板。
  2.混凝土模板及支架(撑)项目,只适用于以平方米计量的模板及支架(撑),按模板与混凝土构件的接触面积计算。以立方米计量的模板及支架(撑),按混凝土及钢筋混凝土实体项目执行,其综合单价中应包含模板及支架(撑)。
  3.采用清水模板时,应在特征中注明。
  4.若现浇混凝土梁、板支撑高度超过3.6 m,项目特征应描述支撑高度。

例 5.7.1

某工程框架结构建筑物某层现浇混凝土及钢筋混凝土柱、梁、板结构如图 5.7.1 所示，层高 3.0 m，其中板厚为 120 mm，梁、板顶标高为 +6.000 m，柱的区域标高为 +3.000 m 至 +6.000 m，不采用清水模板。试编制该层现浇混凝土及钢筋混凝土柱、梁、板模板工程的工程项目清单。

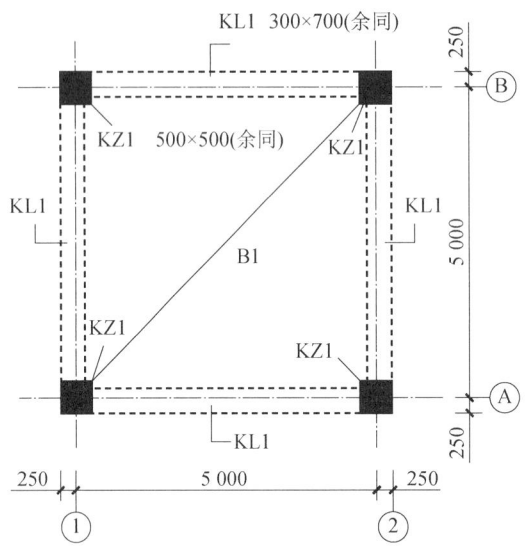

图 5.7.1　某工程现浇混凝土及钢筋混凝土柱、梁、板结构（单位：mm）

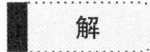

计算过程如表 5.7.4 所示。

表 5.7.4　混凝土模板工程量计算

分部分项工程	规格	计算表达式	结　果
矩形柱	面积	$4\times(3.00\ \text{m}\times0.50\ \text{m}\times4-0.30\ \text{m}\times0.70\ \text{m}\times2-0.20\ \text{m}\times0.12\ \text{m}\times2)$	22.13 m²
矩形梁	面积	$(5.00\ \text{m}-0.50\ \text{m})\times(0.70\ \text{m}\times2+0.30\ \text{m})\times4-(5.00\ \text{m}-0.50\ \text{m})\times0.12\ \text{m}\times4$	28.44 m²
板	面积	$(5.50\ \text{m}-2\times0.30\ \text{m})\times(5.50\ \text{m}-2\times0.30\ \text{m})-0.20\ \text{m}\times0.20\ \text{m}\times4$	23.85 m²

注：根据规范规定，现浇框架结构分别按柱、梁、板计算。柱、梁、墙、板相互连接处的重叠部分，均不计算模板面积。

编制混凝土模板工程项目清单，如表 5.7.5 所示。

表 5.7.5　混凝土模板工程项目清单

序号	项 目 编 码	项目名称	项 目 特 征	计量单位	工程量
1	011702002001	矩形柱		m²	22.13
2	011702006001	矩形梁		m²	28.44
3	011702014001	板		m²	23.85

注：根据规范规定，若现浇混凝土梁、板支撑高度超过 3.6 m，项目特征要描述支撑高度，否则不描述。

3.垂直运输清单项目

垂直运输清单项目设置如表5.7.6所示。

表5.7.6 垂直运输（项目编码:011703）

项目编码	项目名称	项 目 特 征	计量单位	工程量计算规则	工 作 内 容
011703001	垂直运输	（1）建筑物建筑类型及结构形式； （2）地下室建筑面积； （3）建筑物檐口高度、层数	m² 或 天	（1）以平方米计量,按建筑面积计算； （2）以天计量,按施工工期日历天数计算	（1）垂直运输机械的固定装置、基础制作、安装； （2）行走式垂直运输机械轨道的铺设、拆除、摊销

注:1.建筑物的檐口高度是指设计室外地坪至檐口滴水的高度(为平屋顶时是指屋面板底高度),突出主体建筑物屋顶的电梯机房、楼梯出口间、水箱间、瞭望塔、排烟机房等不计入檐口高度。
　　2."垂直运输"指施工工程在合理工期内所需垂直运输机械。
　　3.同一建筑物有不同檐高时,按建筑物的不同檐高做纵向分割,分别计算建筑面积,以不同檐高分别编码列项。

4.超高施工增加清单项目

超高施工增加是指由于楼层高度增加而降低施工工作效率的补偿费用,一般包括人工及机械的降效。其项目设置如表5.7.7所示。

表5.7.7 超高施工增加（项目编码:011704）

项目编码	项目名称	项 目 特 征	计量单位	工程量计算规则	工 作 内 容
011704001	超高施工增加	（1）建筑物建筑类型及结构形式； （2）建筑物檐口高度、层数； （3）单层建筑物檐口高度超过20 m,多层建筑物超过6层部分的建筑面积	m²	按建筑物超高部分的建筑面积计算	（1）建筑物超高引起的人工工效降低以及由于人工工效降低引起的机械降效； （2）高层施工用水加压水泵安装、拆除及工作台班安排； （3）通信联络设备使用及摊销

注:1.单层建筑物檐口高度超过20 m,多层建筑物超过6层时,可按超高部分的建筑面积计算超高施工增加。计算层数时,地下室不计入层数。
　　2.同一建筑物有不同檐高时,可按不同高度分别计算建筑面积,以不同檐高分别编码列项。

■ 例 5.7.2

某高层建筑如图5.7.2所示,框剪结构,女儿墙高度为1.8 m,由总承包公司承包,施工组织设计中,采用垂直运输,即自升式塔式起重机及单笼施工电梯。编制该高层建筑物的垂直运输、超高施工增加的工程项目清单。

■ 解

计算过程如表5.7.8所示。

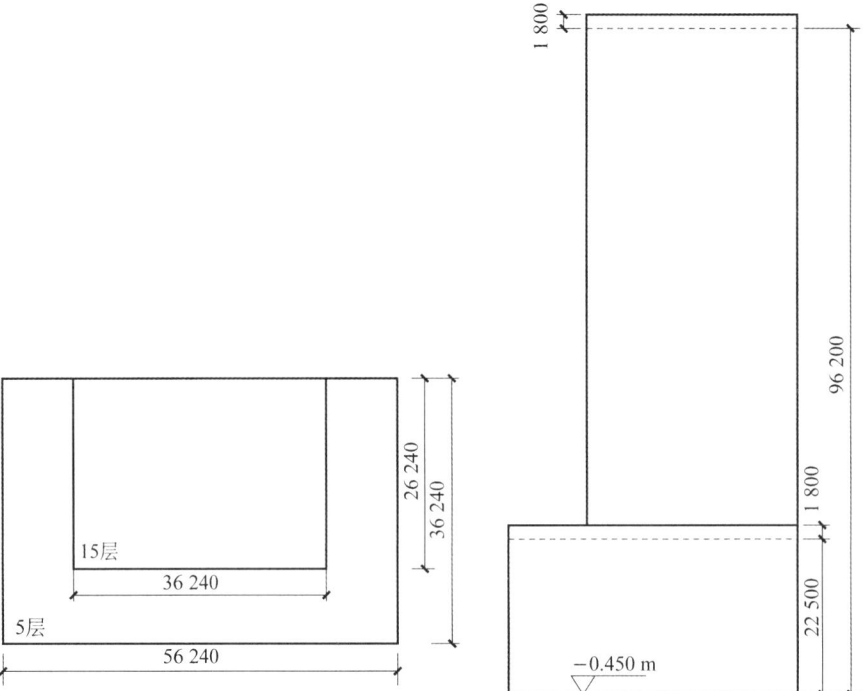

图 5.7.2　某高层建筑示意图(单位:mm)

表 5.7.8　工程量计算

分部分项工程	规格	计算表达式	结　　果
垂直运输 (檐高 96.20 m 部分)	面积	26.24 m×36.24 m×5+36.24 m×26.24 m×15	19 018.75 m²
垂直运输 (檐高 22.50 m 部分)	面积	(56.24 m×36.24 m−36.24 m×26.24 m)×5	5 436.00 m²
超高施工增加	面积	36.24 m×26.24 m×14	13 313.13 m²

编制垂直运输及超高施工增加的工程项目清单,如表 5.7.9 所示。

表 5.7.9　垂直运输及超高施工增加的工程项目清单

序号	项目编码	项目名称	项目特征	计量单位	工程量
1	011704001001	垂直运输 (檐高 96.20 m 部分)	(1)建筑物建筑类型及结构形式:现浇框架结构。 (2)建筑物檐口高度,层数:96.20 m,20 层	m²	19 018.75
2	011704001002	垂直运输 (檐高 22.50 m 部分)	(1)建筑物建筑类型及结构形式:现浇框架结构。 (2)建筑物檐口高度,层数:22.50 m,5 层	m²	5 436.00
3	011705001001	超高施工增加	(1)建筑物建筑类型及结构形式:现浇框架结构。 (2)建筑物檐口高度,层数:96.20 m,20 层	m²	13 313.13

注:规范规定,同一建筑物不同檐高时,按建筑物不同檐高做纵向分割,分别计算建筑面积,以不同檐高分别编码列项。

5. 大型机械设备进出场及安拆清单项目

大型机械设备进出场及安拆清单项目设置如表5.7.10所示。

表 5.7.10　大型机械设备进出场及安拆（项目编码：011705）

项目编码	项目名称	项目特征	计量单位	工程量计算规则	工作内容
011705001	大型机械设备进出场及安拆	（1）机械设备名称； （2）机械设备规格型号	台次	按使用机械设备的数量计算	（1）安拆费包括施工机械、设备在现场进行安装拆卸所需人工、材料、机械和试运转费用以及机械辅助设施的折旧、搭设、拆除等费用； （2）进出场费包括施工机械、设备整体或分体自停放地点运至施工现场或由一施工地点运至另一施工地点所发生的运输、装卸、辅助材料等费用

大型机械设备进出场及安拆清单项目共性问题的说明：大型机械设备进出场费是指不能或不允许自行行走的施工机械或施工设备，整体或分体自停放地点运至施工现场，或由一施工地点运至另一施工地点的运输、装卸、辅助材料及架线等费用；安拆费是指施工机械在现场进行安装及拆卸所需的人工、材料、机械和试运转费用及机械辅助设施的相关费用。

6. 施工排水、降水清单项目

施工排水、降水清单项目设置如表5.7.11所示。

表 5.7.11　施工排水、降水（项目编码：011706）

项目编码	项目名称	项目特征	计量单位	工程量计算规则	工作内容
011706001	成井	（1）成井方式； （2）地层情况； （3）成井直径； （4）井（滤）管类型、直径	m	按设计图示尺寸以钻孔深度计算	（1）准备钻孔机械，埋设护筒，钻机就位；泥浆制作，固壁；成孔，出渣，清孔等。 （2）对接上、下井管（滤管），焊接，安放，下滤料，洗井，连接试抽等
011706002	排水、降水	（1）机械规格型号； （2）降排水管规格	昼夜	按排、降水日历天数计算	（1）管道安装、拆除，场内搬运等； （2）抽水、值班、降水设备维修等

施工排水、降水清单项目共性问题的说明：排水主要是指将地表水排出及排出基坑、基槽积水（地下水的涌入、雨水积聚等）；施工排水主要是指基础工作面在地下水位以下，为了施工而采取的降水措施。降水一般采用井点降水。施工排水、降水分为成井及排水、降水项目。

相应专项设计不具备时，可按暂估量计算。

7. 安全文明施工及其他措施项目清单项目

安全文明施工费是按照国家现行的建筑施工安全、施工现场环境与卫生标准和有关规定，购置和更新施工防护用具及设施、改善安全生产条件和作业环境所需要的费用。

安全文明施工及其他措施项目清单项目设置如表5.7.12所示。

表 5.7.12　安全文明施工及其他措施项目(项目编码:011707)

项 目 编 码	项 目 名 称	工作内容及包含范围
011707001	安全文明施工	(1) 环境保护:现场施工机械设备降低噪声、防扰民措施;水泥和其他易飞扬细颗粒建筑材料密闭存放或采取覆盖措施等;工程防扬尘洒水;土石方、建渣外运车辆防护措施等;现场污染源控制、生活垃圾清理外运、场地排水排污措施;其他环境保护措施。 (2) 文明施工:"五牌一图";现场围挡的墙面美化(包括内外粉刷、刷白、标语等)、压顶装饰;现场厕所便槽刷白、贴瓷砖,水泥砂浆地面或地砖,建筑物内临时便溺设施;其他施工现场临时设施的装饰装修、美化措施;现场生活卫生设施;符合卫生要求的饮水设备,淋浴、消毒等设施;生活用洁净燃料;防煤气中毒、防蚊虫叮咬等措施;施工现场操作场地的硬化;现场绿化、治安综合治理;现场配备医药保健器材、物品和急救人员培训;现场工人的防暑降温,电风扇、空调等设备及用电;其他文明施工措施。 (3) 安全施工:安全资料、特殊作业专项方案的编制,安全施工标志的购置及安全宣传;"三宝"(安全帽、安全带、安全网)、"四口"(楼梯口、电梯井口、通道口、预留洞口)、"五临边"(阳台周边、楼板围边、屋面围边、槽坑围边、卸料平台两侧),水平防护架、垂直防护架、外架封闭等防护;施工安全用电,包括配电箱三级配电、两级保护装置要求,外电防护措施;起重机、塔吊等起重设备(含井架、门架)及外用电梯的安全防护措施(含警示标志),以及卸料平台的临边防护、层间安全门、防护棚等设施;建筑工地起重机械的检验检测;施工机具防护棚及其围栏的安全保护设施;施工安全防护通道;工人的安全防护用品、用具购置;消防设施与消防器材的配置;电气保护、安全照明设施;其他安全防护措施。 (4) 临时设施:施工现场采用彩色、定型钢板,砖、混凝土砌块等围挡的安砌、维修、拆除;施工现场临时建筑物、构筑物的搭设、维修、拆除,如临时供水管道、临时供电管线、小型临时设施等;施工现场规定范围内临时简易道路铺设,临时排水沟、排水设施的安砌、维修、拆除;其他临时设施搭设、维修、拆除
011707002	夜间施工	(1) 夜间固定照明灯具和临时可移动照明灯具的设置、拆除; (2) 夜间施工时,施工现场交通标志、安全标牌、警示灯等的设置、移动、拆除; (3) 包括夜间照明设备及照明用电、施工人员夜班补助、夜间施工劳动效率降低等
011707003	非夜间施工照明	为保证工程施工正常进行,在地下室等特殊施工部位施工时所采用的照明设备的安拆、维护及照明用电等
011707004	二次搬运	由于施工场地条件限制而发生的材料、成品、半成品等一次运输不能到达堆放地点,必须进行的二次或多次搬运
011707005	冬、雨季施工	(1) 冬、雨(风)季施工时增加的临时设施(防寒保温、防雨、防风设施)的搭设、拆除; (2) 冬、雨(风)季施工时,对砌体、混凝土等采用的特殊加温、保温和养护措施; (3) 冬、雨(风)季施工时,施工现场的防滑处理、对影响施工的雨雪的清除; (4) 包括冬、雨(风)季施工时增加的临时设施、施工人员的劳动保护用品以及冬、雨(风)季施工劳动效率降低等
011707006	地上、地下设施,建筑物的临时保护设施	在工程施工过程中,对已建成的地上、地下设施和建筑物采取的遮盖、封闭、隔离等必要保护措施
011707007	已完工程及设备保护	对已完工程及设备采取的覆盖、包裹、封闭、隔离等必要保护措施

注:本表所列项目应根据工程实际情况计算措施项目费用,需分摊的应合理计算摊销费用。

习题

1.土方工程列项时如何判断是挖沟槽土方还是挖基坑土方？

2.基坑开挖什么情况下需要放坡？

3.基础回填与室内回填的区别是什么？

4.什么是送桩？

5.某建筑物的基础如下图所示(标高单位为 m,其余单位为 mm),土壤为三类土,计算挖沟槽土方工程量。

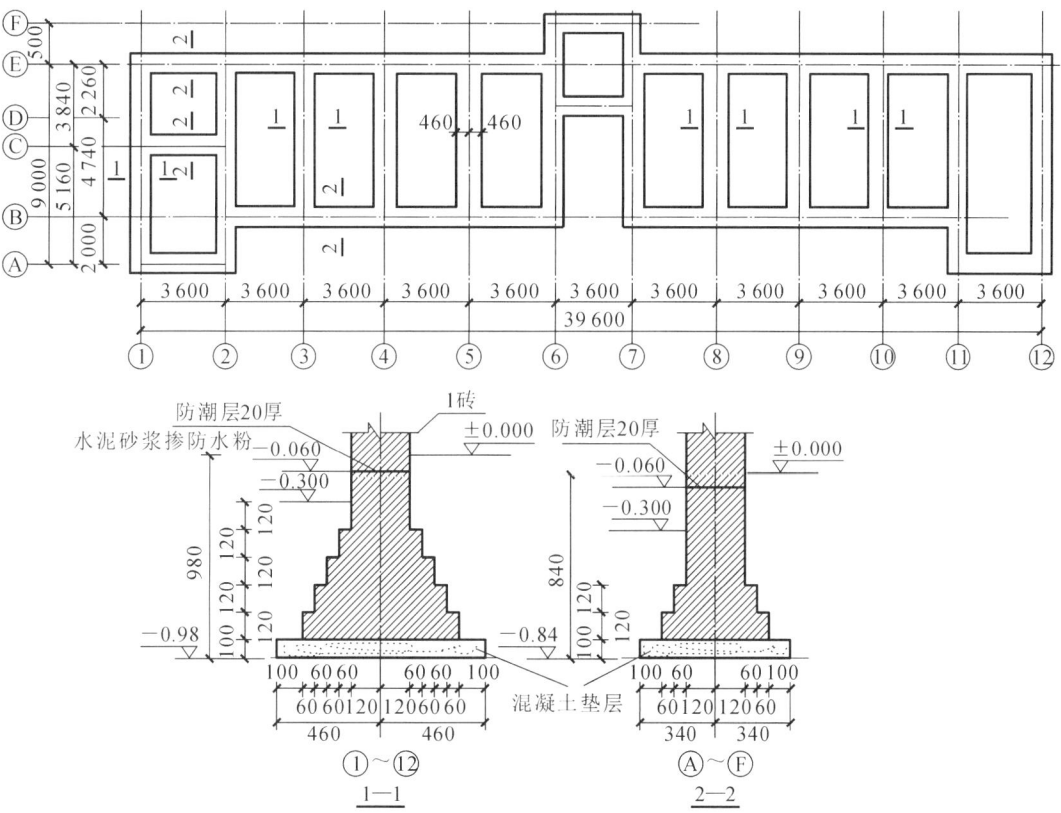

6.砖基础与砖墙(柱)如何界定？

7.试述砖墙的工程量计算规则。

8.某工程±0.000 以下条形基础平面、剖面大样如下图所示(标高单位为 m,其余单位为 mm),室内外高差为 150 mm,室外标高为 -0.150 m。基础垫层为原槽浇筑,灰土比为3:7,现场拌和。石砌部分,采用青条石(尺寸为 1 000 mm×300 mm×300 mm),M10 水泥砂浆砌筑;砖砌部分,采用混凝土实心标准砖,M10 水泥砂浆砌筑。试计算该工程基础垫层、石基础、砖基础的分部分项工程量。

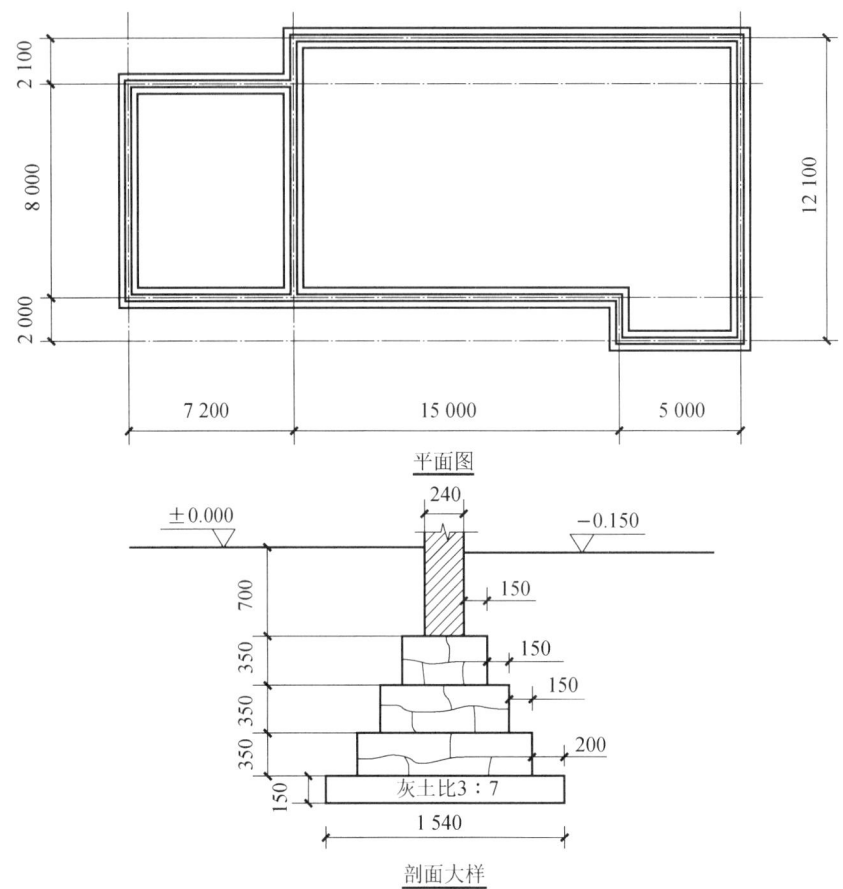

平面图

剖面大样

9.计算现浇混凝土柱工程量时最重要的是什么？有什么规则？

10.计算现浇混凝土梁工程量时最重要的是什么？有什么规则？

11.计算现浇混凝土板工程量时最重要的是什么？有什么规则？

12.计算现浇混凝土墙工程量时最重要的是什么？有什么规则？

13.计算现浇混凝土楼梯工程量时最重要的是什么？有什么规则？

14.根据相关图纸,计算 11 栋学生公寓混凝土工程中其他构件的工程量,并编制相应的工程量清单。

15.影响混凝土保护层的最小厚度的因素有哪些？

16.通常情况下,梁和柱的箍筋加密区分别在哪些部位？

17.梁、板、柱中分别有哪些种类的钢筋？

11 栋学生公寓施工图

18.参考 11 栋学生公寓图纸,通过识读图中信息计算标高 6.370 m 处 KL29 的钢筋工程量。

19.某建筑工程底层平面如下图所示(单位:mm),墙厚为 240 mm,设计室内地面铺设 500 mm×500 mm 的中国红大理石,踢脚线为 120 mm 高地砖。其中 M1 的尺寸为1 000 mm× 2 100 mm,M2 的尺寸为 900 mm×2 400 mm,C1 的尺寸为 1 800 mm×1 800 mm,试编制其地面装饰工程量清单。

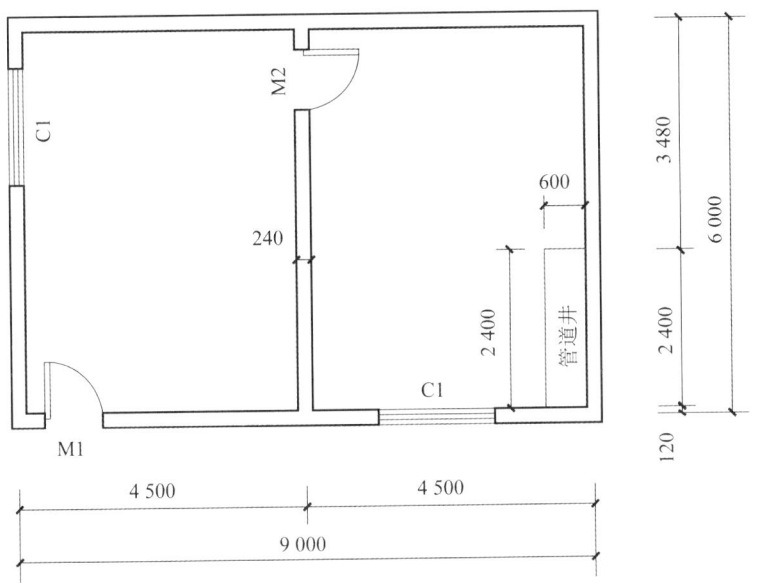

20.下图所示为某建筑物平面图(单位:mm),建筑层高为 3.6 m,楼板厚度为 120 mm。其内墙做法为刷20 mm厚 1∶3 的石灰砂浆,外墙做法为挂贴花岗岩面层,试计算该建筑物内墙石灰砂浆和外墙花岗岩面层的工程量。

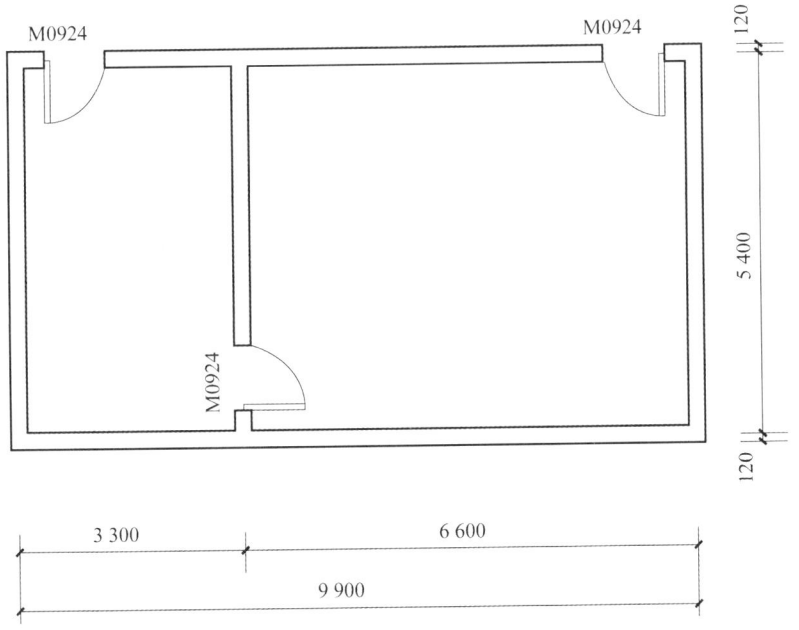

21.下图为某建筑物平面图(单位:mm),建筑层高为 4.2 m,建筑地面为水泥砂浆地面,墙面做法为贴 300 mm×300 mm 墙面砖。计算该建筑物水泥砂浆地面的工程量和墙面贴墙面砖的工程量。

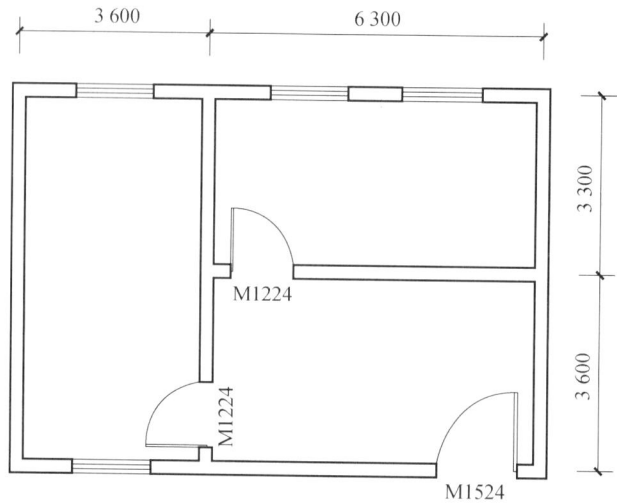

22.某建筑物平面及剖面图如下图所示(单位:mm),平面图所标注的尺寸为轴线到轴线的尺寸,已知内、外墙均为 240 mm 厚墙体,计算该建筑物的建筑面积。

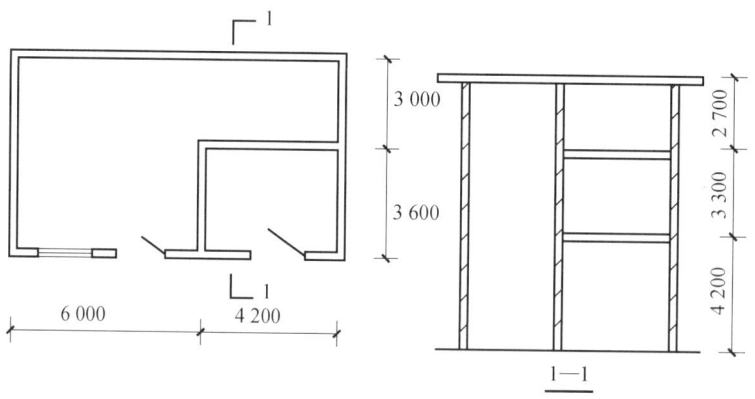

23.某基坑平面及剖面图如下图所示(单位:mm),计算基坑挖土方工程量。

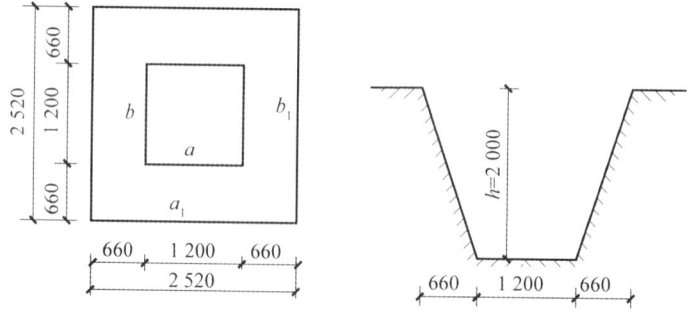

24.某建筑基础平面图如下图所示(单位:mm),①~③轴上外墙基础剖面及②轴上的内墙剖面各尺寸(单位:mm)已知,计算该基础挖土方及回填土工程量。

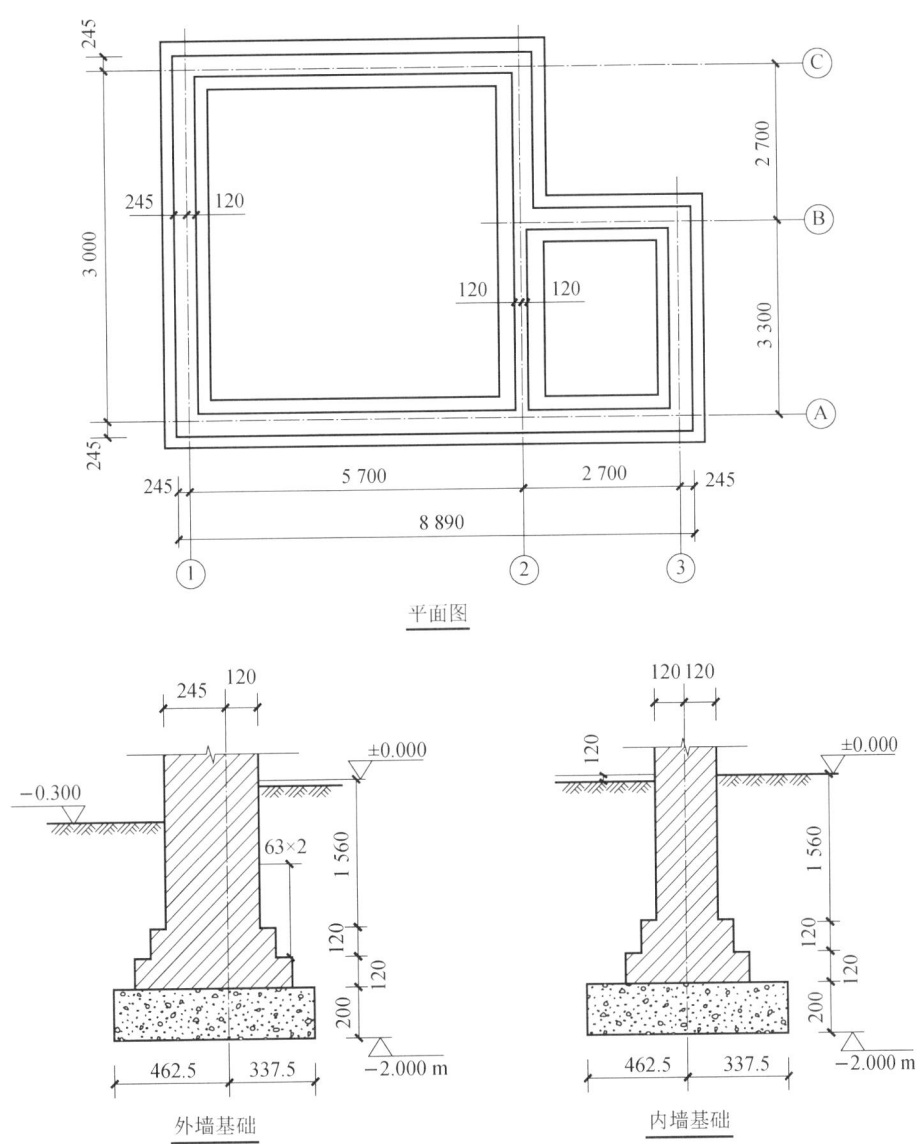

平面图

外墙基础　　　　　　　内墙基础

25. 某工程基础平面图、剖面图、构造柱及圈梁详图、屋面结构平面图、屋面挑檐详图如下图所示,尺寸标注单位为 mm。±0.000 以下采用 MU10 标准机制红砖,M10 水泥砂浆砌筑;±0.000 以上采用 KP1 型承重多孔砖,规格为 240 mm×115 mm×90 mm,M7.5 混合砂浆砌筑;未注明的墙厚均为 240 mm。基础垫层采用 C15 混凝土,梁、柱采用 C25 混凝土,其余均采用 C20 混凝土,门窗过梁不考虑。构造柱无马牙槎。地面及台阶做法:素土回填→150 mm 厚 3:7 灰土→60 mm 厚 C15 混凝土垫层→素水泥浆(掺建筑胶)一道→20 mm 厚1:3 水泥砂浆结合层→5 mm 厚 1:2.5 水泥砂浆粘结层→铺 10 mm 厚 600 mm×600 mm地砖。屋面做法:1:6 水泥焦渣找坡,最薄处 30 mm 厚(平均厚度为 80 mm)→50 mm 厚挤塑聚苯板→20 mm 厚 1:2.5 水泥砂浆找平层→涂刷基层处理剂→2 mm 厚 APP 防水卷材一道,上翻 300 mm→20 mm 厚 1:3 水泥砂浆保护层。外砖墙面做法:12 mm 厚 1:3 水泥砂浆打底→6 mm 厚 1:2.5 水泥砂浆找平→4 mm 厚聚合物水泥砂浆粘结层→粘贴 6 mm厚 45 mm×100 mm 面砖→1:1 聚合物水泥砂浆勾缝。所有轴线均居墙中,土壤类别为二类土。试计算基础土方工程量,砖基础工程量,构造柱混凝土工程量,梁 L1、L2 混凝土工程量,板 B1、B2、B3、B4 混凝土工程量,以及屋面防水层工程量。

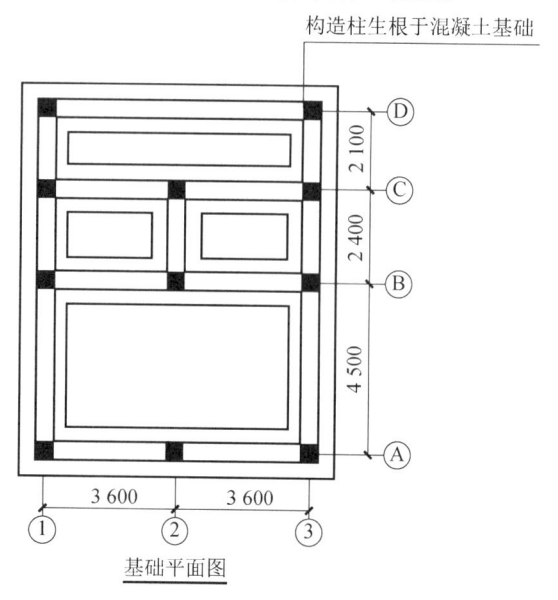

基础平面图

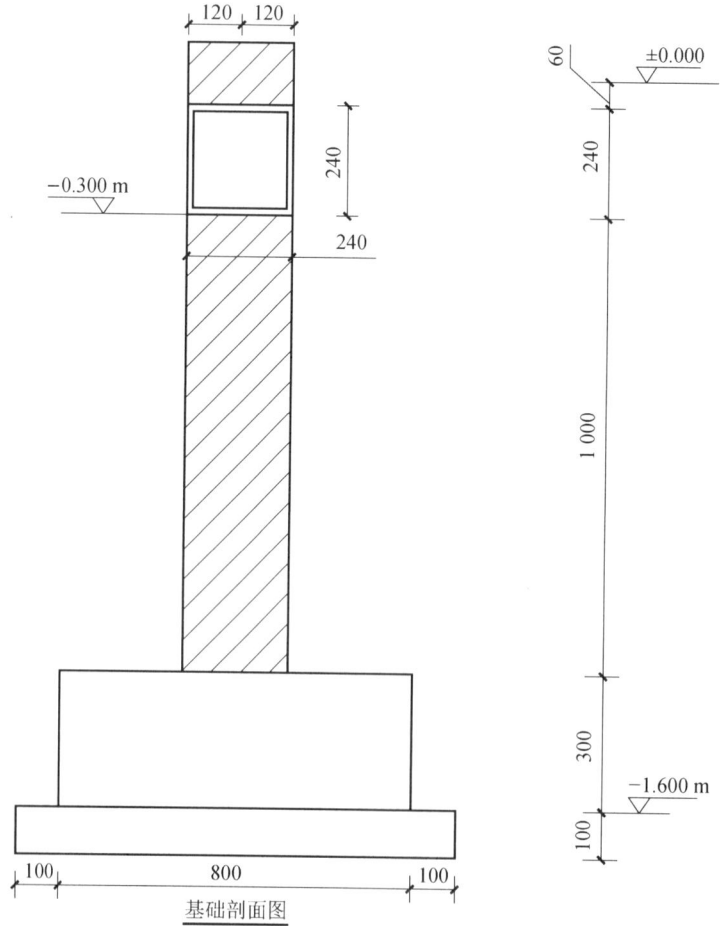

基础剖面图

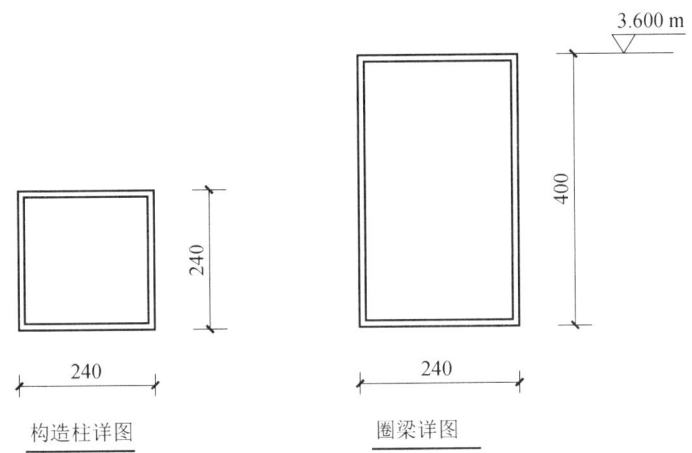

构造柱详图   圈梁详图

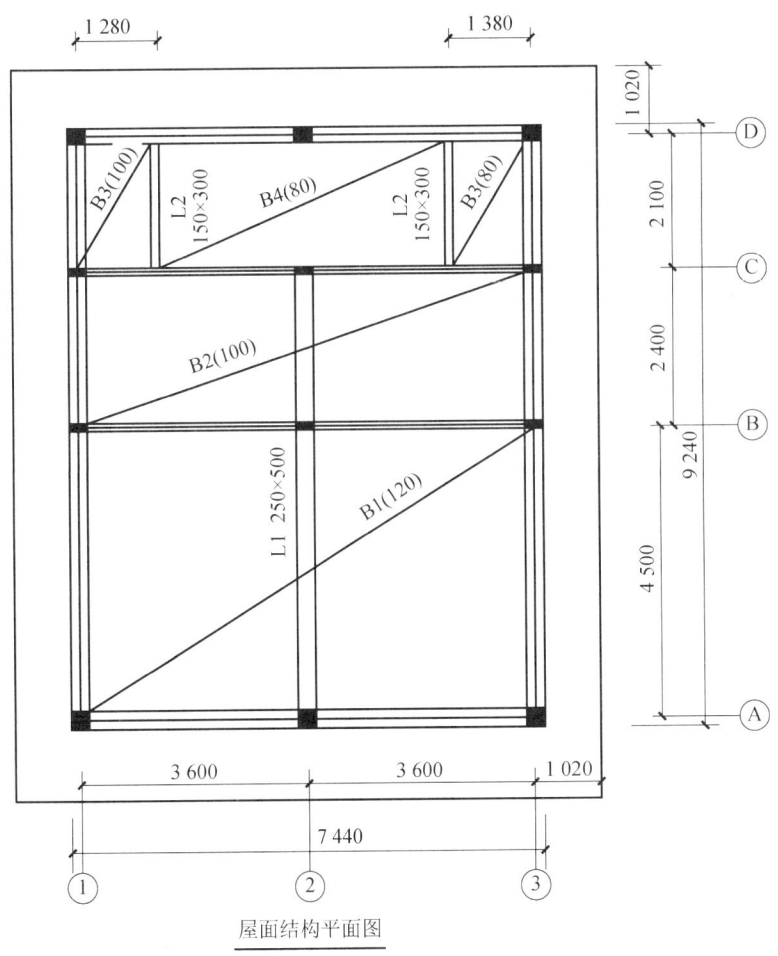

屋面结构平面图

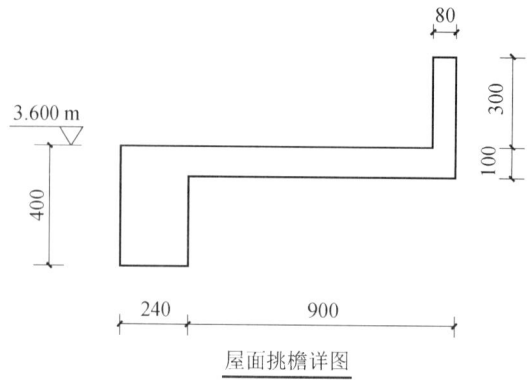

屋面挑檐详图

项目 6

建筑工程计价

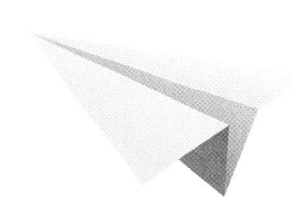

知识目标

1. 了解土石方与基础工程清单计价规范；
2. 掌握土石方与基础工程清单计价要点与应用；
3. 了解砌筑工程清单计价规范；
4. 掌握砌筑工程清单计价要点与应用；
5. 了解混凝土工程清单计价规范；
6. 掌握混凝土工程清单计价要点与应用；
7. 了解钢筋工程清单计价规范；
8. 掌握钢筋工程清单计价要点与应用；
9. 掌握建筑装饰工程量清单编制与计价的基础知识和基本理论；
10. 掌握建筑装饰工程工程量计算的基本规则与方法。

能力目标

1. 能快速准确地对土石方与基础工程进行组价；
2. 能准确计算土石方与基础工程的综合单价；
3. 能快速准确地对砌筑工程进行组价；
4. 能准确计算砌筑工程的综合单价；
5. 能快速准确地对混凝土工程进行组价；
6. 能准确计算混凝土工程的综合单价；
7. 能快速准确地对钢筋工程进行组价；
8. 能准确计算钢筋工程的综合单价；
9. 能理解建筑装饰工程计量规则，准确计算工程量；
10. 根据工程项目图纸、定额及清单规范等资料能够编制建筑装饰工程工程量清单。

任务 1 土石方工程与地基基础工程计价

一、土石方工程计价

土石方工程计价步骤如下：

（1）编制工程量清单（利用《计量规范》）。

（2）根据项目名称、项目特征和工作内容确定定额子目（利用企业定额或消耗量定额，模拟施工）。

（3）根据定额子目计算计价工程量（也即施工承包企业报价时的工程量）。

（4）根据定额子目和有关取费标准计算综合单价，形成综合单价分析表。

例 6.1.1

根据例 5.1.3 的案例条件及工程量计算结果，假设该工程地址在湖北省内，对该工程量清单项目挖沟槽土方和余方弃置进行报价。

解

① 工程项目清单如表 6.1.1 所示。

表 6.1.1 分部分项工程项目清单

工程名称： 标段：

序号	项目编码	项目名称	项目特征描述	计量单位	工程量	金额/元	
						综合单价	合价
1	010101003001	挖沟槽土方	（1）土壤类别：三类土。 （2）挖土深度：1.30 m	m³	77.62		
2	010101004001	挖基坑土方	（1）土壤类别：三类土。 （2）挖土深度：1.55 m	m³	18.16		
3	010103001001	回填方	（1）密实度要求：满足规范及设计要求。 （2）粒径要求：满足规范及设计要求。 （3）填方来源、运距：原土。 （4）夯填	m³	91.14		
4	010103002001	余方弃置	（1）废弃料品种：三类土。 （2）运距：8 km	m³	4.64		

② 对工程量清单进行报价。

第一步,计算计价工程量(定额工程量)。

根据《计量规范》中挖沟槽土方的项目特征和工作内容可知,其组价内容有人工挖沟槽、基底钎探和运土方三个定额子目,定额计价表内容如表6.1.2所示。

表 6.1.2 挖沟槽土方定额计价表

定额编号			G1-11(单位:10 m³)	G1-332(单位:100 m²)	G1-51(单位:10 m³)
项目			人工挖沟槽	基底钎探	人力车运土方
			三类土,深2 m以内		运距50 m以内
全费用/元			556.05	276.48	154.56
其中	人工费/元		347.21	84.64	96.51
	材料费/元		—	96.71	—
	机械费/元		—	20.97	—
	费用/元		153.74	46.76	42.73
	增值税/元		55.10	27.40	15.32
名称		单位	单价/元	数量	
人工	普工	工日	92.00	3.774	0.920	1.049

挖基坑土方组价内容有人工挖基坑、基底钎探和运土方三个定额子目,分别对应2018年版《湖北省建设工程公共专业消耗量定额及全费用基价表》的G1-19子目、G1-332子目和G1-51子目。回填方组价内容有G1-51和G1-329两个定额子目,余方弃置组价内容有G1-199、G1-212和G1-213子目。定额子目G1-19、G1-329如表6.1.3所示,G1-199、G1-212和G1-213如表6.1.4所示。

表 6.1.3 挖基坑土方定额计价表1

定额编号			G1-19(单位:10 m³)	G1-329(单位:10 m³)
项目			人工挖基坑	填土夯实
			三类土,深2 m以内	槽、坑
全费用/元			626.33	267.13
其中	人工费/元		391.09	166.43
	材料费/元		—	0.53
	机械费/元		—	—
	费用/元		173.17	73.70
	增值税/元		62.07	26.47
名称		单位	单价/元	数量	
人工	普工	工日	92.00	4.251	1.809

表 6.1.4　挖基坑土方定额计价表 2

定额编号及单位			G1-199	G1-212	G1-213
			单位:1 000 m³		
项目			装载机	自卸汽车运土方	
			装松散土	（载重 8 t 以内）	
			斗容量 1.0 m³	运距	30 km 以内
				1 km 以内	每增加 1 km
全费用/元			2 269.32	8 522.08	2 501.90
其中	人工费/元		368.00	—	—
	材料费/元		699.50	2 189.33	630.81
	机械费/元		564.17	3 803.87	1 125.00
	费用/元		412.76	1 684.35	498.15
	增值税/元		224.89	844.53	247.94
名称		单位	单价/元	数量	
人工	普工	工日	92.00	4.000	—	—
材料	水	m³	3.39	—	12.000	—
	柴油(机械)	kg	5.26	132.985	388.262	119.925
	汽油(机械)	kg	6.03	—	17.643	—
机械	轮胎式装载机 1 m³	台班	223.70	2.522	—	—
	自卸汽车 8 t	台班	383.96	—	9.486	2.930
	洒水车 4 000 L	台班	276.76	—	0.584	—

　　根据定额的有关规定,人工挖沟槽（G1-11 子目）的定额工程量计算规则同清单工程量计算规则相一致,即人工挖沟槽的定额工程量为 77.62 m³。

　　基底钎探的工程量按图示基底面积计算:

　　$S=0.92 \text{ m} \times [(10.8 \text{ m}+8.10 \text{ m}) \times 2+3.00 \text{ m}-0.92 \text{ m}]=36.69 \text{ m}^2$。

　　人力车运输土方量按挖方量的 60% 计算:

　　$V=77.62 \text{ m}^3 \times 60\%=46.57 \text{ m}^3$。

　　第二步,计算挖沟槽土方综合单价。

　　依据子目 G1-11 定额计价表可知,完成 10 m³ 人工挖沟槽的人工费是 347.21 元,材料费、机械费是 0 元;依据子目 G1-332 定额计价表可知,基底钎探 100 m² 的人工费是 84.64 元,材料费是 96.71 元,机械费是 20.97 元;依据子目 G1-51 定额可知,人力车运土方,运距在 50 m 以内时,运输 10 m³ 的人工费是 96.51 元,材料费和机械费均为 0 元。

　　依据《湖北省建筑安装工程费用定额》,土石方工程管理费和利润的计费基数均为人工费和机械费之和,费率分别是 15.42% 和 9.42%。

计算挖沟槽土方人工费、材料费和机械费如下：

$$人工费=\frac{77.62\ m^3}{10\ m^3}\times347.21\ 元+\frac{36.69\ m^2}{100\ m^2}\times84.64\ 元+\frac{46.57\ m^3}{10\ m^3}\times96.51\ 元=3\ 175.55\ 元。$$

$$材料费=\frac{36.69\ m^2}{100\ m^2}\times96.71\ 元=35.48\ 元。$$

$$机械费=\frac{36.69\ m^2}{100\ m^2}\times20.97\ 元=7.69\ 元。$$

人工费＋机械费＝3 175.55 元＋7.69 元＝3 183.24 元。

管理费和利润合计 3 183.24 元×(15.42％＋9.42％)＝790.72 元。

挖沟槽土方综合单价＝(3 175.55＋35.48＋7.69＋790.72)元÷77.62 m^3＝51.65 元/m^3。

挖沟槽土方清单项目综合单价分析表如表 6.1.5 所示。

表 6.1.5　挖沟槽土方清单项目综合单价分析表

项目编码	010101003001			挖沟槽土方			计量单位			m^3
清单综合单价组成明细										
定额编号	定额名称	定额单位	数量	单价/元				合价/元		
				人工费	材料费	机械费	管理费和利润	人工费	材料费	机械费	管理费和利润
G1-11	人工挖沟槽	10 m^3	0.1	347.21	—	—	86.25	34.72	—	—	8.63
G1-332	基底钎探	100 m^2	0.004 73	84.64	96.71	20.97	26.23	0.40	0.46	0.10	0.12
G1-51	人力车运土方	10 m^3	0.06	96.51	—	—	23.97	5.79	—	—	1.44
小计								40.91	0.46	0.10	10.19
清单项目综合单价								51.66			

表 6.1.5 中，"数量"列数据为各定额工程量/挖沟槽土方清单工程量。$\frac{77.62\ m^3}{10\ m^3\times77.62}=0.1$，$\frac{36.69\ m^2}{100\ m^2\times77.62}=0.004\ 73$，$\frac{46.57\ m^3}{10\ m^3\times77.62}=0.06$。

采用同样的方法计算余方弃置的综合单价。余方弃置的清单工程量为 4.64 m^3，装载机装松散土的定额工程量考虑土的可松性系数，查表 5.1.4 得折算系数为 1.30，则松散体积为 4.64 m^3×1.30＝6.03 m^3，自卸汽车运土方工程量为 6.03 m^3。

$$人工费=\frac{6.03\ m^3}{1\ 000\ m^3}\times368.00\ 元=2.22\ 元。$$

$$材料费=\frac{6.03\ m^3}{1\ 000\ m^3}\times(699.5\ 元+2\ 189.33\ 元+630.81\ 元\times7)=44.05\ 元。$$

$$机械费=\frac{6.03\ m^3}{1\ 000\ m^3}\times(564.17\ 元+3\ 803.87\ 元+7\times1\ 125.00\ 元)=73.83\ 元。$$

人工费＋机械费＝2.22 元＋73.83 元＝76.05 元。

管理费和利润合计 76.05 元×(15.42％＋9.42％)＝18.89 元。

余方弃置的综合单价为

$$(2.22+44.05+73.83+18.89)\text{元}\div 4.64\ \text{m}^3=29.95\ \text{元/m}^3$$

余方弃置清单项目综合单价分析表如表 6.1.6 所示。

表 6.1.6　余方弃置清单项目综合单价分析表

项目编码	010103002001			余方弃置			计量单位			m³

				清单综合单价组成明细						

定额编号	定额名称	定额单位	数量	单价/元				合价/元			
				人工费	材料费	机械费	管理费和利润	人工费	材料费	机械费	管理费和利润
G1-199	装载机装松散土	1 000 m³	0.001 3	368.00	699.50	564.17	231.55	0.48	0.91	0.73	0.30
G1-212	自卸汽车运土方(载重 8 t 以内)1 km 以内	1 000 m³	0.001 3	—	2 189.33	3 803.87	944.88	—	2.85	4.95	1.23
G1-213	自卸汽车运土方(载重 8 t 以内)30 km 以内每增加 1 km	1 000 m³	0.009 1	—	630.81	1 125.00	279.45	—	5.74	10.24	2.54
小计								0.48	9.50	15.92	4.07
清单项目综合单价								29.97			

表 6.1.6 中"数量"列数据为各定额工程量/余方弃置清单工程量。

$$\frac{6.03\ \text{m}^3}{1\ 000\ \text{m}^3\times 4.64}=0.001\ 3,0.001\ 3\times 7=0.009\ 1 \text{。}$$

③ 编制分部分项工程项目清单与计价表,如表 6.1.7 所示。

表 6.1.7　分部分项工程项目清单与计价表

序号	项目编码	项目名称	项目特征描述	计量单位	工程数量	金额/元	
						综合单价	合价
1	010101003001	挖沟槽土方	(1) 土壤类别:三类土。(2) 挖土深度:1.30 m	m³	77.62	51.65	4 009.07
2	010103002001	余方弃置	(1) 废弃料品种:三类土。(2) 运距:8 km	m³	4.64	29.95	138.97

二、桩基工程计价

(1) 各种桩的充盈量,包括砂石级配、密实系数等,应包括在综合单价考虑范围内。

(2) 沉管灌注桩(含复打桩)使用预制钢筋混凝土桩尖时,桩尖包括在清单项目的综合单价考虑范围内。

(3) 预制混凝土桩定额设置预制钢筋混凝土方桩和预应力混凝土管桩子目,其中预制钢筋混凝土方桩按实心桩考虑,预应力混凝土管桩按空心桩考虑。预制钢筋混凝土方桩、预应力混凝土管桩的定额取定价,包括桩制作(含混凝土、钢筋、模板)及运输费用。

（4）打、压预制钢筋混凝土方桩，定额按外购成品构件考虑，已包含场内必需的就位供桩。

（5）打、压预制钢筋混凝土方桩，定额已综合考虑接桩所需的打桩机台班，但未包括接桩本身费用，发生时套用接桩定额子目。

（6）打、压预制钢筋混凝土方桩，单节长度超过 20 m 时，按相应定额人工、机械乘以系数 1.2。

（7）打、压预应力混凝土管桩，定额按外购成品构件考虑，已包含场内必需的就位供桩。按设计要求设置的钢骨架、钢托板分别按混凝土及钢筋混凝土工程中的桩钢筋笼和预埋铁件相应定额执行。

（8）打、压预应力混凝土管桩，定额已包括接桩费用，接桩不再计算费用。

（9）打、压预应力混凝土空心方桩，按打、压预应力混凝土管桩相应定额执行。

例 6.1.2

根据例 5.1.6 的案例条件，假设预制钢筋混凝土方桩为施工单位外购，且该工程地址在湖北省内，试计算预制钢筋混凝土方桩综合单价（试桩综合单价略）。

解

分部分项工程项目清单如表 5.1.20 所示。

① 根据清单的项目特征和《房屋建筑与装饰工程工程量计算规范》（GB 50854—2013）规定的工作内容，确定清单项目预制钢筋混凝土方桩组合的定额项目如表 6.1.8 所示。

表 6.1.8　预制钢筋混凝土方桩的定额项目

定 额 编 号	项 目
G3-2	打预制钢筋混凝土方桩，桩长 25m 以内
G3-6	打送预制钢筋混凝土方桩，桩长 25m 以内

② 定额工程量计算：

$$打桩工程量 V_1 = 0.40\ m \times 0.40\ m \times 18.00\ m \times 17 = 48.96\ m^3$$

$$送桩工程量 V_2 = 0.40\ m \times 0.40\ m \times 2.00\ m \times 17 = 5.44\ m^3$$

③ 计算综合单价。

人、材、机消耗量按湖北省相关消耗量定额确定；采用一般计税法时，管理费和利润的计费基数均为人工费和机械费之和，费率分别为 28.27% 和 19.73%。

预制钢筋混凝土方桩综合单价分析表如表 6.1.9 所示。

表 6.1.9　预制钢筋混凝土方桩综合单价分析表

工程名称：　　　　　　　　　　　　　　标段：

项目编码	010301001001	项目名称	预制钢筋混凝土方桩	计量单位	m³	工程量	48.96

<table>
<tr><td colspan="8" align="center">清单综合单价组成明细</td></tr>
<tr><td rowspan="2">定额编号</td><td rowspan="2">定额项目名称</td><td rowspan="2">定额单位</td><td rowspan="2">数量</td><td colspan="4" align="center">单价/元</td><td colspan="4" align="center">合价/元</td></tr>
<tr><td>人工费</td><td>材料费</td><td>机械费</td><td>管理费和利润</td><td>人工费</td><td>材料费</td><td>机械费</td><td>管理费和利润</td></tr>
<tr><td>G3-2</td><td>打预制钢筋混凝土方桩（桩长 25 m 以内）</td><td>10 m³</td><td>0.1</td><td>499.86</td><td>9 422.30</td><td>1 156.60</td><td>795.10</td><td>49.99</td><td>942.23</td><td>115.66</td><td>79.51</td></tr>
</table>

续表

定额编号	定额项目名称	定额单位	数量	单价/元				合价/元			
				人工费	材料费	机械费	管理费和利润	人工费	材料费	机械费	管理费和利润
G3-6	打送预制钢筋混凝土方桩(桩长25 m以内)	10 m³	0.011 1	724.79	410.31	1 677.82	1 153.25	8.05	4.55	18.62	12.80
人工单价:①技工,142元/工日;②普工,92元/工日		小计						58.04	946.78	134.28	92.31
		未计价材料费						0			
清单项目综合单价								1 231.41			

任务 2 砌筑工程计价

对照《计量规范》中的项目特征和工作内容,同时依据《湖北省房屋建筑与装饰工程消耗量定额及全费用基价表》,对砌筑工程进行组价计算。

定额中砖、砌块和石料按标准或常用规格编制,设计规格与定额不同时,砌体材料和粘结材料用量应进行调整。砌筑砂浆按干混预拌砌筑砂浆编制。定额所列砌筑砂浆种类和强度等级、砌块专用砌筑粘结剂品种,如设计与定额不同时,应进行换算。

一、砌筑基础计价

砖基础不分砌筑宽度及是否有大放脚,均执行对应品种及规格砖的同一项目定额。地下混凝土构件所用砖模及砖砌挡土墙套用砖基础项目定额。

清单砖基础项目组价内容包括砌筑砖基础和铺设防潮层两个定额子目。

二、砌筑墙计价

根据《房屋建筑与装饰工程工程量计算规范》(GB 50854—2013),砌筑墙依据块体材料的不同分为实心砖墙、多孔砖墙、空心砖墙、砌块墙;依据施工工艺不同分为空斗墙、空花墙、填充墙。

依据《湖北省房屋建筑与装饰工程消耗量定额及全费用基价表》,砖砌体和砌块砌体不分内、外墙,均执行对应品种砖和砌块项目定额。清水砖墙原浆勾缝按相应混水砖砌体定额子目人工用量乘以系数1.15计算。清水砖柱原浆勾缝按相应混水砖柱定额子目人工用量乘以系数1.06计算;设计需加浆勾缝时,应另行计算。

填充墙以填炉渣、炉渣混凝土为准,如设计与定额不同时应进行换算。

定额中各类砖、砌块及石砌体的砌筑均按直形砌筑编制,如为圆弧形砌筑,按相应定额人工用量乘以系数 1.10 计算,砖、砌块、石砌体及砂浆(粘结剂)用量乘以系数 1.03 计算。

例 6.2.1

根据例 5.2.2 的案例条件及工程量计算结果,并假设该工程地址在湖北省内,对该工程量清单进行报价。

解

直形及弧形实心砖墙定额工程量同清单工程量,即定额工程量分别为 23.38 m³ 及8.92 m³。

(1)计算直形墙综合单价。

查砖基础全费用基价表(见表6.2.1),计算如下:

人工费=1 688.88 元÷10 m³×23.38 m³=3 948.60 元。

材料费=2 907.88 元÷10 m³×23.38 m³=6798.62 元。

机械费=42.71 元÷10 m³×23.38 m³=99.86 元。

表 6.2.1 砖基础全费用基价表

工作内容:调、运输砂浆,运、砌砖,安放木砖、垫块　　　　　　　　　计量单位:10 m³

定额编号			A1-5
项目			混水砖墙
			1砖
全费用/元			6 864.11
其中	人工费/元		1 688.88
	材料费/元		2 907.88
	机械费/元		42.71
	费用/元		1 544.41
	增值税/元		680.23
名称		单位	单价/元	数量

	名称	单位	单价/元	数量
人工	普工	工日	92.00	2.872
	技工	工日	142.00	5.745
	高级技工	工日	212.00	2.872
材料	蒸压灰砂砖 240 mm×115 mm×53 mm	千块	349.57	5.379
	干混砌筑砂浆(DM,M10)	t	257.35	3.952
	水	m³	3.39	1.638
	其他材料费(占材料费比)	%	—	0.180
	电(机械)	kW·h	0.75	6.500
机械	干混砂浆罐式搅拌机(20 000 L)	台班	187.32	0.228

依据2018年湖北省建筑安装工程费用定额规定,房屋建筑工程管理费和利润的计费基数为人工费与机械费之和,费率分别为28.27%和19.73%。

人工费+机械费=3 948.60 元+99.86 元=4 048.46 元。

管理费及利润=4 048.46 元×(28.27%+19.73%)=1 943.26 元。

直形墙综合单价为:(3 948.60+6 798.62+99.86+1 943.26)元÷23.38 m³=547.06 元/m³。

（2）计算弧形墙综合单价。

查表 6.2.1，依据 2018 年版《湖北省房屋建筑与装饰工程消耗量定额及全费用基价表》，为弧形砌筑时，按相应定额人工用量乘以系数 1.10，砖及砂浆用量乘以系数 1.03 计算。

人工费＝1 688.88 元÷10 m^3×8.92 m^3×1.10＝1 657.13 元。

材料费＝（349.57 元/千块×5.379 千块×1.03＋257.35 元/t×3.952 t×1.03＋3.39 元/m^3×1.638 m^3＋0.75 元/(kW·h)×6.50 kW·h)÷10 m^3×8.92 m^3＝2 671.30 元。

机械费＝42.71 元÷10 m^3×8.92 m^3＝38.10 元。

人工费＋机械费＝1 657.13 元＋38.10 元＝1 695.23 元。

管理费及利润＝1 695.23 元×(28.27%＋19.73%)＝813.71 元。

弧形墙综合单价为：(1 657.13＋2 671.30＋38.10＋813.71)元÷8.92 m^3＝580.74 元/m^3。

该实心砖墙清单项目的分部分项工程项目清单与计价表、综合单价分析表如表 6.2.2 至表 6.2.4 所示。

表 6.2.2 分部分项工程项目清单与计价表

序号	项目编码	项目名称	项目特征描述	计量单位	工程量	金额/元		
						综合单价	合价	其中：暂估价
1	010401003001	实心砖墙-直形墙	（1）砖品种、规格、强度等级：蒸压灰砂砖，240 mm×115 mm×53 mm；（2）干混砌筑砂浆（DM，M10）；（3）双面混水 1 砖厚直形墙	m^3	23.38	547.06	12 790.26	
2	010401003002	实心砖墙-弧形墙	（1）砖品种、规格、强度等级：蒸压灰砂砖，240 mm×115 mm×53 mm；（2）干混砌筑砂浆（DM，M10）；（3）双面混水 1 砖厚弧形墙	m^3	8.92	580.74	5 180.20	

表 6.2.3 直形墙综合单价分析表

项目编码	010401003001	项目名称	实心砖墙-直形墙	计量单位	m^3

清单综合单价组成明细

定额编号	定额名称	定额单位	数量	单价/元				合价/元			
				人工费	材料费	机械费	管理费和利润	人工费	材料费	机械费	管理费和利润
A1-5	混水砖墙	10 m^3	0.1	1 688.88	2 907.88	42.71	831.16	168.89	290.79	4.27	83.12
小计								168.89	290.79	4.27	83.12
清单项目综合单价								547.07			

表 6.2.4　弧形墙综合单价分析表

项目编码	010401003002		项目名称		实心砖墙-弧形墙				计量单位		m³
清单综合单价组成明细											
定额编号	定额名称	定额单位	数量	单价/元				合价/元			
				人工费	材料费	机械费	管理费和利润	人工费	材料费	机械费	管理费和利润
A1-5	混水砖墙	10 m³	0.1	1 857.77	2 994.73	42.71	912.23	185.78	299.47	4.27	91.22
小计								185.78	299.47	4.27	91.22
清单项目综合单价								580.74			

任务 3　混凝土工程计价

一、混凝土工程计价步骤

混凝土工程计价步骤如下：

（1）编制工程量清单（利用《计量规范》）。

（2）根据项目名称、项目特征和工作内容确定定额子目（利用企业定额或消耗量定额，模拟施工）。

（3）根据定额子目计算计价工程量（也即施工承包企业报价时的工程量）。

（4）根据定额子目和有关取费标准计算综合单价，并形成综合单价分析表。

二、混凝土工程计价实例

例 6.3.1

以 11 栋学生公寓一层 Ⓐ 轴和 ① 轴交接处的 KZ19 为对象，根据其图纸条件及例 5.3.2 中的工程量计算结果，假设存在换算项目（将 C20 现浇混凝土换为 C25 碎石混凝土，坍落度为 10～30 cm，石子最大粒径为 20 mm），用计价软件对该工程量清单项目进行计价。

解

（1）编制工程量清单，如图 6.3.1 所示。

（2）选择定额子目 A2-17，如图 6.3.2 所示。

（3）计算定额工程量。

因工程量计算规则相同，计算结果和清单工程量一样，即 $V = 0.648 \ m^3$。

编码	类别	名称	项目特征	单位	工程量表达式	含量	工程量
—		整个项目					
— A.5	部	混凝土及钢筋混凝土工程					
— 010502001001	项	矩形柱	1.混凝土种类:现浇混凝土 2.混凝土强度等级:C25	m3	0.648		0.65

图 6.3.1　用计价软件编制工程量清单

编码	类别	名称	规格及型号	单位	损耗率	含量	数量	含税预算价	不含税预算价	不含税市场价	含税市场价	调整系数(%)
100000010001	人	普工		工日		9.35	0.6078	60	60	60	60	100
100000010021	人	技工		工日		7.64	0.4966	92	92	92	92	100
402509030002	材	草袋		m2		0.75	0.0488	2.15	1.887	1.887	2.15	87.79
403501030003	材	水				14	0.91	3.15	2.765	2.765	3.15	87.79
403501130001	材	电		度		5	0.325	0.97	0.852	0.852	0.97	87.79
+ 1-55	砼	C20碎石混凝土坍落度3		m3		10.15	0.6598	259.9	228.17	228.17	259.86	87.79
+ 06-0003	机	滚筒式混凝土搅拌机电	出料容量500	台班		0.63	0.041	163.14	146.53	146.53	158.8	89.82

图 6.3.2　矩形柱定额子目

（4）综合单价计算。

换算如图 6.3.3 所示。

— 010502001001	项	矩形柱	1.混凝土种类:现浇混凝土 2.混凝土强度等级:C25	m3	0.648		0.65
A2-17 H1-55 1-13	换	矩形柱 C20现浇混凝土　换为【C25碎石混凝土坍落度10 30cm,石子最大粒径20mm】		10m3	QDL	0.1	0.065

图 6.3.3　矩形柱换算

综合单价如图 6.3.4 所示。

序号	费用代号	名称	计算基数	基数说明	费率(%)	单价	合价
1	F1	人工费	RGF	人工费		1263.88	82.15
2	F2	材料费	CLF+ZCF+SBF	材料费+主材费+设备费		2612.74	169.83
3	F3	机械费	JXF	机械费		92.31	6
4	F4	企业管理费	F1 + F3	人工费+机械费	25.4	344.47	22.39
5	F5	利润	F1 + F3	人工费+机械费	18.63	252.66	16.42
6	F6	风险因素			0	0	0
7		综合单价	F1 + F2 + F3 + F4 + F5 + F6	人工费+材料费+机械费+企业管理费+利润+风险因素		4566.06	296.79

编码	类别	名称	项目特征	单位	工程量表达式	含量	工程量	单价	合价	综合单价	综合合价
—		整个项目									296.79
— A.5	部	混凝土及钢筋混凝土工程									296.79
— 010502001001	项	矩形柱	1.混凝土种类:现浇混凝土 2.混凝土强度等级:C25	m3	0.648		0.65			456.6	296.79
A2-17 H1-55 1-13	换	矩形柱 C20现浇混凝土　换为【C25碎石混凝土坍落度10 30cm,石子最大粒径20mm】		10m3	QDL	0.1	0.065	3968.93	257.98	4566.06	296.79

图 6.3.4　矩形柱综合单价

例 6.3.2

以 11 栋学生公寓二层㉑轴上的梁为对象,根据例 5.3.5 中的案例条件及工程量计算结果,且假设存在换算项目（单梁、连续梁、悬臂梁中的 C20 现浇混凝土换为 C25 碎石混凝土,坍落度为 10～30 cm,石子最大粒径为 20 mm）,用计价软件对该工程量清单项目进行计价。

解

（1）编制工程量清单，如图 6.3.5 所示。

编码	类别	名称	项目特征	单位	工程量表达式	含量	工程量
一		整个项目					
一 A.5	部	混凝土及钢筋混凝土工程					
一 010503002001	项	矩形梁	1.混凝土种类：现浇混凝土 2.混凝土强度等级:C25	m3	0.41		0.41

图 6.3.5　用计价软件编制矩形梁工程量清单

（2）选择定额子目 A2-23，如图 6.3.6 所示。

编码	类别	名称	规格及型号	单位	损耗率	含量	数量	含税预算价	不含税预算价	不含税市场价	含税市场价	调整系数(%)
100000010001	人	普工		工日		7.72	0.3165	60	60	60	60	100
100000010021	人	技工		工日		6.31	0.2587	92	92	92	92	100
402509030002	材	草袋		m2		4.92	0.2017	2.15	1.887		2.15	87.79
403501030003	材	水		m3		14	0.574	3.15	2.765	2.765	3.15	87.79
403501130001	材	电		度		5	0.205	0.97	0.852	0.852	0.97	87.79
+ 1-55	砼	C20碎石混凝土坍落度3		m3		10.15	0.4162	259.9	228.17	228.17	259.86	87.79
+ 06-0003	机	滚筒式混凝土搅拌机电 出料容量500		台班		0.63	0.0258	163.14	146.53	146.53	158.8	89.82

图 6.3.6　矩形梁定额子目

（3）计算定额工程量。

因工程量计算规则相同，计算结果和清单工程量一样，即 $V = 0.41 \, \text{m}^3$。

（4）综合单价计算。

换算如图 6.3.7 所示。

编码	类别	名称	项目特征	单位	工程量表达式	含量	工程量
一 010503002001	项	矩形梁	1.混凝土种类：现浇混凝土 2.混凝土强度等级:C25	m3	0.41		0.41
A2-23 H1-55 1-13	换	单梁、连续梁、悬臂梁 C20现浇混凝土 换为【C25碎石混凝土坍落度10 30cm,石子最大粒径20mm】		10m3	QDL	0.1	0.041

图 6.3.7　矩形梁换算

综合单价如图 6.3.8 所示。

序号	费用代号	名称	计算基数	基数说明	费率(%)	单价	合价	费用类别
1	F1	人工费	RGF	人工费		1043.72	42.79	人工费
2	F2	材料费	CLF+ZCF+SBF	材料费+主材费+设备费		2620.61	107.45	材料费
3	F3	机械费	JXF	机械费		92.31	3.78	机械费
4	F4	企业管理费	F1 + F3	人工费+机械费	25.4	288.55	11.83	管理费
5	F5	利润	F1 + F3	人工费+机械费	18.63	211.64	8.68	利润
6	F6	风险因素			0	0	0	风险
7		综合单价	F1 + F2 + F3 + F4 + F5 + F6	人工费+材料费+机械费+企业管理费+利润+风险因素		4256.83	174.53	工程造价

编码	类别	名称	项目特征	单位	工程量表达式	含量	工程量	单价	合价	综合单价	综合合价
		整个项目									174.53
一 A.5	部	混凝土及钢筋混凝土工程									174.53
一 010503002001	项	矩形梁	1.混凝土种类：现浇混凝土 2.混凝土强度等级:C25	m3	0.41		0.41			425.68	174.53
A2-23 H1-55 1-13	换	单梁、连续梁、悬臂梁 C20现浇混凝土 换为【C25碎石混凝土坍落度10 30cm,石子最大粒径20mm】		10m3	QDL	0.1	0.041	3756.64	154.02	4256.83	174.53

图 6.3.8　矩形梁综合单价

例 6.3.3

某坡道构造做法为:①垫层材料厚度及种类为 150 mm 厚 3∶7 灰土;②面层为 60 mm 厚 C15 混凝土;③混凝土类别为商品混凝土;④混凝土强度等级为 C15;⑤原土夯实;⑥部位为散水。试用计价软件对该工程量清单项目进行报价(清单工程量已知为 97.74 m²)。

解

(1) 编制工程量清单,如图 6.3.9 所示。

编码	类别	名称	项目特征	单位	工程量表达式	含量	工程量
— 010507001002	项	散水、坡道【散水】	1.垫层材料种类、厚度:150mm厚三七灰土 2.面层厚度:60mm厚C15混凝土 3.混凝土类别:商品混凝土 4.混凝土强度等级:C15 5.原土夯实 6.部位:散水	m2	97.7394		97.74

图 6.3.9 用计价软件编制散水、坡道工程量清单

(2) 选择定额子目,如图 6.3.10 所示。

	编码	类别	名称	规格及型号	单位	损耗率	含量	数量	定额价	市场价	合价
1	100000010001	人	普工		工日		5.44	7.9756	60	60	478.54
2	100000010021	人	技工		工日		2.68	3.9291	92	92	361.48
3	+ 9-2	浆	灰土 3:7		m3		10.1	14.8076	87.25	87.25	1291.96
7	+ 01-0071	机	夯实机	电动 夯击能	台班		0.44	0.6451	28.7	28.7	18.51

编码	类别	名称	规格及型号	单位	损耗率	含量	数量	定额价	市场价	合价
100000010001	人	普工		工日		3.16	1.853	60	60	111.18
100000010021	人	技工		工日		2.58	1.5129	92	92	139.19
400303510303	商砼	商品混凝土C15	碎石20	m3		10.1	5.9226	338	338	2001.84
403501030003	材	水		m3		1.4	0.821	3.15	3.15	2.59
403501130001	材	电		度		3.16	1.853	0.97	0.97	1.8

	编码	类别	名称	规格及型号	单位	损耗率	含量	数量	定额价	市场价	合价
	100000010001	人	普工		工日		0.93	0.909	60	60	54.54
+	01-0071	机	夯实机	电动 夯击能	台班		0.56	0.5473	28.7	28.7	15.71

图 6.3.10 散水、坡道定额子目

(3) 计算定额工程量。

灰土垫层工程量 = 97.74 m² × 0.15 m = 14.66 m³。

面层混凝土工程量 = 97.74 m² × 0.06 m = 5.86 m³。

(4) 综合单价计算,如图 6.3.11 所示。

	序号	费用代号	名称	计算基数	基数说明	费率(%)	单价	合价
1	1	A	人工费	RGF	人工费		572.96	840.02
2	2	B	材料费	CLF+ZCF	材料费+主材费		881.23	1291.97
3	3	C	施工机具使用费	JXF	机械费		12.63	18.52
4	4	D	企业管理费	A+C	人工费+施工机具使用费	13.47	78.88	115.65
5	5	E	利润	A+C	人工费+施工机具使用费	15.8	92.52	135.64
6	6	F	风险因素				0	0
7	7	G	合计	A+B+C+D+E+F	人工费+材料费+施工机具使用费+企业管理费+利润+风险因素		1638.22	2401.79

图 6.3.11 散水、坡道综合单价计算

序号	费用代号	名称	计算基数	基数说明	费率(%)	单价	合价	费用类别
1	A	人工费	RGF	人工费		426.96	250.37	人工费
2	B	材料费	CLF+ZCF	材料费+主材费		3421.28	2006.24	材料费
3	C	施工机具使用费	JXF	机械费		0	0	机械费
4	D	企业管理费	A+C	人工费+施工机具使用费	13.47	57.51	33.72	管理费
5	E	利润	A+C	人工费+施工机具使用费	15.8	67.46	39.56	利润
6	F	风险因素				0	0	风险
7	G	合计	A+B+C+D+E+F	人工费+材料费+施工机具使用费+企业管理费+利润+风险因素		3973.21	2329.89	工程造价

序号	费用代号	名称	计算基数	基数说明	费率(%)	单价	合价	费用类别
1	A	人工费	RGF	人工费		55.8	54.54	人工费
2	B	材料费	CLF+ZCF	材料费+主材费		0	0	材料费
3	C	施工机具使用费	JXF	机械费		16.07	15.71	机械费
4	D	企业管理费	A+C	人工费+施工机具使用费	7.6	5.46	5.34	管理费
5	E	利润	A+C	人工费+施工机具使用费	4.96	3.56	3.48	利润
6	F	风险因素				0	0	风险
7	G	合计	A+B+C+D+E+F	人工费+材料费+施工机具使用费+企业管理费+利润+风险因素		80.89	79.06	工程造价

编码	类别	名称	项目特征	单位	工程量表达式	含量	工程量	单价	合价	综合单价
— 010507001002	项	散水、坡道【散水】	1.垫层材料种类、厚度:150mm厚三七灰土 2.面层厚度:60mm厚C15混凝土 3.混凝土种类:商品混凝土 4.混凝土强度等级:C15 5.变形缝填塞材料种类 6.部位:散水	m2	97.7394		97.74			49.22
A13-1	定	垫层 3:7灰土		10m3	14.661	0.015	1.4661	1466.82	2150.5	1638.22
A13-18	定	垫层 商品混凝土		10m3	5.864	0.0059	0.5864	3848.24	2256.61	3973.21
G1-284	定	原土夯实 平地		100m2	97.74	0.01	0.9774	71.87	70.25	80.89

续图 6.3.11

例 6.3.4

某明沟构造做法为:①土壤类别为素土,夯实;②沟截面净空尺寸为 400 mm×600 mm;③混凝土强度等级为 C25;④混凝土类别为商品混凝土;⑤部位为坡道处地沟。假设存在换算项目(C20 商品混凝土换算为 C25 商品混凝土,碎石粒径为 20 mm),试用计价软件对该工程量清单项目进行报价(已知清单工程量为 6.95 m)。

解

(1) 编制工程量清单,如图 6.3.12 所示。

编码	类别	名称	项目特征	单位	工程量表达式	含量	工程量
— 010507003001	项	电缆沟、地沟	1.土壤类别:素土夯实 2.沟截面净空尺寸:400mm×600mm 3.混凝土强度等级:C25 4.混凝土种类:商品混凝土 5.部位:坡道处地沟	m	6.95000000000001		6.95

图 6.3.12 用计价软件编制电缆沟、地沟工程量

(2) 选择定额子目 A2-122(混凝土等级已换算),如图 6.3.13 所示。

(3) 计算定额工程量。

因工程量计算规则相同,计算结果和清单工程量一样,即 $L=6.95$ m。

(4) 综合单价计算,如图 6.3.14 所示。

	编码	类别	名称	规格及型号	单位	损耗率	含量	数量	定额价	市场价	合价
1	100000010001	人	普工		工日		1.11	0.7715	60	60	46.29
2	100000010021	人	技工		工日		0.92	0.6394	92	92	58.82
3	400303510303@1	商砼	商品混凝土C25	碎石20	m3		0.44	0.3058	338	338	103.36
4	402509030002	材	草袋		m2		1.21	0.841	2.15	2.15	1.81
5	403501030003	材	水		m3		0.15	0.1043	3.15	3.15	0.33
6	403501130001	材	电		度		0.08	0.0556	0.97	0.97	0.05
7	450720110001	材	水泥弯头Φ100		个		1	0.695	3.83	3.83	2.66
8	400303510303@1	商砼	商品混凝土C25	碎石20	m3		0.31	0.2155	338	338	72.84
9	+ 6-21	浆	水泥砂浆 1:2.5				0.12	0.0834	334.04	334.04	27.86
13	+ 06-0024	机	灰浆搅拌机	拌筒容量200	台班		0.02	0.0139	110.4	110.4	1.53

图 6.3.13　电缆沟、地沟定额子目

— 010507003001	项	电缆沟、地沟	1. 土壤类别：素土夯实 2. 沟截面净空尺寸：400mm×600mm 3. 垫层材料种类、厚度：C25 4. 盖板材料种类：商品混凝土 5. 混凝土强度等级：C25 6. 部位：坡道处地沟	m	6.9500000000001		6.95				51.85
A2-122 H6001790 10003 400303510 303 换	混凝土明沟 C20商品混凝土 换为【商品混凝土C25 碎石20mm】			10m	6.9500000000001		0.1	0.695	454.02	315.54	518.48

	序号	费用代号	名称	计算基数	基数说明	费率(%)	单价	合价
1	1	A	人工费	RGF	人工费		151.24	105.11
2	2	B	材料费	CLF+ZCF	材料费+主材费		300.57	208.9
3	3	C	施工机具使用费	JXF	机械费		2.21	1.54
4	4	D	企业管理费	A+C	人工费+施工机具使用费	23.84	36.58	25.42
5	5	E	利润	A+C	人工费+施工机具使用费	18.17	27.88	19.38
6	6	F	风险因素				0	0
7	7	G	合计	A+B+C+D+E+F	人工费+材料费+施工机具使用费+企业管理费+利润+风险因素		518.48	360.34

图 6.3.14　电缆沟、地沟综合单价计算

任务 4 钢筋工程计价

　　钢筋工程的工程量清单可以根据钢筋的种类、直径和级别，对照清单的项目特征和工作内容，依据《湖北省房屋建筑与装饰工程消耗量定额及全费用基价表》(2018 年版)编制，现浇构件钢筋项目(010515001)计价也是根据钢筋的种类、直径和级别来选取定额子目的。

　　下面以某柱钢筋为例编制工程量清单并报价。假设钢筋采用焊接连接。

1. 编制钢筋工程分部分项工程项目清单

　　编制钢筋工程分部分项工程项目清单与计价表，如表 6.4.1 所示。

表 6.4.1　分部分项工程项目清单与计价表

工程名称：　　　　　　　　　　　　　　　标段：

序号	项目编码	项目名称	项目特征描述	计量单位	工程量	金额/元		
						综合单价	合价	其中：暂估价
1	010515001001	现浇构件钢筋	钢筋种类、规格：圆钢筋，HPB300，ϕ8	t	0.09			
2	010515001002	现浇构件钢筋	钢筋种类、规格：螺纹钢筋，HRB335，ϕ25	t	0.66			

2. 对钢筋工程工程量清单进行报价

1）计算定额工程量

钢筋工程 1（HPB 300 级，项目编码为 010515001001）的组价内容对应《湖北省房屋建筑与装饰工程消耗量定额及全费用基价表》（2018 年版）的 A2-64 子目，钢筋工程 2（HRB 335 级，项目编码为 010515001002）的组价内容对应《湖北省房屋建筑与装饰工程消耗量定额及全费用基价表》（2018 年版）的 A2-70 子目。两个定额子目表内容如表 6.4.2 所示。

表 6.4.2　钢筋定额子目表

工作内容：钢筋制作、运输、绑扎、安装等　　　　　　　　　　　　　　计量单位：t

名称		单位	单价/元	数量	
项目				现浇构件圆钢筋	现浇构件螺纹钢筋
				ϕ8（$\leqslant$10 mm）	ϕ25（$\leqslant$25 mm）
全费用/元				5 712.18	4 840.42
	人工费/元			1 066.56	524.59
	材料费/元			3 096.37	3 214.55
	机械费/元			16.87	81.25
	费用/元			966.31	540.35
	增值税/元			566.07	479.68
名称		单位	单价/元	数量	
人工	普工	工日	92.00	2.059	1.013
	技工	工日	142.00	6.177	3.038
材料	圆钢筋 ϕ8（$\leqslant$10 mm）	kg	2.99	1 020.000	—
	螺纹钢筋 ϕ25（ϕ20～ϕ25）	kg	3.06	—	1 025.000
	低合金钢焊条 E43 系列	kg	6.92	—	4.800
	水	m³	3.39	—	0.093
	镀锌铁丝 ϕ0.7	kg	4.28	8.910	1.600
	电（机械）	kW·h	0.75	11.251	50.221

名称		单位	单价/元	数量	
机械	钢筋调直机 40	台班	37.59	0.240	—
	钢筋切断机 40	台班	18.93	0.110	0.090
	钢筋弯曲机 40	台班	16.48	0.350	0.180
	直流弧焊机 32 kVA	台班	165.43	—	0.400
	对焊机 75 kVA	台班	165.38	—	0.060
	电焊条烘干箱 (45 cm×35 cm×45 cm)	台班	12.10	—	0.040

《湖北省房屋建筑与装饰工程消耗量定额及全费用基价表》(2018 年版)的钢筋工程量计算有以下特点:

(1)钢筋工程量应区分不同钢筋品种和规格,按设计长度(指钢筋中心线)乘以单位质量,以吨计量。

(2)计算钢筋工程量时,设计(含标准图集)已规定钢筋搭接长度的,按规定搭接长度计算;设计未规定搭接长度的,已包括在钢筋的损耗率之内,不另计算搭接长度。

(3)钢筋机械连接(指采用直螺纹、锥螺纹和套筒冷压钢筋接头)电渣压力焊接头以个计算。

(4)设计图纸(含标准图集)未注明的钢筋接头和施工损耗已综合在定额项目内。

(5)绑扎铁丝、成型点焊和接头焊接用的电焊条已综合在定额项目内。

(6)钢筋工程工作内容包括制作、绑扎、安装以及浇筑钢筋混凝土时维护钢筋用工。

(7)现浇构件钢筋以手工绑扎取定额,实际施工与定额不同时,不再换算。

(8)预应力构件中的非预应力钢筋按现浇钢筋相应项目计算。

从以上的规定中可知,清单项目现浇构件钢筋工程量和定额工程量是相等的。

2)计算综合单价

依据定额子目 A2-64 基价可知,现浇构件圆钢筋 ϕ8 的定额人工费是 1 066.56 元/t,定额材料费是 3 096.37 元/t,定额机械费是 16.87 元/t,参照 2018 年湖北省建筑安装工程费用定额,管理费和利润的计费基数为人工费和机械费之和,费率分别是 28.22% 和 19.70%。

计算钢筋工程 1(HPB 300 级,项目编码为 010515001001)人工费、材料费和机械费如下:

人工费=0.09 t×1 066.56 元/t=95.99 元。

材料费=0.09 t×3 096.37 元/t=278.67 元。

机械费=0.09 t×16.87 元/t=1.52 元。

人工费+机械费=(95.99+1.52)元=97.51 元。

管理费和利润合计为:97.51×(28.22%+19.70%)=46.73 元。

钢筋工程 1 综合单价为:(95.99+278.67+1.52+46.73)元÷0.09 t=4 699.00 元/t。

该钢筋工程项目清单综合单价分析表如表 6.4.3 所示。

表 6.4.3　工程项目清单综合单价分析表

工程名称：　　　　　　　　　　　　　　　标段：

项目编码	010515001001	项目名称	现浇构件钢筋φ8	计量单位	t

清单综合单价组成明细

定额编号	定额名称	定额单位	数量	单价/元				合价/元			
				人工费	材料费	机械费	管理费和利润	人工费	材料费	机械费	管理费和利润
A2-64	现浇构件圆钢筋φ8	t	1	1 066.56	3 096.37	16.87	519.18	1 066.56	3 096.37	16.87	519.18
小计								1 066.56	3 096.37	16.87	519.18
清单项目综合单价								4 698.98			

可采用同样的分析方法编制钢筋工程 2 项目清单并报价。

任务 5　建筑装饰工程计价

一、建筑装饰工程计价步骤

建筑装饰工程计价步骤如下：

(1) 编制工程量清单(利用《计量规范》)。

(2) 根据项目名称、项目特征和工作内容确定定额子目(利用企业定额或消耗量定额)。

(3) 根据定额子目计算计价工程量。

(4) 根据定额子目和有关取费标准计算综合单价，并形成综合单价分析表。

二、建筑装饰工程计价实例

例 6.5.1

图 6.5.1 所示为某建筑物平面图，地面构造做法为：①80 mm 厚 C15 混凝土；②20 mm 厚 1∶2 水泥砂浆；③素土夯实。此地面采用图集 11ZJ001 地 001 做法，需刷素水泥浆结合层一遍。试对该工程量清单项目进行报价。

解

(1) 计算计价工程量。

水泥砂浆地面工程量＝设计图示尺寸面积－凸出地面构筑物所占面积

$$= (6.60 \text{ m} \times 2 - 0.05 \text{ m} \times 2) \times (3.60 \text{ m} \times 2 - 0.05 \text{ m} \times 2)$$

$$- 1.20 \text{ m} \times 3.60 \text{ m} = 88.69 \text{ m}^2$$

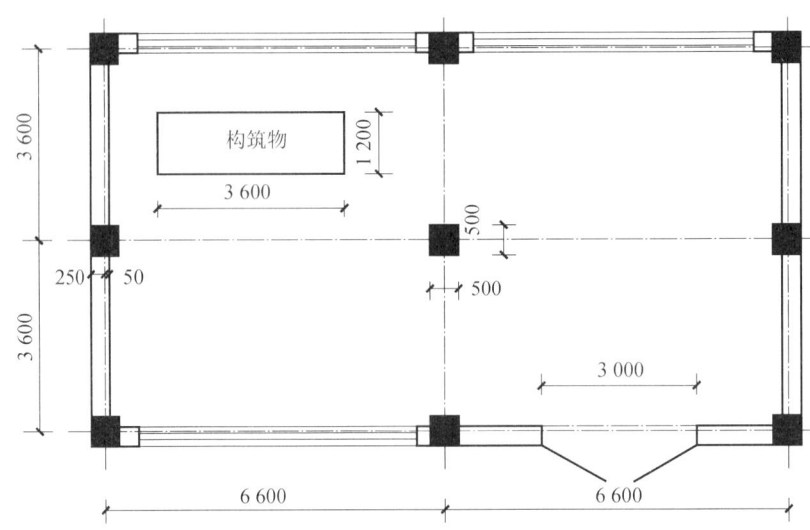

图 6.5.1　某建筑物平面图(单位:mm)

(2)清单项目设置。

工程项目清单与计价表如表 6.5.1 所示。

表 6.5.1　分部分项工程项目清单与计价表

工程名称:　　　　　　　　　　　　　　　　　　标段:

序号	项目编码	项目名称	项目特征描述	计量单位	工程量	金额/元	
						综合单价	合价
1	011101001001	水泥砂浆地面	(1)垫层材料种类、厚度:80 mm 厚 C15 混凝土。 (2)找平层厚度、砂浆配合比:20 mm 厚 1:2 水泥砂浆。 (3)素水泥浆遍数:刷素水泥浆结合层一遍。 (4)面层做法要求:素土夯实。 (5)采用图集 11ZJ001 地 101 做法。 (6)部位:地面	m²	88.69		

(3)用计价软件对工程项目清单进行报价,如图 6.5.2 所示。

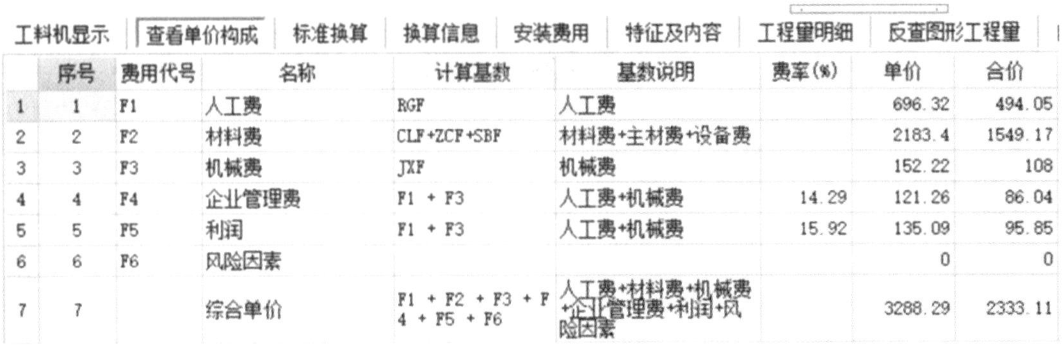

	序号	费用代号	名称	计算基数	基数说明	费率(%)	单价	合价
1	1	F1	人工费	RGF	人工费		696.32	494.05
2	2	F2	材料费	CLF+ZCF+SBF	材料费+主材费+设备费		2183.4	1549.17
3	3	F3	机械费	JXF	机械费		152.22	108
4	4	F4	企业管理费	F1 + F3	人工费+机械费	14.29	121.26	86.04
5	5	F5	利润	F1 + F3	人工费+机械费	15.92	135.09	95.85
6	6	F6	风险因素				0	0
7	7		综合单价	F1 + F2 + F3 + F4 + F5 + F6	人工费+材料费+机械费+企业管理费+利润+风险因素		3288.29	2333.11

工料机显示　查看单价构成　标准换算　换算信息　安装费用　特征及内容　工程量明细　反查图形工程量

图 6.5.2　水泥砂浆地面清单报价

	序号	费用代号	名称	计算基数	基数说明	费率(%)	单价	合价
1	1	F1	人工费	RGF	人工费		836.36	741.77
2	2	F2	材料费	CLF+ZCF+SBF	材料费+主材费+设备费		757.7	672
3	3	F3	机械费	JXF	机械费		34.68	30.76
4	4	F4	企业管理费	F1 + F3	人工费+机械费	14.29	124.47	110.39
5	5	F5	利润	F1 + F3	人工费+机械费	15.92	138.67	122.99
6	6	F6	风险因素				0	0
7	7		综合单价	F1 + F2 + F3 + F4 + F5 + F6	人工费+材料费+机械费+企业管理费+利润+风险因素		1891.88	1677.91

工料机显示　查看单价构成　标准换算　换算信息　安装费用　特征及内容　工程量明细　反查图形工程量

	序号	费用代号	名称	计算基数	基数说明	费率(%)	单价	合价
1	1	A	人工费	RGF	人工费		55.8	49.49
2	2	B	材料费	CLF+ZCF+SBF	材料费+主材费+设备费		0	0
3	3	C	施工机具使用费	JXF	机械费		14.39	12.76
4	4	D	企业管理费	A+C	人工费+施工机具使用费	8.68	6.09	5.4
5	5	E	利润	A+C	人工费+施工机具使用费	5.45	3.83	3.4
6	6	F	风险因素				0	0
7	7	G	合计	A+B+C+D+E+F	人工费+材料费+施工机具使用费+企业管理费+利润+风险因素		80.11	71.05

- 011101001001	项	水泥砂浆楼地面	1.垫层材料种类、厚度：80mm厚C15混凝土；2.找平层厚度、砂浆配合比：20mm1:2水泥砂浆；3.素水泥浆遍数：素水泥浆结合层一遍；4.面层做法要求：素土夯实；5.采用图集11ZJ001地101；6.部位：地面	m2	88.69	88.69			46.03
A13-17	定	垫层 现浇混凝土	10m3	88.69*0.08	0.008	0.70952	3031.94	2151.22	3288.29
A13-30	定	水泥砂浆面层 楼地面 厚度20mm	100m2	QDL	0.01	0.8869	1628.74	1444.53	1891.88
G1-284	定	原土夯实 平地	100m2	QDL	0.01	0.8869	70.19	62.25	80.11

续图 6.5.2

■ 例 6.5.2

图 6.5.3 所示为某建筑物外立面及平面图,其外墙为砌块墙,外墙裙为块料墙面,其块材采用 15 mm 厚 1∶3 水泥砂浆、5 mm 厚 1∶1 水泥砂浆镶贴;面层材料为 8～10 mm 厚面砖,砖周长小于 400 mm,水泥砂浆粘贴面砖,灰缝为 5 mm 以内;采用 1∶1 水泥砂浆勾缝。内墙部分墙面(69.54 m²)做法同外墙裙,采用图集 11ZJ001 内墙 201 做法,需刷素水泥浆 1 遍。试利用计价软件对该工程量清单项目进行报价。

■ 解

(1)计算计价工程量。

建筑物块料墙裙的清单工程量 S＝(9.90 m＋0.24 m＋4.50 m＋0.24 m)×2×1.20 m－0.90 m×1.20 m＝34.63 m²。总计价工程量＝34.63 m²＋69.54 m²＝104.17 m²。

(2)清单项目设置。

工程项目清单与计价表如表 6.5.2 所示。

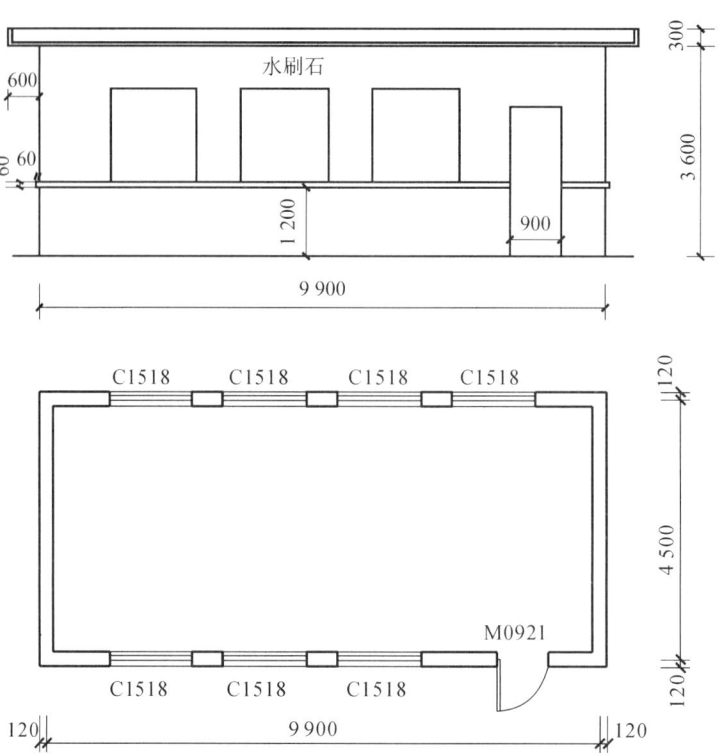

图 6.5.3 某建筑物外立面及平面图(单位:mm)

表 6.5.2 分部分项工程项目清单与计价表

工程名称: 标段:

序号	项目编码	项目名称	项目特征描述	计量单位	工程量	金额(元)	
						综合单价	合价
1	011204003001	块料墙面	(1)墙体类型:砌块墙。 (2)安装方式:15 mm厚1:3水泥砂浆,5 mm厚1:1水泥砂浆镶贴。 (3)面层材料品种、规格、颜色:8~10 mm厚面砖(周长400 mm以内,水泥砂浆粘贴面砖,灰缝为5 mm以内)。 (4)缝宽、嵌缝材料种类:5 mm以内,1:1水泥砂浆勾缝。 (5)特殊要求:刷素水泥浆一遍。 (6)采用图集:选用11ZJ001内墙201做法	m²	104.17		

(3)利用计价软件进行清单项目综合单价确定,注意项目换算,如图6.5.4所示。

序号	费用代号	名称	计算基数	基数说明	费率(%)	单价	合价
1	1	F1	人工费	RGF	人工费		4406.92	4590.69
2	2	F2	材料费	CLF+ZCF+SBF	材料费+主材费+设备费		4555.36	4745.32
3	3	F3	机械费	JXF	机械费		13.26	13.81
4	4	F4	企业管理费	F1 + F3	人工费+机械费	14.29	631.64	657.98
5	5	F5	利润	F1 + F3	人工费+机械费	15.92	703.69	733.03
6	6	F6	风险因素				0	0
7	7		综合单价	F1 + F2 + F3 + F4 + F5 + F6	人工费+材料费+机械费+企业管理费+利润+风险因素		10310.87	10740.83

图 6.5.4 块料墙面、墙裙综合单价

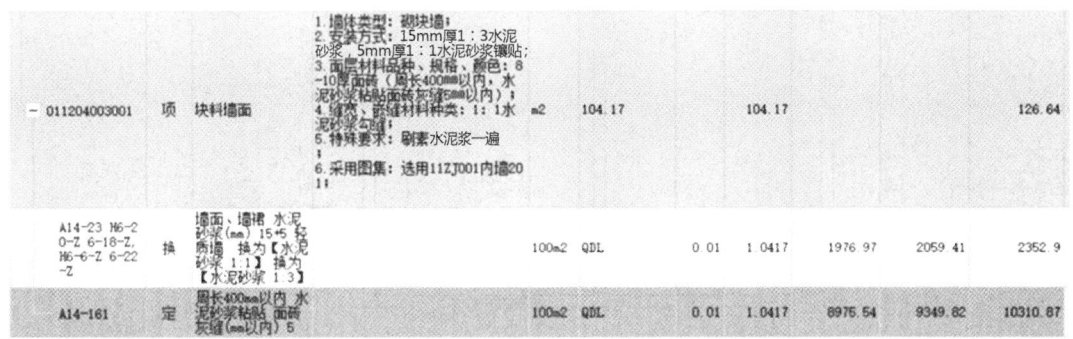

— 011204003001	项	块料墙面	1.墙体类型：砌块墙； 2.安装方式：15mm厚1：3水泥砂浆，5mm厚1：1水泥砂浆镶贴； 3.面层材料品种、规格、颜色：8－10厚面砖（周长400mm以内，水泥砂浆粘贴面砖300mm以内）； 4.缝宽、嵌缝材料种类：1：1水泥砂浆； 5.特殊要求：刷素水泥浆一遍 6.采用图集：选用11ZJ001内墙20页	m2	104.17		104.17		126.64
A14-23 H6-20-Z 6-18-Z，H6-6-2 6-22 -Z	换	墙面、墙裙 水泥砂浆(mm) 15+5 名质量 换为【水泥砂浆 1：1】 换为【水泥砂浆 1：3】		100m2	QDL	0.01	1.0417	1976.97	2059.41	2352.9
A14-161	定	周长400mm以内 水泥砂浆粘贴 面砖 灰缝(mm以内) 5		100m2	QDL	0.01	1.0417	8975.54	9349.82	10310.87

续图 6.5.4

习题

1.打试验桩和打工程桩为什么要分别列清单项目？

2.土石方工程的管理费率和砌筑工程的管理费率是否相同？

3.编制项目 5 习题第 5 题条件下的沟槽土方的综合单价（需要完成基底钎探，考虑放坡和加宽工作面来完成土方的开挖，不考虑支挡土板施工。开挖的基础土方，考虑按挖方量的 70% 进行现场运输、堆放，采用人力车运输，距离为 50 m，其余部分土在开挖位置 5 m 内堆放）。

4.砖基础和砖墙的清单计价有什么特点？

5.砖基础的组价内容是什么？

6.清水砖墙的计价特点是什么？

7.请完成 11 栋学生公寓一层Ⓐ轴线砌筑墙（相应图纸见第 194 页二维码内容）工程量计算及综合单价编制。

8.请参照 11 栋学生公寓的结构施工图图纸（相应图纸见第 194 页二维码内容），对例 5.3.6 中的墙进行计价。

9.请参照 11 栋学生公寓的结构施工图图纸（相应图纸见第 194 页二维码内容），对例 5.3.8 中的板进行计价。

10.请参照 11 栋学生公寓的建筑工程图纸，对图中的其他混凝土工程进行计价。

11.简易计税法采用的计费基数是什么？

12.钢筋工程如何计价？

13.依据表 6.4.1，对现浇构件钢筋ϕ25（钢筋工程 2，项目编码为 010515001002）进行报价。

14.某建筑工程底层平面如下图所示（单位：mm），墙厚为 240 mm，设计室内地面铺设 500 mm×500 mm 的中国红大理石，踢脚线为 120 mm 高地砖。其中，M1 的尺寸为 1 000 mm×2 100 mm，M2 的尺寸为 900 mm×2 400 mm，C1 的尺寸为 1 800 mm×1 800 mm，试对该工程量清单项目进行报价。

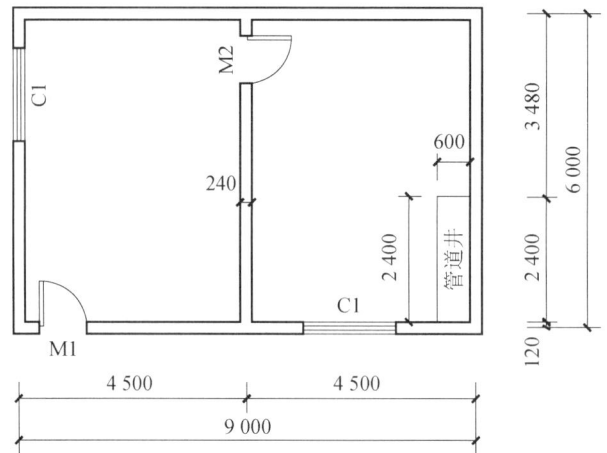

15.下图为某建筑物二层平面图(单位:mm),建筑层高为 3.6 m,楼板厚度为 120 mm。其内墙做法为 20 mm 厚 1∶3 的石灰砂浆,外墙做法为挂贴花岗岩面层,试对该建筑物内墙石灰砂浆和外墙花岗岩的工程进行报价。

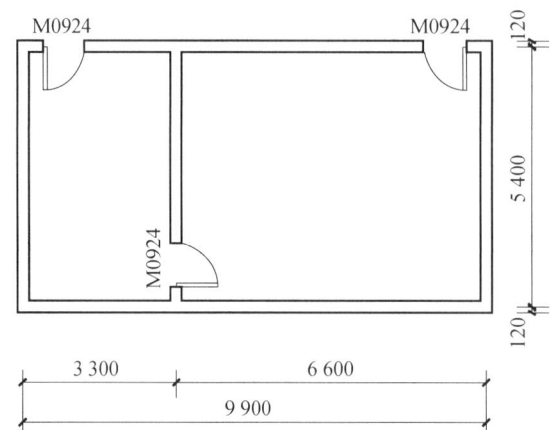

16.下图为某建筑物底层平面图(单位:mm),建筑层高为 4.2 m,建筑地面为水泥砂浆地面,墙面做法为贴 300 mm×300 mm 墙面砖,墙厚 240 mm。试对该建筑物水泥砂浆地面的工程和墙面砖的工程进行报价。

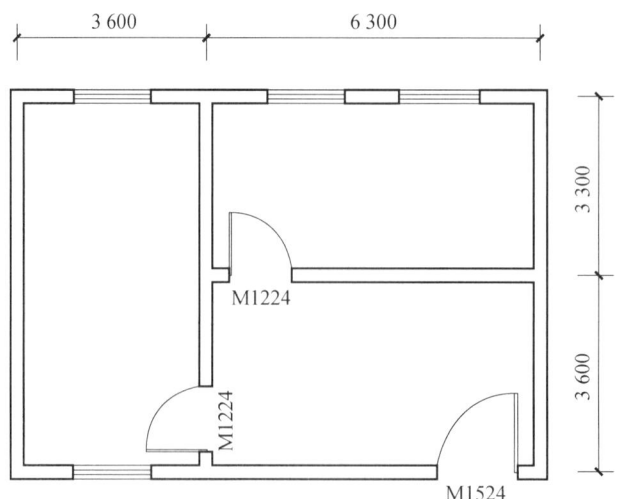

项目 **7**

设计概算

知识目标

1. 了解设计概算的含义、作用、编制原则和依据等基础知识；
2. 掌握设计概算编制内容；
3. 了解建筑工程概算、设备及安装工程概算的编制等基础知识；
4. 掌握建筑工程概算、设备及安装工程概算的编制方法；
5. 了解建设项目总概算书的组成等基础知识；
6. 通过案例了解概算的基础知识。

能力目标

1. 能准确理解设计概算的含义、作用；
2. 能快速编制设计概算的框架内容；
3. 能采用概算定额法编制概算；
4. 能采用概算指标法编制概算；
5. 能采用类似工程预(决)算法编制概算；
6. 掌握建设项目总概算书的编制方法与步骤；
7. 能通过案例掌握概算的编制方法与步骤。

任务 1 设计概算的内容解读

一、设计概算的含义

设计概算是设计文件的重要组成部分,是在初步设计或扩大初步设计阶段,在投资估算的控制下,由设计单位根据初步设计的设计图纸及说明书、概算定额(或概算指标)、各项费用定额(或取费标准)、设备及材料预算价格等资料或参照类似工程(决算) 文件,用科学的方法计算和确定的建设项目从筹建至竣工交付使用所需全部费用的文件,是对建设项目从筹建至竣工交付使用所需全部费用进行的概略计算。

设计概算的成果文件称作设计概算书,简称设计概算。设计概算书是初步设计文件的重要组成部分,其特点是编制工作相对简略,无须达到施工图预算的准确程度。

采用两阶段设计的建设项目,初步设计阶段必须编制设计概算;采用三阶段设计的建设项目,扩大初步设计(或称技术设计) 阶段必须编制修正概算。

设计概算的内容:设计概算可分单位工程概算、单项工程综合概算和建设项目总概算三级,如图 7.1.1 所示。其中,单位工程概算具体内容如表 7.1.1 所示。

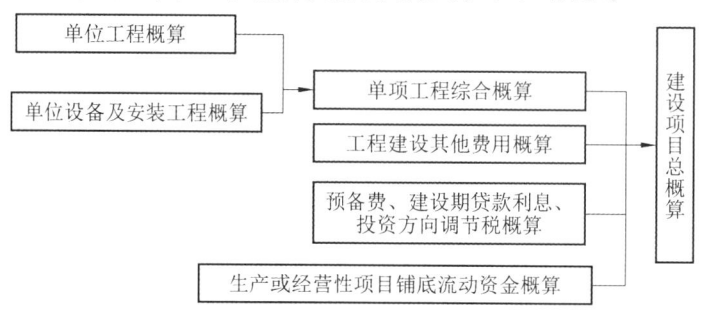

图 7.1.1 设计概算的三级概算

表 7.1.1 单位工程概算具体内容

单位工程概算	建筑工程概算	土建工程概算	编制方法: (1)概算定额法(又叫扩大单价法或扩大结构定额法),要求初步设计达到一定深度,建筑结构比较明确时采用,在建筑工程概算中最精确; (2)概算指标法,在初步设计深度不够,不能准确地计算工程量,但工程设计采用的技术比较成熟而又有类似工程概算指标可以利用时采用; (3)类似工程预算法,是利用技术条件与设计对象相类似的已完工程或在建工程的工程造价资料来编制拟建工程设计概算的方法,该方法适用于拟建工程初步设计与已完工程或在建工程的设计相似且没有可用的概算指标的情况,但必须对建筑结构差异和价差进行调整
		给排水、采暖工程概算	
		通风(空调)工程概算	
		电气照明工程概算	
		工业管道工程概算	
		特殊构筑物工程概算	

单位工程概算	设备及安装工程概算	机械设备及安装工程概算	编制方法： (1) 预算单价法,有详细清单时采用,计算比较具体,精确度高; (2) 扩大单价法,设备清单不完备,或仅有成套设备的重量时采用; (3) 概算指标法,无法采用预算单价法和扩大单价法时采用。①按占设备价值的百分比(安装费率)的概算指标计算,设备安装费＝设备原价(不含运费)×设备安装费率;②按每吨设备安装费的概算指标计算,设备安装费＝设备总吨数×每吨设备安装费(元/吨);③按以座、台、套、组、根或功率等为计量单位的概算指标计算;④按设备安装工程每平方米建筑面积的概算指标计算
		电气设备及安装工程概算	
		热力设备及安装工程概算	
		工器具及生产家具购置费概算	

二、设计概算的作用

设计概算的主要作用有以下六点。

(1) 设计概算是编制建设项目投资计划,确定和控制建设项目投资的依据。

国家规定,编制年度固定资产投资计划,确定计划投资总额及其构成数额,要以批准的初步设计概算为依据,没有批准的初步设计及其概算的建设工程不能列入年度固定资产投资计划。

经批准的建设项目设计总概算的投资额,是该工程建设投资的最高限额。在工程建设过程中,年度固定资产投资计划安排、银行拨款或贷款、施工图设计及其预算、竣工决算等,未按规定的程序获得批准,都不能突破这一限额,以确保国家固定资产投资计划的严格执行和有效控制。

(2) 设计概算是签订建设工程合同和贷款合同的依据。

《中华人民共和国合同法》明确规定,建设工程合同是承包人进行工程建设,发包人支付价款的合同。合同价款的多少是以设计概算为依据的,而且总承包合同不得超过设计总概算的投资限额。

设计概算是银行拨款或签订贷款合同的最高限额,建设项目的全部拨款或贷款以及各单项工程的拨款或贷款的累计总额,不能超过设计概算。如果项目的投资计划所列投资额或拨款与贷款数额突破设计概算时,必须查明原因后由建设单位报请上级主管部门调整或追加设计概算总投资额,未经批准时,银行对其超支部分拒不拨付。

(3) 设计概算是控制施工图设计和施工图预算的依据。

经批准的设计概算是建设项目投资的最高限额,设计单位必须按照批准的初步设计及其概算进行施工图设计。施工图预算不得突破设计概算,如确需突破总概算时,应按规定程序报经批准。

(4) 设计概算是衡量设计方案技术经济合理性和选择最佳设计方案的依据。

设计概算是设计方案技术经济合理性的综合反映,据此可以对不同的设计方案进行技术与经济合理性的比较,以便选择最佳设计方案。

(5) 设计概算是工程造价管理及编制招标标底和投标报价的依据。

设计总概算一经批准,就作为工程造价管理的最高限额,用以对工程造价进行严格的控制。以设计概算进行招标的工程,招标单位编制标底是以设计概算造价为依据的,编制的标底可作为评标定标的依据。承包单位为了在投标竞争中取胜,也应以设计概算为依据,编制出合适的投标报价。

(6)设计概算是考核建设项目投资效果的依据。

通过设计概算与竣工决算的对比,可以分析和考核投资效果的好坏,同时还可以验证设计概算的准确性,有利于加强设计概算管理和建设项目的造价管理工作。

三、设计概算编制原则和依据

1.设计概算编制原则

为提高建设项目设计概算编制质量,科学合理确定建设项目投资,设计概算编制应坚持以下原则:

(1)严格执行国家的建设方针和经济政策;

(2)要完整、准确地反映设计内容;

(3)结合拟建工程的实际,反映工程所在地当时价格水平。

2.设计概算编制依据

编制设计概算的主要依据包括:

(1)经批准的建筑安装工程项目的可行性研究报告;

(2)(扩大)初步设计文件,包括设计图纸及说明书,设备表、材料表等有关资料;

(3)建设地区的自然条件和技术经济条件资料,主要包括工程地质勘测资料,施工现场的水、电供应情况,原材料供应情况,交通运输情况等;

(4)建设地区的工资标准、材料预算价格和设备预算价格资料;

(5)国家、省、自治区颁发的现行建筑安装工程费用定额;

(6)国家、省、自治区颁发的现行建筑安装工程概算定额或指标;

(7)类似工程的概算、预算和技术经济指标等;

(8)施工组织设计文件;

(9)国家有关建设和造价管理的法律、法规和方针政策;

(10)经批准的建设项目的设计任务书(或经批准的可行性研究文件)和主管部门的有关规定;

(11)初步设计项目一览表;

(12)能满足编制设计概算要求的经过各专业人员校审并签字的设计图纸(或内部作业草图)、文字说明和主要设备表;

(13)当地和主管部门的现行建筑工程和专业安装工程的概算定额(或预算定额、综合预算定额,下同)、单位估价表、材料及构配件预算价格、工程费用定额和有关费用规定的文件等资料;

(14)现行的有关设备原价及运杂费率;

(15)现行的有关其他费用定额、指标和价格;

(16)建设场地的自然条件和施工条件;

(17)类似工程的概预算及技术经济指标;

（18）建设单位提供的有关工程造价的其他资料。

四、设计概算编制内容

设计概算的编制应包括由编制期价格、费率、利率、汇率等确定的静态投资和由编制期到竣工验收前的工程价格变化等多种因素确定的动态投资两部分。

设计概算可分为三级概算，编制内容如下。

1. 单位工程概算

单位工程概算是确定单项工程中各单位工程建设费用的文件，它是编制单项工程综合概算的依据。

单位工程概算分为建筑工程概算和设备及安装工程概算两大类。

建筑工程概算包括一般土建工程概算、给排水工程概算、采暖工程概算、通风（空调）工程概算、电气照明工程概算、工业管道工程概算和特殊构筑物工程概算。

设备及安装工程概算主要包括机械设备及安装工程概算、电气设备及安装工程概算等。

详细单位工程概算书是计算单项工程中每个专业工程所需工程费用的文件。

建筑工程概算的编制方法有概算定额法（扩大单价法）、概算指标法、类似工程预算法等；设备及安装工程概算的编制方法有预算单价法、扩大单价法、概算指标法（设备价值百分比法和综合吨位指标法等）等。

单位工程概算投资由直接费、间接费、利润和税金组成。

2. 单项工程综合概算

单项工程综合概算是确定一个单项工程所需建设费用的综合性文件。它根据单项工程内各专业单位工程概算汇总编制而成，是建设项目总概算的组成部分。

单项工程综合概算文件一般包括编制说明（不编制总概算时列入）、综合概算表（含其所附的单位工程概算表和建筑材料表）和有关专业的单位工程预算书三大部分。

当建设项目只有一个单项工程时，此时综合概算文件（实为总概算）除包括上述部分外，还应包括工程建设其他费用、建设期贷款利息、预备费和固定资产投资方向调节税的概算等。

3. 建设项目总概算

建设项目总概算是确定整个建设项目从筹建到竣工交付所预计花费的全部费用的文件。它是由各单项工程综合概算、工程建设其他费用、建设期贷款利息、预备费、固定资产投资方向调节税和经营性项目的铺底资金概算所组成，按照主管部门规定的统一表格形式进行编制而成的。

建设项目总概算一般包括工程费用、工程建设其他费用、预备费、固定资产投资方向调节税、建设期贷款利息等。

建设项目总概算的编制内容主要包括：

（1）编制说明，编制说明的内容与单项工程综合概算编制说明相同；

（2）总概算表，反映静态投资和动态投资两个部分；

（3）工程建设其他费用概算表；

（4）单项工程综合概算表和建筑安装单位工程概算表；

（5）工程量计算表和工、料数量汇总表；

（6）分年度投资汇总表和分年度资金流量汇总表。

独立装订成册的建设项目总概算文件应加封面、签名页（扉页）和目录。

任务 2 单位工程概算的编制

一、建筑工程概算的编制

根据工程项目规模大小，初步设计或扩大初步设计深度等有关资料的齐备程度不同，通常可以采用以下方法编制建筑工程概算：

（1）根据概算定额编制；

（2）根据概算指标编制；

（3）根据类似工程预算编制。

二、采用概算定额法编制概算

1. 采用概算定额法编制概算的条件

工程项目的初步设计或扩大初步设计具有相当深度，建筑、结构类型要求比较明确，基本上能够按照初步设计的平、立、剖面图纸计算分部工程或扩大结构构件等项目的工程量时，可以采用概算定额法编制概算。

2. 编制方法与步骤

1）收集基础资料

采用概算定额法编制概算，最基本的资料为前面所提到的设计概算编制依据。除此之外，还应获得建筑工程中各分部工程施工方法的有关资料。对于改建或扩建的建筑工程，还需要收集原有建筑工程的状况图，拆除及修缮工程概算定额的费用定额及旧料残值回收计算方法等资料。

2）熟悉设计文件，了解施工现场情况

在编制概算前，必须熟悉图纸，掌握工程结构形式的特点，以及各种构件的规格和数量等，并充分了解设计意图，掌握工程全貌，以便更好地计算概算工程量，提高概算的编制速度和质量。另外，概算工作者必须深入施工现场，调查、分析和核实地形、地貌、作业环境等有关原始资料，从而保证概算内容能更好地反映客观实际，为进一步提高设计质量提供可靠的原始依据。

　　3）计算工程量

　　编制概算时,应按概算定额手册所列项目分列工程项目,并按其所规定的工程量计算规则进行工程量计算,以便正确地选套定额,提高概算造价的准确性。

　　4）选套概算定额

　　分列的工程项目及相应汇总的工程量经复核无误后,即可选套概算定额,确定定额单价。通常选套概算定额的方法如下:

　　(1)把定额编号、工程项目及相应的定额计量单位、工程量按定额顺序填列于建筑工程概算表(见表7.2.1)中。

表 7.2.1　建筑工程概算表

序号	定额编号	项目名称	工　程　量		价值/元	
			单位	数量	单价	合价

　　(2)根据定额编号,查阅各工程项目的概算基价,填列于概算表格的相应栏内。

　　在选套概算定额时,必须按各分部工程说明中的有关规定进行,避免错选或重套定额项目,以保证概算的准确性。

　　5）计取各项费用,确定工程概算造价

　　当工程概算直接工程费确定后,就可按费用计算程序进行各项费用的计算,可按下式计算概算造价的单方造价:

$$土建工程概算造价 = 直接费 + 间接费 + 利润 + 其他费用 + 税金$$
$$单方造价 = 土建工程概算造价 / 建筑面积$$

　　6）编制工程概算书

　　步骤:填写概算书封面(见图7.2.1);计算各项费用,填列于工程汇总表(见表7.2.2)中;编制建筑工程概算表,并根据相应工程情况,如工程概况及概算编制依据、方法等,编制概算说明书;最后将概算书封面、各项工程费用计算、工程概算表等按顺序装订成册,即构成建筑工程概算书。

工程概算书

工程编号_____

建设单位_____

工程名称_____　　编制单位_____

建筑面积_____　　编　　制_____

概算价值_____　　审　　核_____

单方造价_____

年　月　日

图 7.2.1　概算书封面

表 7.2.2　工程费用汇总表

序　　号	项 目 名 称	单　　位	计 算 式	合　　价	说　　明
一	直接费				
1	直接工程费				
2	措施费				
二	间接费				
1	规费				
2	企业管理费				
三	利润				

续表

序　号	项目名称	单　位	计　算　式	合　价	说　明
四	其他费用				
五	税金				
六	概算造价				
七	单方造价				

三、采用概算指标法编制概算

1. 采用概算指标法编制概算的条件

对于一般民用工程和中小型通用厂房工程,在初步设计文件尚不完备、无法计算工程量时,可采用概算指标法编制概算。概算指标是一种以建筑面积或体积为单位,以整个建筑物为依据编制的计价文件。它通常以整个房屋每 100 m² 建筑面积(或按每座构筑物)为单位,规定人工、材料和施工机械使用费用的消耗量,所以比概算定额更具综合性和扩大性。采用概算指标法编制概算比采用概算定额法编制概算更加简化。它是一种既准确又省时的方法。

2. 编制方法和步骤

(1) 收集编制概算的原始资料,并根据设计图纸计算建筑面积。

(2) 根据拟建工程项目的性质、规模、结构内容及层数等基本条件,选用相应的概算指标。

(3) 计算工程直接费。通常可按下列公式进行计算:

$$工程直接费 = 每 100 \ m^2 \ 的造价指标/100 × 建筑面积$$

(4) 调整工程直接费。通常按下列公式进行调整:

$$调整后工程直接费 = 工程直接费 × 调整费率$$

(5) 计算间接费、利润、其他费用、税金等。

3. 概算指标的调整方法

采用概算指标法编制概算时,因为设计内容常常不完全符合概算指标规定的结构特征,所以就不能简单机械地套用类似的或最接近的概算指标进行计算,而必须根据差别的具体情况,按下列公式分别进行换算:

$$单位面积造价调整指标 = 原指标单价 - 换出结构构件单价 + 换入结构构件单价$$

式中,换出(入)结构构件单价可按下列公式进行计算:

$$换出(入)结构构件单价 = 换出(入)结构构件工程量 × 相应概算定额单价$$

概算直接费可按下列公式进行计算:

$$概算直接费 = 建筑面积 × 单位面积造价调整指标$$

修正概算指标可用表格操作。概算指标修正表样例如表 7.2.3 所示。

表7.2.3　概算指标修正表样例

序号	概算定额编号	结构及项目名称	单位	数量	单价/元	合价/元
		一般土建工程单位体积造价				13.08
其中换出部分(每1 000 m³):						
1	2-3	外墙带形基础	m³	18	23.10	415.80
2	2-25	1砖厚外墙	m³	46.5	61.10	2 841.15
3	7-(二)-2	屋面板上铺贴黏土瓦屋面	m³	99	14.60	1 445.40
		合计				4 702.35
其中换入部分(每1 000 m³):						
4	2-4	外墙带形基础	m³	19.6	23.10	452.76
5	2-26	1砖半厚外墙	m³	62.5	62.20	3 887.50
6	7-(二)-3	屋面板上铺贴黏土瓦屋面	m³	99	2.70	267.30
		合计				4 607.56

单位体积造价修正:$13.08 \text{元} - \dfrac{4\,702.35\,\text{元}}{1\,000} + \dfrac{4\,607.56\,\text{元}}{1\,000} = 12.99\,\text{元}$

四、采用类似工程预(决)算法编制概算

1. 采用类似工程预(决)算法编制概算的条件

当拟建工程缺少完整的初步设计方案,而又急需上报设计概算,申请列入年度基本建设计划时,通常采用类似工程预(决)算法编制设计概算。类似工程预(决)算是指与拟建工程在结构特征上相近的已建成工程的预(决)算或在建工程的预算。采用类似工程预(决)算法编制概算,不受单位工程和地区的限制,只要拟建工程项目在建筑面积、体积、结构特征和经济性方面与已(在)建工程完全或基本类似,已(在)建工程的相关数额即可被采用。

2. 编制步骤和方法

(1) 收集有关类似工程设计资料和预(决)算文件等原始资料。

(2) 了解和掌握拟建工程初步设计方案。

(3) 计算建筑面积。

(4) 选定与拟建工程相类似的已(在)建工程预(决)算相关数额。

(5) 根据类似工程预(决)算资料和拟建工程的建筑面积,计算工程概算造价和主要材料消耗量。

(6) 调整拟建工程与类似工程预(决)算资料的差异部分,使其成为符合拟建工程要求的概算造价。

3. 类似工程预(决)算的调整方法

采用类似工程预(决)算法编制概算,往往因拟建工程与类似工程之间在基本结构特征上存在着差异,而影响概算的准确性,因此,必须先求出不同影响因素的调整系数(或费用),加以修正。具体调整方法有以下三种。

1) 综合系数法

采用类似工程预(决)算法编制概算,经常因建设地点不同而引起人工费、材料和施工机具使用费以及间接费、利润和税金等的不同,故常采用上述各费用所占类似工程预(决)算价值的比重系数(即综合调整系数)进行调整。

采用综合系数法调整类似工程预(决)算,通常可按下列公式进行:

$$单位工程概算价值 = 类似工程预(决)算价值 \times 综合调整(差价)系数 K$$

综合调整(差价)系数 K 可按下列公式计算:

$$K = a \times K_1 + b \times K_2 + c \times K_3 + d \times K_4 + e \times K_5$$

式中:a——人工工资在类似工程预(决)算价值中所占的比重,%;

b——材料费在类似工程预(决)算价值中所占的比重,%;

c——施工机具使用费在类似工程预(决)算价值中所占的比重,%;

d——间接费及利润在类似工程预(决)算价值中所占的比重,%;

e——税金在类似工程预(决)算价值中所占的比重,%;

K_1——工资标准因地区不同而在价值上产生差别的调整(差价)系数;

K_2——材料预算价格因地区不同而在价值上产生差别的调整(差价)系数;

K_3——施工机具使用费因地区不同而在价值上产生差别的调整(差价)系数;

K_4——间接费及利润因地区不同而在价值上产生差别的调整(差价)系数;

K_5——税金因地区不同而在价值上产生差别的调整(差价)系数。

2) 价格(费用)差异系数法

采用类似工程预(决)算编制概算,常因类似工程预(决)算的编制时间久远,其人工工资标准、材料预算价格和施工机械使用费用以及间接费、利润和税金等费用标准必然发生变化。此时,则应将类似工程预(决)算的上述价格和费用标准与现行的标准进行比较,测定其价格和费用变动幅度系数(G),加以适当调整。采用价格(费用)差异系数法调整类似工程预(决)算,一般按下列公式进行:

$$单位工程概算价值 = 类似工程预(决)算价值 \times G$$

3) 结构、材料差异换算法

每个建筑工程都有其各自的特异性,在其结构、内容、材质和施工方法上常常不能完全一致,因此,采用类似工程预(决)算法编制概算时,应充分注意其中的差异,进行分析对比和调整换算,正确计算工程费。

拟建工程的结构、材质和类似工程的局部有差异时,一般可按下列公式进行换算:

$$单位工程概算造价 = 类似工程预(决)算价值 - 换出工程费 + 换入工程费$$

式中,换出(入)工程费 = 换出(入)结构单价 × 换出(入)工程量。

例 7.2.1

新建某项目工程,利用的类似工程体积为 $1\ 000\ m^3$,预算价值为 $20\ 000$ 元,其中,人工费占 20%,材料费占 55%,机械使用费占 13%,间接费占 12%。由于结构不同,净增加造价 500 元,通过计算可知,工资修正系数 $K_1=1.02$,材料费修正系数 $K_2=1.05$,机械使用费修正系数 $K_3=0.99$,间接费修正系数 $K_4=0.99$。求设计对象的概算指标。

解

综合修正系数 $K=20\% \times 1.02 + 55\% \times 1.05 + 13\% \times 0.99 + 12\% \times 0.99 = 1.03$。

修正后的类似概算总造价 $=20\,000$ 元 $\times 1.03 + 500$ 元 $\times (1 + 12\% \times 0.99) = 21\,159.40$ 元。

设计对象的概算指标 $=21\,159.40$ 元 $\div 1\,000\ \text{m}^3 = 21.16$ 元/m^3。

五、设备及安装工程概算的编制

设备及安装工程概算主要包括机械设备及安装工程概算和电气设备及安装工程概算。设备及安装工程的概算造价,是由设备购置概算和设备安装工程概算两部分组成的。

1. 设备购置概算

设备购置概算是为确定购置设备所需的原价和运杂费而编制的文件。

设备分为标准设备和非标准设备。标准设备的原价按国家各部委、省、直辖市、自治区规定的现行产品出厂价格计算;非标准设备是指制造厂过去没有生产或不经常生产,而必须由选用单位先行设计委托再承制的设备,其原价由设计机构依据设计图纸按设备类型、材质、重量、加工精度、复杂程度等进行估价,逐项计算,主要由加工费、材料费、设计费组成。

设备购置概算编制的方法与步骤如下:

(1) 收集并熟悉有关设备清单、工艺流程图、设备价格及运费标准等基础资料。

(2) 确定设备原价。设备原价通常按下列规定确定:①国产标准设备,按国家各部委或各省、直辖市、自治区规定的现行统配价格或工厂自行制订的现行产品出厂价格计算;②国产非标准设备,按主管部门批准的制造厂报价或参考有关类似资料进行估算;③引进设备,以引进设备货价(采用离岸价,即 FOB)、国际运费、运输保险费、外贸手续费、银行财务费、关税和增值税之和为设备原价。

(3) 计算设备运杂费。

设备运杂费是指设备自出厂地点运至施工现场仓库或堆放地点所发生的包装费、运输费、供销部门手续费等全部费用,通常可按占设备原价的百分比(运杂费率)计算:

$$设备运杂费 = 设备原价 \times 运杂费率$$

(4) 计算设备购置概算价值。

设备购置概算价值可按下列公式计算:

$$设备购置概算价值 = 设备原价 + 设备运杂费 = 设备原价 \times (1 + 运杂费率)$$

2. 设备安装工程概算

根据初步设计的深度和要求明确程度,设备安装工程概算的编制方法通常有预算单价法、扩大单价法和概算指标法三种。

1) 预算单价法

当初步设计或扩大初步设计文件具有一定深度,要求比较明确,有详细的设备清单,基本上能计算工程量时,可根据各类安装工程概算定额编制设备安装工程概算。

2）扩大单价法

当初步设计的设备清单不完备,或仅有成套设备的数(质)量时,要采用主体设备、成套设备或工艺线的综合扩大安装单价编制概算。

3）概算指标法

当初步或扩大初步设计程度较浅,尚无完备的设备清单时,设备安装工程概算可按设备安装费的概算指标进行编制。

（1）按占设备原价的百分比(设备安装费率)计算：

$$设备安装工程概算价值 = 设备原价 \times 设备安装费率$$

（2）按设备安装概算定额计算。

（3）按每吨设备安装费的概算指标计算：

$$设备安装工程概算价值 = 设备总吨数 \times 每吨设备安装费的概算指标$$

任务 3 建设项目总概算的编制

一、建设项目总概算的组成

建设项目总概算一般由编制说明和总概算表及所属的综合概算表、工程建设其他费用概算表组成。

1. 编制说明

1）工程概况

工程概况部分主要说明建设项目的建设规模、范围、建设地点、建设条件、建设期限、产量、生产品种、公用设施及厂外工程情况等。

2）编制依据

编制依据部分主要说明设计文件依据、定额或指标依据、价格依据、费用标准依据等。

3）编制方法

编制方法部分主要说明建设项目中主要采用的编制方法(是采用概算定额法还是概算指标法编制的)。

4）投资分析

投资分析部分主要说明总概算价值的组成及单位投资、与类似工程的分析比较和各项投资比例分析,以及说明该设计的经济合理性等。

5）主要材料和设备数量

主要材料和设备数量部分说明建筑安装工程主要材料(如钢材、木材、水泥等)的数量以及主要机械设备、电气设备的数量。

6）其他有关问题

其他有关问题部分主要说明编制概算文件过程中存在的其他有关问题等。

2.总概算表

总概算表中的项目可按工程性质和费用构成划分为工程费用、其他费用和预备费用。总概算价值按其投资构成,可分为以下五部分费用:

（1）建筑工程费用,包括各种厂房、库房、住宅、宿舍等建筑物和矿井、铁路、公路、码头等构筑物的建筑工程、特殊工程的设备基础费用,各种工业炉的砌筑费用,金属结构工程、水利工程费用,场地平整、厂区整理、厂区绿化费用等。

（2）安装工程费用,包括各种安装工程费用。

（3）设备购置费,包括一切需要安装和不需要安装的设备购置费。

（4）工器具及生产家具购置费。

（5）其他费用。

二、建设项目总概算的编制方法与步骤

（1）收集编制建设项目总概算的基础资料。

（2）根据初步设计说明、建筑总平面图、全部工程项目一览表等资料,对各工程项目内容、性质、建设单位的要求,进行概括性了解。

（3）根据初步设计文件、单位工程概算书、定额和费用文件等资料,审核各单项工程综合概算书及其他工程与费用概算书。

（4）编制总概算表（填写方法与单项工程综合概算类似）。

（5）编制总概算说明,并将总概算封面、总概算说明、总概算表等按顺序汇编成册,构成建设项目总概算书。

任务 4 设计概算案例分析

一、案例一

例 7.4.1

某医科大学拟建一栋综合实验楼,该楼第 1 层为加速器室,第 2~5 层为工作室。建筑面积为 1 360 m²。根据扩大初步设计计算出的该综合实验楼各扩大分项工程的工程量以及当地概算定额的扩大单价如表 7.4.1 所示。根据当地现行定额规定的工程类别划分原则,该工程属三类工程。三类工程各项费用的费率分别为:措施费率为 5.63%;管理费率为 5.40%;利润率为 3.6%;规费率为 3.12%;计税系数为 3.41%。零星工程费为概算直接工

程费的 5%,不考虑材料的价差。

(1)试根据表 7.4.1 给定的工程量和扩大单价,编制该工程的土建单位概算表,计算该工程的土建单位工程直接工程费,并根据所给三类工程的取费标准,计算其他各项费用,编制土建单位工程概算书。

(2)若同类工程的各专业单位工程造价占单项工程综合造价的比例如表 7.4.2 所示,试计算该工程的综合概算造价,编制单项工程综合概算书。

表 7.4.1 拟建综合实验楼工程量和扩大单价

定额编号	扩大分项工程名称	单位	工程量	扩大单价/元
3-1	实心砖基础	10 m³	1.96	1 614.16
3-27	多孔砖外墙(含外墙面勾缝,内墙面中等石灰砂浆及乳胶漆)	100 m³	2.184	4 035.02
3-29	多孔砖内墙(含内墙面中等石灰砂浆及乳胶漆)	100 m³	2.292	4 885.22
4-21	无筋混凝土带形基础(含土方工程)	m³	206.024	559.24
4-24	混凝土满堂基础	m³	169.47	542.74
4-26	混凝土设备基础	m³	1.58	382.7
4-33	现浇混凝土矩形梁	m³	37.86	952.51
4-38	现浇混凝土墙(含内墙面石灰砂浆及乳胶漆)	m³	470.12	670.74
4-40	现浇混凝土有梁板	m³	134.82	786.86
4-44	现浇混凝土整体楼梯	10 m²	4.44	1 310.26
5-42	铝合金地弹门(含运输、安装)	100 m²	0.097	35 581.23
5-45	铝合金推拉窗(含运输、安装)	100 m²	0.336	29 175.64
7-23	双面夹板门(含运输、安装及油漆)	100 m²	0.331	10 795.15
8-81	全瓷防滑砖地面(含垫层、踢脚线)	100 m²	2.72	9 920.94
8-82	全瓷防滑砖楼面(含踢脚线)	100 m²	10.88	8 935.81
8-83	全瓷防滑砖楼梯(含防滑条、踢脚线)	100 m²	0.444	10 064.39
9-23	珍珠岩找坡保温层	10 m²	2.72	3 634.34
9-70	二毡三油一砂防水层	100 m²	2.72	5 428.8
17-1	脚手架工程	m²	1 360	19.11

表 7.4.2 各专业单位工程造价占单项工程综合造价的比例

专业名称	土建	采暖	通风空调	电气照明	给排水	设备购置	设备安装	工器具购置
占比/(%)	40	1.5	13.5	2.5	1	38	3	0.5

 解

(1)拟建综合实验楼土建工程扩大分项工程合价计算如表 7.4.3 所示,概算造价如表 7.4.4 所示。

表 7.4.3 拟建综合实验楼土建工程扩大分项工程合价计算

定额编号	扩大分项工程名称	单位	工程量	扩大单价/元	合价/元
3-1	实心砖基础	10 m³	1.96	1 614.16	3 163.75
3-27	多孔砖外墙(含外墙面勾缝,内墙面中等石灰砂浆及乳胶漆)	100 m³	2.184	4 035.02	8 812.51
3-29	多孔砖内墙(含内墙面中等石灰砂浆及乳胶漆)	100 m³	2.292	4 885.22	11 196.92

定额编号	扩大分项工程名称	单位	工程量	扩大单价/元	合价/元
4-21	无筋混凝土带形基础(含土方工程)	m³	206.024	559.24	115 216.86
4-24	混凝土满堂基础	m³	169.47	542.74	91 978.15
4-26	混凝土设备基础	m³	1.58	382.7	604.67
4-33	现浇混凝土矩形梁	m³	37.86	952.51	36 062.03
4-38	现浇混凝土墙(含内墙面石灰砂浆及乳胶漆)	m³	470.12	670.74	315 328.29
4-40	现浇混凝土有梁板	m³	134.82	786.86	106 084.47
4-44	现浇混凝土整体楼梯	10 m²	4.44	1310.26	5 817.55
5-42	铝合金地弹门(含运输、安装)	100 m²	0.097	35 581.23	3 451.38
5-45	铝合金推拉窗(含运输、安装)	100 m²	0.336	29 175.64	9 803.02
7-23	双面夹板门(含运输、安装及油漆)	100 m²	0.331	10 795.15	5 658.49
8-81	全瓷防滑砖地面(含垫层、踢脚线)	100 m²	2.72	9 920.94	26 984.96
8-82	全瓷防滑砖楼面(含踢脚线)	100 m²	10.88	8 935.81	97 221.61
8-83	全瓷防滑砖楼梯(含防滑条、踢脚线)	100 m²	0.444	10 064.39	4 468.59
9-23	珍珠岩找坡保温层	10 m²	2.72	3 634.34	9 885.40
9-70	二毡三油一砂防水层	100 m²	2.72	5 428.8	14 766.34
17-1	脚手架工程	m²	1 360	19.11	25 989.60

表 7.4.4　拟建综合实验楼土建工程概算造价

费用编号	费用名称	金额/元
1	直接工程费(合计)	892 494.59
2	措施费=直接工程费×5.63%	50 247.45
3	管理费=直接工程费×5.4%	48 194.71
4	利润=直接工程费×3.6%	32 129.81
5	规费=直接工程费×3.12%	27 845.83
6	零星工程费=直接工程费×5%	44 624.73
7	税金=(1+2+3+4+5+6)×3.41%	37 357.82
8	土建单位工程概算造价=1+2+3+4+5+6+7	1 132 894.94

根据以上计算结果并收集相关资料编制土建单位工程概算书。

(2)根据土建单位工程概算造价及其占单项工程综合造价的比例,计算该单项工程综合造价:

单项工程综合造价 = 1 132 894.94 元 ÷ 40% = 2 832 237.35 元

按各专业单位工程造价占单项工程综合造价的比例,计算各专业单位工程造价,如表 7.4.5 所示。

表7.4.5　各专业单位工程造价计算

专业名称	土建	采暖	通风空调	电气照明	给排水	设备购置	设备安装	工器具购置
占比/(%)	40	1.5	13.5	2.5	1	38	3	0.5
造价/元	1 132 894.94	42 483.56	382 352.04	70 805.93	28 322.37	1 076 250.19	84 967.12	14 161.19

（3）该工程单项工程综合概算表如表7.4.6所示。

表7.4.6　单项工程综合概算表

序号	费用名称	概算造价/万元				技术经济指标			占总投资比例/(%)
		建筑安装工程费	设备购置费	建设其他费	合计	单位	数量	单价/元	
1	建筑安装工程	165.685			165.685	m²	1 360	1 218.27	58.5
1.1	土建工程	113.289			113.289	m²	1 360	833.01	
1.2	采暖工程	4.248			4.248	m²	1 360	31.24	
1.3	通风空调工程	38.235			38.235	m²	1 360	281.14	
1.4	电气照明工程	7.081			7.081	m²	1 360	52.06	
1.5	给排水工程	2.832			2.832	m²	1 360	20.82	
2	设备及安装工程	8.497	107.625		116.122	m²	1 360	853.84	41.00
2.1	设备购置		107.625		107.625	m²	1 360	791.36	
2.2	设备安装	8.497			8.497	m²	1 360	62.48	
3	工器具购置		1.416		1.416	m²	1 360	10.41	0.50
	合计	174.182	109.041		283.223	m²	1 360	2 082.52	100
4	占综合投资比例	61.50%	38.50%		100%	m²	1 360		

二、案例二

例7.4.2

拟建砖混结构住宅工程3 420 m²，结构形式与已建成的某工程相同，只有外墙保温贴面不同，其他部分均较为接近。类似工程外墙为珍珠岩板保温、水泥砂浆抹面，每平方米建筑面积珍珠岩板和水泥砂浆的消耗量分别为0.044 m³和0.842 m²，珍珠岩板价格为153.1元/m³，水泥砂浆价格为8.95元/m²；拟建工程外墙为加气混凝土保温、外贴釉面砖，每平方米建筑面积加气混凝土和釉面砖的消耗量分别为0.08 m³和0.82 m²，加气混凝土价格为185.48元/m³，釉面砖价格为49.75元/m²。类似工程单方造价为588元/m²，其中，人工费、材料费、机械费、措施项目费、企业管理费、利润、规费占单方造价比例分别为11%、62%、6%、6%、4%、4%、3%，拟建工程与类似工程预算造价在这几方面的差异系数分别为1.12、1.56、1.13、1.02、1.03、1.01、0.99。

（1）应用类似工程预算法确定拟建工程的单位工程概算造价。

（2）假设类似工程预算中，每平方米建筑面积主要资源消耗分别为：人工消耗量为5.08工日，单价为27.72元/工日；钢材消耗量为23.8 kg，单价为3.25元/kg；水泥消耗量为205

kg,单价为 0.38 元/kg;原木消耗量为 0.05 m³,单价为 980 元/m³;铝合金门窗消耗量为 0.24 m²,单价为 350 元/m²。其他材料费为主材费的 45%,机械费占直接工程费的 8%。拟建工程除直接工程费外的其他间接费用综合费率为 20%,试应用概算指标法确定拟建工程的单位工程概算造价。

解

1) 应用类似工程预算法计算

(1) 拟建工程概算指标＝类似工程单方造价×综合差异系数(K)。

K＝11%×1.12+62%×1.56+6%×1.13+6%×1.02+4%×1.03+4%×1.01+3%×0.99=1.33

拟建工程概算指标＝588 元/m²×1.33＝ 782.04 元/m²。

(2) 每平方米结构差异额＝0.08 m³×185.48 元/m³+0.82 m²×49.75 元/m²－(0.044 m³×153.1 元/m³+0.842 m²×8.95 元/m²)＝41.36 元。

(3) 修正概算指标＝782.04 元/m²+41.36 元/m²＝823.40 元/m²。

(4) 拟建工程概算造价＝3 420 m²×823.40 元/m²＝2 816 028 元＝281.6 万元。

2) 应用概算指标法确定拟建工程的单位工程概算造价

(1) 拟建工程每平方米建筑面积的直接工程费计算:

人工费＝5.08 工日×27.72 元/工日＝140.82 元。

材料费＝(23.8 kg×3.25 元/kg+205 kg×0.38 元/kg+0.05 m³×980 元/m³+0.24 m²×350 元/m²)×(1+0.45)＝417.96 元。

机械费＝直接工程费×8%,每平方米概算直接工程费＝$\dfrac{140.82\ 元+417.96\ 元}{1-8\%}$＝607.37 元。

(2) 计算拟建工程概算指标、修正概算指标和概算造价:

概算指标＝607.37 元/m²×(1+20%)＝728.84 元/m²。

修正概算指标＝728.84 元/m²+41.36 元/m²＝770.20 元/m²。

概算造价＝3 420 m²×770.20 元/m²＝2 634 097.68 元＝263.41 万元。

 习题

1.设计概算的三级概算是什么?

2.设计概算的主要作用是什么?

3.设计概算编制内容是什么?

项目 8

工程结算和竣工决算

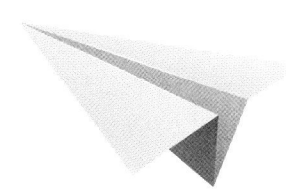

知识目标

1. 了解建设工程价款结算的方式、工程价款调整等基础知识；
2. 掌握工程计量与价款支付相关知识；
3. 了解工程竣工结算的编制、审查等基础知识；
4. 掌握工程竣工结算流程；
5. 了解施工阶段资金使用计划和编制方法、施工阶段投资偏差分析等基础知识；
6. 知道偏差形成原因的分类及纠正方法；
7. 了解建设项目竣工决算的概念、内容等基础知识；
8. 知道竣工决算的编制步骤；
9. 了解建设项目保修范围及保修期限等基础知识；
10. 知道建设项目保修的经济责任及费用处理办法。

能力目标

1. 能准确知道工程价款结算的方式、工程价款调整的方式等；
2. 能快速编制工程计量与价款支付相关材料；
3. 能准确理解竣工结算的编制、审查内容；
4. 能快速编制工程竣工结算材料；
5. 能分析施工阶段资金使用计划；
6. 能分析施工阶段投资偏差；
7. 能掌握竣工决算的内容；
8. 能编制竣工决算相关材料；
9. 能知道保修的经济责任和保修费用及其处理办法；
10. 能掌握保修的操作方法。

243

任务 1 建设工程价款结算

一、建设工程价款结算方式

1. 工程价款结算的主要内容和要求

建设工程价款结算一般实行按月支付方式,即实行按月支付进度款、竣工后清算的办法。合同工期在两个年度以上的工程,在年终进行工程盘点,办理年度结算。

根据《建设项目工程结算编审规程》中的有关规定,工程价款结算主要包括竣工结算、分阶段结算、专业分包结算和合同中止结算。

实行招标的工程合同价款应在中标通知书发出之日起 30 天内,由发、承包双方依据招标文件和中标人的投标文件在书面合同中约定。实行招标的工程,合同约定不得违背招、投标文件中关于工期、造价、质量等方面的实质性内容。招标文件与中标人投标文件不一致的地方,以投标文件为准。

不实行招标的工程合同价款,由发、承包双方在合同中约定。

2. 工程合同价款中综合单价的调整

对实行工程量清单计价的工程,应采用单价合同方式,即合同约定的工程价款中所包含的工程量清单项目综合单价在约定条件内是固定的,不予调整,工程量允许调整。工程量清单项目综合单价在约定的条件外,允许调整。调整方式、方法应在合同中约定。若合同中未进行约定,可按以下原则办理:

(1)当清单项目工程量的变化幅度在 10% 以内时,其综合单价不做调整,执行原有综合单价。

(2)当清单项目工程量的变化幅度在 10% 以外,且其对分部分项工程费的影响幅度超过 0.1% 时,其综合单价以及对应的措施费(如有)均应做调整。调整的方法是,由承包人对增加的工程量或减少后剩余的工程量提出新的综合单价和措施项目费,经发包人确认后调整。

工程合同价款中综合单价调整如图 8.1.1 所示。

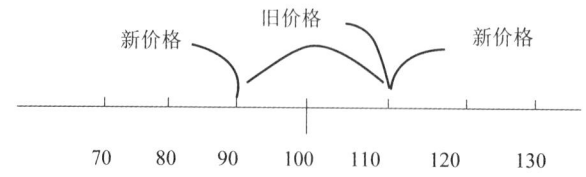

图 8.1.1 工程合同价款中综合单价调整示意图

3. 工程合同价款约定的内容

发、承包双方应在合同条款中对下列事项进行约定：
（1）预付工程款的数额、支付时限及抵扣方式；
（2）工程进度款的支付方式、数额及时限；
（3）工程施工中的索赔要求及金额支付方式；
（4）发生工程价款纠纷的解决方法；
（5）约定承担风险的范围及幅度以及超出约定范围和幅度的调整办法；
（6）工程竣工价款的结算与支付方式、数额及时限；
（7）工程质量保证（保修）金的数额、预扣方式及时限；
（8）安全措施和意外伤害保险费用；
（9）工期及工期提前或延后的奖惩办法；
（10）与履行合同、支付价款相关的担保事项。

合同中没有约定或约定不明的，由双方协商确定；协商不能达成一致的，按清单计价规范执行。

二、工程计量与价款支付

1. 工程预付款及其计算

1）工程预付款的支付时间

按照《建设工程价款结算暂行办法》的规定，在具备施工条件的前提下，发包人应在双方签订合同后的一个月内或不迟于约定的开工日期前的 7 天内预付工程款；发包人不按约定预付，承包人应在预付时间到期后 10 天内向发包人发出要求预付的通知，发包人收到通知后仍不按要求预付的，承包人可在发出通知 14 天后停止施工，发包人应从约定应付之日起向承包人支付应付款的利息（利率按同期银行贷款利率计），并承担违约责任。

工程预付款仅用于承包人支付施工开始时与本工程有关的动员费用。如承包人滥用此款，发包人有权立即收回。除专用合同条款另有约定外，承包人应在收到预付款的同时向发包人提交预付款保函，预付款保函的担保金额与预付款金额相同，在发包人全部扣回预付款之前，该银行保函将一直有效。当预付款被发包人扣回时，银行保函金额相应递减。

2）工程预付款的数额

包工包料工程的预付款按合同约定拨付，原则上预付比例不低于合同金额的 10%，不高于合同金额的 30%，对重大工程项目，按年度工程计划逐年预付。计价执行《建设工程工程量清单计价规范》（GB 50500—2013）的工程，实体性消耗和非实体性消耗部分应在合同中分别约定预付款比例。

对于只包定额工日（不包材料定额，一切材料由发包人供给）的工程项目，则可以不预付备料款。

3）工程预付款的扣回

发包单位拨付给承包单位的工程预付款属于预支性质，工程开始实施后，随着工程所需

主要材料储备的逐步减少,应以抵充工程价款的方式陆续扣回,抵扣方式必须在合同中约定。扣款的方法有两种:

(1)约定起扣点。可以从未施工工程尚需的主要材料及构件的价值相当于工程预付款数额时起扣,从每次结算的工程价款中按材料比重扣抵工程价款,竣工前全部扣清。其基本表达公式是:

$$T = P - \frac{M}{N}$$

式中:T——起扣点,即工程预付款开始扣回时的累计完成工作量金额;

  M——工程预付款限额;

  N——主要材料所占比重;

  P——承包工程价款总额。

(2)承、发包双方也可在合同中约定扣回方法。在颁发工程接收证书前,由于不可抗力或其他原因解除合同时,尚未扣清的预付款余额应作为承包人的到期应付款。

2. 工程进度款的支付(中间结算)

施工企业在施工过程中,按逐月(或形象进度)完成的工程数量计算各项费用,向发包人申请、由发包人办理工程进度款的支付(即中间结算)。

1)已完工程量的计量

根据工程量清单计价规范形成的合同价中包括综合单价(单价子目)和总价包干(总价子目)两种不同的子目,应采取不同的计量方法,如表 8.1.1 所示。除专用合同条款另有约定外,单价子目已完成工程量按月计算,总价子目的计量周期按批准的支付分解报告确定。

表 8.1.1　单价子目与总价子目的计量方法

子目名称	计 量 方 法
单价子目	1.已标价工程量清单中的单价子目工程量为估算工程量。 2.承包人按月对已完成的工程进行计量,向监理人提交已完成工程量报表。承包人在完成工程量清单中的每个子目的工程量后,监理人应要求承包人派人共同对每个子目的历次计量报表进行汇总,以核实最终结算工程量。 3.若发现工程量清单中出现漏项、工程量计算偏差,以及工程量变更引起工程量增减的情况,结算工程量是承包人在履行合同义务过程中实际完成并按合同约定的计量方法进行计量的工程量
总价子目	1.总价子目的计量和支付应以总价为基础,不因物价波动引起价格调整的因素而进行调整。 2.总价子目的支付分解表形成一般有以下三种方式:①对于工期较短的项目,将各个总价子目的价格按合同约定的计量周期平均;②对于合同价值不大的项目,按照总价子目的价格占签约合同价的百分比,以及各个支付周期内所完成的单价子目的总价值,以固定百分比方式均摊支付;③根据有合同约束力的进度计划、预先确定的里程碑形象进度节点(或者支付周期)、组成总价子目的价格要素的性质,将组成总价子目的价格分解到各个形象进度节点(或者支付周期中),汇总形成支付分解表,经监理人审核批准后,产生合同约束力。实际支付时,由监理人检查核实其实际形象进度,达到支付分解表的要求后,即可支付经批准的每阶段总价子目的支付金额

2）已完工程量的复核

（1）承包人应当按照合同约定的方法和时间，向监理人提交已完工程量的报告。监理人接到报告后14天内核实已完工程量，并在核实前1天通知承包人，承包人应提供条件并派人参加核实。承包人收到通知后不参加核实的，以监理人核实的工程量作为工程价款支付的依据。监理人不按约定时间通知承包人，致使承包人未能参加核实的，核实结果无效。

（2）监理人收到承包人报告后14天内未核实完工程量，从第15天起，承包人报告的工程量即视为被确认，作为工程价款支付的依据，双方合同另有约定的，按合同执行。

（3）对承包人超出设计图纸范围和因承包人原因造成返工的工程量，监理人不予计量。

3）承包人提交进度付款申请单

在工程量经复核认可后，承包人应在每个付款周期末，按监理人批准的格式和约定的份数，向监理人提交进度付款申请单，并附相应的支持性证明文件。

4）进度付款证书的签发及进度款的支付时间

（1）进度付款证书的签发。监理人在收到承包人进度付款申请单以及相应的支持性证明文件后的14天内完成核查，提出发包人到期应支付给承包人的金额以及相应的支持性材料，经发包人审查同意后，由监理人向承包人出具经发包人签认的进度付款证书。监理人有权扣发承包人未能按照合同要求履行的工作或义务的相应金额。监理人出具进度付款证书，不应视为监理人已同意、批准或接受了承包人完成的该部分工作。

（2）进度款的支付时间。承包人提出支付工程进度款申请后14天内，发包人应按不低于工程价款的60％、不高于工程价款的90％向承包人支付工程进度款。

若未能按期支付，可按照以下方法处理：①发包人超过约定的支付时间不支付工程进度款，承包人应及时向发包人发出要求付款的通知，发包人收到承包人通知后仍不能按要求付款的，可与承包人协商签订延期付款协议，经承包人同意后可延期支付，协议应明确延期支付的时间和从工程计量结果确认后第15天起计算应付款的利息（利率按同期银行贷款利率计）；②发包人不按合同约定支付工程进度款，双方又未达成延期付款协议，导致施工无法进行的，承包人可停止施工，由发包人承担违约责任。

3. 质量保证金

质量保证金的计算额度不包括预付款的支付、扣回以及价格调整的金额。

1）保证金的预留和返还

（1）承、发包双方的约定。发包人应当在招标文件中明确保证金预留、返还等内容，并与承包人在合同条款中对涉及保证金的下列事项进行约定：①保证金预留、返还方式；②保证金预留比例、期限；③保证金是否计付利息，如计付利息，应约定利息的计算方式；④缺陷责任期的起止及计算方式；⑤保证金预留、返还及工程维修质量、费用等争议的处理程序；⑥缺陷责任期内出现缺陷的索赔方式；⑦逾期返还保证金的违约金支付办法及违约责任。

（2）保证金的预留。发包人应按照合同约定方式预留保证金，保证金总预留比例不得高于工程价款结算总额的3％。合同约定由承包人以银行保函替代预留保证金的，保函金额不得高于工程价款结算总额的3%。

（3）保证金的返还。缺陷责任期内，承包人认真履行合同约定的责任，约定的缺陷责任期满，承包人向发包人申请返还保证金。发包人在接到承包人返还保证金申请后，应于14日内会同承包人按照合同约定的内容进行核实。如无异议，发包人应当在核实后14日内将保证金返还给承包人，逾期支付的，从逾期之日起，按照同期银行贷款利率计付利息，并承担违约责任。发包人在接到承包人返还保证金申请后14日内不予答复，经催告后14日内仍不予答复的，视同认可承包人的返还保证金申请。缺陷责任期满时，承包人没有完成缺陷责任的，发包人有权扣留与未履行责任剩余工作所需金额相应的质量保证金余额，并应有权根据约定要求延长缺陷责任期，直至完成剩余工作为止。

2）保证金的管理及缺陷修复

（1）保证金的管理。缺陷责任期内，实行国库集中支付的政府投资项目，保证金的管理应按国库集中支付的有关规定执行。其他的政府投资项目，保证金可以预留在财政部门或发包方。缺陷责任期内，如发包人被撤销，保证金随交付使用资产一并移交使用单位管理，由使用单位代行发包人职责。社会投资项目采用预留保证金方式的，发、承包双方可以约定将保证金交由金融机构托管；采用工程质量保证担保、工程质量保险等其他保证方式的，发包人不得再预留保证金，并应按照有关规定执行。

（2）缺陷责任期内缺陷责任的承担。缺陷责任期内，由承包人原因造成的缺陷，承包人应负责维修，并承担鉴定及维修费用。如承包人不维修也不承担费用，发包人可按合同约定扣除保证金，并由承包人承担违约责任。承包人维修并承担相应费用后，不免除对工程的一般损失赔偿责任。由他人原因造成的缺陷，发包人负责组织维修，承包人不承担费用，且发包人不得从保证金中扣除费用。

三、工程价款调整

《中华人民共和国标准施工招标文件》将工程价格的调整归纳为两大类：一是物价波动引起的价格调整；二是法律变化引起的价格调整。

1. 物价波动引起的价格调整

一般情况下，因物价波动引起的价格调整，可采用以下两种方法中的一种进行计算。

1）采用价格指数调整价格差额

采用价格指数调整价格差额方式主要适用于使用的材料品种较少，但每种材料使用量较大的土木工程，如公路、水坝等。因人工、材料和设备等价格波动影响合同价格时，根据投标函附录中的价格指数和权重表约定的数据，按以下价格调整公式计算差额并调整合同价格：

$$\Delta P = P_0\left[A + \left(B_1 \times \frac{F_{t1}}{F_{01}} + B_2 \times \frac{F_{t2}}{F_{02}} + B_3 \times \frac{F_{t3}}{F_{03}} + \cdots + B_n \times \frac{F_{tn}}{F_{0n}}\right) - 1\right]$$

式中：ΔP——需调整的价格差额；

　　　P_0——根据进度付款、竣工付款和最终结清等付款证书中承包人应得的已完成工程量的金额，此项金额应不包括价格调整且不计质量保证金的扣留和支付、预付

款的支付和扣回,变更及其他金额已按现行价格计价的,也不计在内;

A——定值权重(即不调部分的权重);

$B_1, B_2, B_3, \cdots, B_n$——各可调因子的变值权重(即可调部分的权重),为各可调因子在投标函投标总报价中所占的比例;

$F_{t1}, F_{t2}, F_{t3}, \cdots, F_{tn}$——各可调因子的现行价格指数,指根据进度付款、竣工付款和最终结清等约定的付款证书相关周期最后一天的前42天的各可调因子的价格指数;

$F_{01}, F_{02}, F_{03}, \cdots, F_{0n}$——各可调因子的基本价格指数,指基准日期(即投标截止时间前28天)的各可调因子的价格指数。

以上价格调整公式中的各可调因子、定值和变值权重,以及基本价格指数及其来源在投标函附录价格指数和权重表中约定。价格指数应首先采用有关部门提供的价格指数,缺乏上述价格指数时,可采用有关部门提供的代替价格。

在运用这一价格调整公式进行工程价格差额调整时,应注意以下三点:

(1)暂时确定调整差额。在计算调整差额时得不到现行价格指数的,可暂用上一次价格指数计算,并在以后的付款中再按实际价格指数进行调整。

(2)权重的调整。按变更范围和内容所约定的变更,导致原定合同中的权重不合理时,由承包人和发包人协商后进行调整。

(3)承包人工期延误后的价格调整。由于承包人原因未在约定的工期内竣工的,则对原约定竣工日期后继续施工的工程,在使用价格调整公式时,应采用原约定竣工日期与实际竣工日期的两个价格指数中较低的一个作为现行价格指数。

2)采用造价信息调整价格差额

采用造价信息调整价格差额方式适用于使用的材料品种较多,相对而言,每种材料使用量较小的房屋建筑与装饰工程。施工期内,因人工、材料、设备和机械台班价格波动影响合同价格时,人工、机械使用费按照有关部门或其授权的工程造价管理机构发布的人工成本信息、机械台班单价或机械使用费系数进行调整;需要进行价格调整的材料,其单价和采购数应由发包人复核,发包人确认需调整的材料单价及数量,作为调整工程合同价格差额的依据。

(1)人工单价发生变化时,发、承包双方应按省级或行业建设主管部门或其授权的工程造价管理机构发布的人工成本文件调整工程价款。

(2)材料价格变化超过省级或行业建设主管部门或其授权的工程造价管理机构规定的幅度时应当调整,承包人应在采购材料前将采购数量和新的材料单价报发包人核对,确认用于本合同工程时,发包人应确认采购材料的数量和单价。发包人在收到承包人报送的确认资料后3个工作日内不予答复的视为已经认可,作为调整工程价款的依据。如果承包人未报经发包人核对即自行采购材料,再报发包人确认调整工程价款的,如发包人不同意,则不做调整。

(3)施工机械台班单价或施工机械使用费发生的变化超过省级或行业建设主管部门或其授权的工程造价管理机构规定的范围时,按其规定进行调整。

2.法律变化引起的价格调整

在基准日后,因法律变化导致承包人在合同履行过程中所需要的工程费用发生增减时,监理人应根据法律及国家或省、自治区、直辖市有关部门的规定,商定或确定需调整的合同价款。

四、工程价款结算争议的处理

1. 合同价款争议

工程造价咨询机构接受发包人或承包人委托,编审工程竣工结算,应按合同约定和实际履约事项认真办理,出具的竣工结算报告经发、承包双方签字后生效。当事人一方对报告有异议的,可就工程结算中的有异议部分,向有关部门申请咨询后协商处理,若不能达成一致,双方可按合同约定的争议或纠纷解决程序处理。

2. 质量争议

发包人对工程质量有异议,已竣工验收或已竣工未验收但实际投入使用的工程,其质量争议按该工程保修合同执行;已竣工未验收且未实际投入使用的工程以及停工、停建工程的质量争议,应当将有争议部分的竣工结算暂缓办理,双方可就有争议部分的工程委托有资质的检测鉴定机构进行检测,根据检测结果确定解决方案,或按工程质量监督机构的处理决定执行,其余部分的竣工结算依照约定处理。

3. 争议解决

当事人因工程造价发生合同纠纷时,可通过下列办法解决:
(1) 双方协商确定;
(2) 按合同条款约定的办法提请调整;
(3) 向有关仲裁机构申请仲裁,或向人民法院起诉。

任务 2 工程竣工结算的编制及审查

工程竣工结算是指施工企业按照合同规定的内容全部完成所承包的工程,经验收质量合格,并符合合同要求之后,向发包单位要求进行的最终工程价款结算。工程竣工结算分为单位工程竣工结算、单项工程竣工结算和建设项目竣工总结算,其中单位工程竣工结算和单项工程竣工结算可看作分阶段结算。单位工程竣工结算由承包人编制、发包人审查;实行总承包的工程,由具体承包人编制,在总(承)包人审查的基础上,再由发包人审查。单项工程竣工结算或建设项目竣工总结算由总(承)包人编制,发包人可直接进行审查,也可以委托具有相应资质的工程造价咨询机构进行审查。政府投资项目,由同级财政部门审查。单项工程竣工结算或建设项目竣工总结算经发、承包人签字盖章后有效。

一、工程竣工结算的编制

1. 工程竣工结算编制者

工程竣工结算由承包人或受其委托具有相应资质的工程造价咨询人编制。

2. 工程竣工结算的编制程序

工程竣工结算应按准备、编制和定稿三个工作阶段进行,并实行编制人、校对人和审核人分别署名盖章确认的内部审核制度。

3. 工程竣工结算的编制内容

(1)分部分项工程费应依据双方确认的工程量、合同约定的综合单价计算,如发生调整的,以发、承包双方确认调整的综合单价计算。

(2)措施项目费的计算应遵循的原则:① 采用综合单价计价的措施项目,应依据发、承包双方确认的工程量和综合单价计算;② 明确采用"项"计价的措施项目,应依据合同约定的措施项目和金额或发、承包双方确认调整后的措施项目费金额计算;③ 措施项目费中的安全文明施工费应按照国家或省级、行业建设主管部门的规定计算。施工过程中,国家或省级、行业建设主管部门对安全文明施工费进行了调整的,措施项目费中的安全文明施工费应进行相应调整。

(3)其他项目费应按以下规定计算:① 计日工的费用应按发包人实际签证确认的数量和合同约定的相应项目综合单价计算;② 暂估价中的材料单价应按发、承包双方最终确认价在综合单价中调整,专业工程暂估价应按中标价或发包人、承包人与分包人最终确认价计算;③ 总承包服务费应依据合同约定金额计算,如发生调整的,以发、承包双方确认调整的金额计算;④ 索赔费用应依据发、承包双方确认的索赔事项和金额计算;⑤ 现场签证费用应依据发、承包双方签证资料确认的金额计算;⑥ 暂列金额应减去工程价款调整与索赔、现场签证金额计算,如有余额归发包人;⑦ 规费和税金应按照国家或省级、行业建设主管部门对规费和税金的计取标准计算。

二、工程竣工结算的审查

工程竣工结算的审查应依据施工合同约定的方法进行,根据不同的施工合同类型,采用不同的审查方法。

1. 工程竣工结算审查程序

工程竣工结算审查应按准备、审查和审定三个工作阶段进行,并实行编制人、校对人和审核人分别署名盖章确认的内部审核制度。

2. 工程竣工结算审查内容

(1)审查结算的递交程序和资料的完备性。

（2）审查与结算有关的各项内容。

（3）注意工程竣工结算的审查时限。

单项工程竣工后，承包人应按规定程序向发包人递交竣工结算报告及完整的结算资料，发包人应按表8.2.1规定的时限进行核对（审查），并提出审查意见。

表 8.2.1　工程竣工结算审查时限

工程竣工结算报告金额	审 查 时 限
500 万元以下	从接到竣工结算报告和完整的竣工结算资料之日起 20 天内
500 万元～2 000 万元	从接到竣工结算报告和完整的竣工结算资料之日起 30 天内
2 000 万元～5 000 万元	从接到竣工结算报告和完整的竣工结算资料之日起 45 天内
5 000 万元以上	从接到竣工结算报告和完整的竣工结算资料之日起 60 天内

建设项目竣工总结算在最后一个单项工程竣工结算审查确认后 15 天内汇总，送发包人后 30 天内完成审查。

三、工程竣工结算流程

1. 竣工付款申请单

工程接收证书颁发后，承包人应按约定的份数和期限，向监理人提交竣工付款申请单，并提供相关证明材料。除另有约定外，竣工付款申请单应包括下列内容：编制完成的竣工结算合同总价；发包人已支付承包人的工程价款；应扣留的质量保证金；应支付的竣工付款金额。

2. 竣工付款证书及支付时间

（1）监理人在收到承包人提交的竣工付款申请单后应在规定时间内完成核查，提出发包人到期应支付给承包人的价款并送发包人审核，抄送承包人。发包人应在收到后规定时间内审核完毕，由监理人向承包人出具经发包人签认的竣工付款证书。监理人未在约定时间内核查，又未提出具体意见的，视为承包人提交的竣工付款申请单已经监理人核查同意；发包人未在约定时间内审核又未提出具体意见的，监理人提出发包人到期应支付给承包人的价款视为已经发包人同意。

（2）承包人如未在规定时间内提供完整的工程竣工结算资料，经发包人催促后 14 天内仍未提供或没有明确答复，发包人有权根据已有资料进行审查，责任由承包人自负。

（3）在竣工付款申请单得到确认后，发包人应在监理人出具竣工付款证书后 14 天内支付结算款，到期没有支付的应承担违约责任。承包人可以催告发包人支付结算价款，如达成延期支付协议，发包人应按同期银行贷款利率支付拖欠工程价款的利息；如未达成延期支付协议，承包人可以与发包人协商将该工程折价，或申请人民法院将该工程依法拍卖，承包人就该工程折价或者拍卖的价款优先受偿。

3. 最终结清

在缺陷责任期终止后，承包人可申请进行最终结清。

（1）最终结清申请单。缺陷责任期终止证书签发后，承包人应按约定的份数和期限，向监理人提交最终结清申请单，并提供相关证明材料。

（2）最终结清证书和支付时间。监理人收到承包人提交的最终结清申请单后的 14 天内，提出发包人应支付给承包人的价款送发包人审核并抄送承包人。发包人应在收到后 14 天内审核完毕，由监理人向承包人出具经发包人签认的最终结清证书。监理人未在约定时间内核查，又未提出具体意见的，视为承包人提交的最终结清申请已经监理人核查同意；发包人未在约定时间内审核又未提出具体意见的，监理人提出应支付给承包人的价款视为已经发包人同意。

（3）发包人应在监理人出具最终结清证书后的 14 天内，将应支付款支付给承包人。发包人未按期支付的，按合同专用条款的约定，将支付逾期付款违约金给承包人。

任务 3 资金使用计划的编制和应用

一、施工阶段资金使用计划和编制方法

施工阶段资金使用计划的编制方法，主要有以下两种。

1. 按不同子项目编制资金使用计划

例如，某学校建设工程项目分解如图 8.3.1 所示，分解出的子项目即为该项目施工阶段资金使用计划的编制依据。

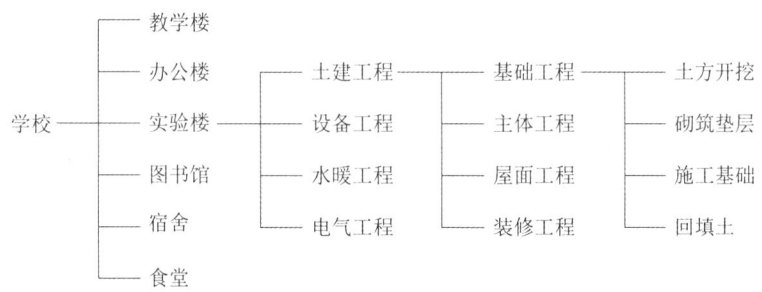

图 8.3.1 某学校建设工程项目分解

2. 按时间进度编制资金使用计划

建设项目的投资总是分阶段、分期支出的，资金应用是否合理与资金时间安排有密切关系。

按时间进度编制的资金使用计划，通常可利用项目进度网络图进一步扩充后得到。

资金使用计划通常可以采用 S 形曲线与香蕉曲线的形式，也可以用横道图和时标网络

图表示。

在横道图的基础上可编制按时间进度划分的投资支出预算,进而绘制时间-投资累计曲线(S形曲线)。时间-投资累计曲线的绘制步骤如下:

(1)确定工程进度计划,编制进度计划的横道图。横道图样例如图 8.3.2 所示。

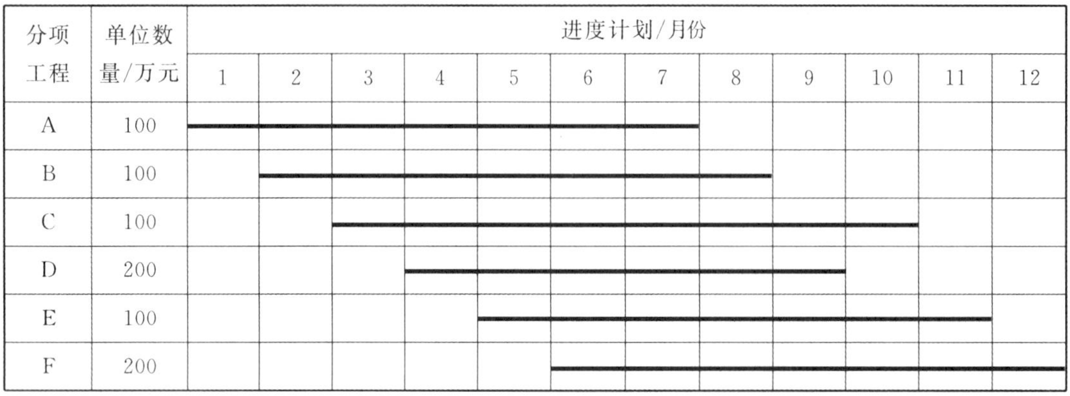

分项 工程	单位数 量/万元	进度计划/月份											
		1	2	3	4	5	6	7	8	9	10	11	12
A	100												
B	100												
C	100												
D	200												
E	100												
F	200												

图 8.3.2　横道图样例

(2)根据单位时间内完成的实物工程量或投入的人力、物力和财力,计算单位时间(月或旬)内的投资额。以图 8.3.2 所示的分项工程为例,按月编制的资金使用计划如表 8.3.1 所示。

表 8.3.1　按月编制的资金使用计划

时间/月份	1	2	3	4	5	6	7	8	9	10	11	12
投资/万元	100	200	300	500	600	800	800	700	600	400	300	200

(3)计算规定时间 t 内计划累计完成的投资额,其计算方法为将各单位时间内计划完成的投资额累计求和,可按下式计算:

$$Q_t = \sum_{n=1}^{t} q_n$$

式中: Q_t ——某时间 t 内计划累计完成的投资额;

q_n ——单位时间 n 内计划完成的投资额;

t ——规定的计划时间。

(4)按各规定时间的 Q_t 值,绘制 S 形曲线。以图 8.3.2 所示的分项工程为例,所得 S 形曲线如图 8.3.3 所示。

每一条 S 形曲线都对应某一特定的工程进度计划。进度计划的非关键路线中存在许多有时差的工序或工作,因而 S 形曲线必然包括在由全部活动都按最早开工时间开始和全部活动都按最迟开工时间开始的曲线所组成的香蕉曲线(见图 8.3.4)范围内。建设单位可根据编制的投资支出预算来合理安排资金,同时建设单位也可以根据筹措的建设资金来调整 S 形曲线,即通过调整非关键路线上工序项目的开工时间,力争将实际的投资支出控制在预算的范围内。

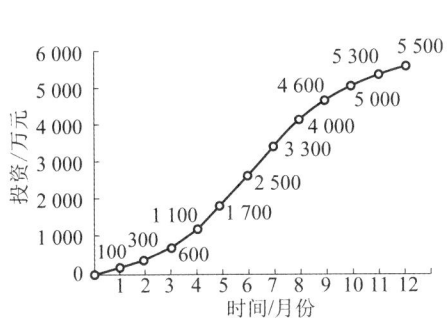

图 8.3.3　时间-投资累计曲线（S形曲线）

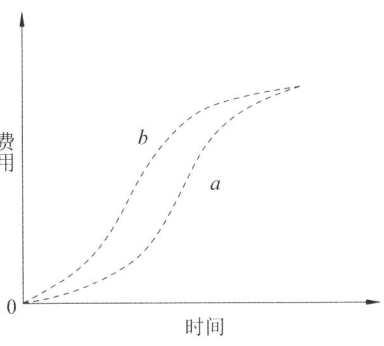

图 8.3.4　投资计划值的香蕉曲线

二、施工阶段投资偏差分析

在施工阶段,由于施工过程随机因素与风险因素的影响,实际投资与计划投资、实际工程进度与计划工程进度存在差异,我们将这两种差异称为投资偏差与进度偏差。此类偏差即是施工阶段工程造价控制的对象。

1. 实际投资与计划投资

由于时间-投资累计曲线中既包含了投资计划,也包含了进度计划,因此有关实际投资与计划投资的变量包括拟完工程计划投资、已完工程实际投资和已完工程计划投资。

1) 拟完工程计划投资

所谓拟完工程计划投资是指,根据进度计划安排在某一确定时间内所应完成的工程内容的计划投资,可以表示为在某一确定时间内,计划完成的工程量与单位工程量计划单价的乘积:

$$拟完工程计划投资 = 拟完工程量 \times 计划单价$$

2) 已完工程实际投资

所谓已完工程实际投资是指,根据实际进度完成状况在某一确定时间内所完成的工程内容的实际投资,可以表示为在某一确定时间内,实际完成的工程量与单位工程量实际单价的乘积:

$$已完工程实际投资 = 实际工程量 \times 实际单价$$

在进行有关偏差分析时,为简化起见,通常进行如下假设:拟完工程计划投资中的拟完工程量与已完工程实际投资中的实际工程量在总额上是相等的,两者之间的差异只在于完成的时间进度不同。

3) 已完工程计划投资

拟完工程计划投资和已完工程实际投资之间既存在投资偏差,也存在进度偏差,已完工程计划投资正是为了更好地辨析这两种偏差而引入的变量,它是指根据实际进度完成状况,在某一确定时间内已经完成的工程所对应的计划投资额,可以表示为在某一确定时间内,实际完成的工程量与单位工程量计划单价的乘积:

$$已完工程计划投资 = 实际工程量 \times 计划单价$$

2. 投资偏差和进度偏差

1）投资偏差

投资偏差指投资计划值与投资实际值之间存在的差异。计算投资偏差时,应剔除进度原因对投资额产生的影响:

$$投资偏差 = 已完工程实际投资 - 已完工程计划投资$$
$$= 实际工程量 \times (实际单价 - 计划单价)$$

上式中,结果为正值表示投资增加;结果为负值表示投资节约。

2）进度偏差

与投资偏差密切相关的是进度偏差,如果不考虑进度偏差,编制的资金使用文件就不能正确反映投资偏差的实际情况。进度偏差计算公式如下:

$$进度偏差 = 已完工程实际时间 - 已完工程计划时间$$

为了与投资偏差联系起来,进度偏差也可表示为:

$$进度偏差 = 拟完工程计划投资 - 已完工程计划投资$$
$$= (拟完工程量 - 实际工程量) \times 计划单价$$

3）有关投资偏差的其他概念

在分析投资偏差时,又可将其具体分为:

（1）局部偏差和累计偏差。局部偏差有两层含义:一是相对于总项目的投资而言,指各单项工程、单位工程和分部分项工程的偏差;二是相对于项目实施的时间而言,指每一控制周期所发生的投资偏差。累计偏差则是指在项目已经实施的时间内累计发生的偏差。

（2）绝对偏差和相对偏差。所谓绝对偏差,是指投资计划值与实际值比较所得的差额。相对偏差则是指投资偏差的相对数或比例数,通常用绝对偏差与投资计划值的比值来表示。相对偏差能较客观地反映投资偏差的严重程度或合理程度,从对投资控制工作的要求来看,相对偏差比绝对偏差更有意义,应当给予更多的重视。

$$相对偏差 = \frac{绝对偏差}{投资计划值} = \frac{投资实际值 - 投资计划值}{投资计划值}$$

绝对偏差和相对偏差的数值均可正可负,且两者正负意义相同:正值表示投资增加;负值表示投资节约。在进行投资偏差分析时,对绝对偏差和相对偏差都要进行计算。

3. 常用的偏差分析方法

常用的偏差分析方法有横道图法、时标网络图法、表格法和曲线法。

1）横道图法

用横道图进行投资偏差分析,是用不同的横道标识拟完工程计划投资、已完工程实际投资和已完工程计划投资,在实际工作中往往需要根据拟完工程计划投资和已完工程实际投资确定已完工程计划投资后,再确定投资偏差与进度偏差。

根据拟完工程计划投资与已完工程实际投资,确定已完工程计划投资的方法是:

（1）已完工程计划投资与已完工程实际投资的横道位置相同;

（2）已完工程计划投资与拟完工程计划投资的各子项工程的投资总值相同。

2）时标网络图法

（1）时标网络图是在确定施工计划网络图的基础上,将施工进度与日历工期相结合而形成的网络图。根据时标网络图可以得到每一时间段的拟完工程计划投资;已完工程实际投资可以根据实际工作完成情况测得;在时标网络图上,认真观察实际进度前锋线并经过计算,就可以得到每一时间段的已完工程计划投资。实际进度前锋线表示整个项目目前实际完成的工作情况,将某一确定时点下时标网络图中各个工序的实际进度点相连就可以得到实际进度前锋线。

(2)时标网络图法具有简单、直观的特点,主要用来反映累计偏差和局部偏差,但实际进度前锋线的绘制有时会遇到一定的困难。

3)表格法

表格法是进行偏差分析最常用的一种方法。进行偏差分析时,可以根据项目的具体情况、数据来源、投资控制工作的要求等条件来设计表格,因而表格法适用性较强;表格法的信息量大,可以反映各种偏差变量和指标,对全面深入地了解项目投资的实际情况非常有益;另外,表格法还便于用计算机辅助管理,可提高投资控制工作的效率。投资偏差分析表样例如表 8.3.2 所示。

表 8.3.2 投资偏差分析表样例

项目编码	(1)	011	012	013
项目名称	(2)	土方工程	打桩工程	基础工程
单位	(3)	m^3	m	m^3
计划单价/(元/单位)	(4)	5	6	8
拟完工程量	(5)	10	11	10
拟完工程计划投资/元	(6)=(4)×(5)	50	66	80
已完工程量	(7)	12	16.67	7.5
已完工程计划投资/元	(8)=(4)×(7)	60	100	60
实际单价/(元/单位)	(9)	5.83	4.8	10.67
其他款项	(10)			
已完工程实际投资/元	(11)=(7)×(9)+(10)	70	80	80
投资绝对偏差/元	(12)=(11)-(8)	10	-20	20
投资相对偏差	(13)=(12)÷(8)	0.167	-0.2	-0.33
进度绝对偏差/元	(14)=(6)-(8)	-10	-34	20
进度相对偏差	(15)=(14)÷(6)	-0.2	-0.52	0.25

4)曲线法

曲线法是用投资时间曲线进行偏差分析的一种方法。在用曲线法进行偏差分析时,通常有三条投资曲线,即已完工程实际投资曲线 a,已完工程计划投资曲线 b 和拟完工程计划投资曲线 p,如图 8.3.5 所示,曲线 a 和 b 的竖向距离表示投资偏差,曲线 p 和 b 的水平距离表示进度偏差。图 8.3.5 中所反映的是累计偏差,而且主要是绝对偏差。用曲线法进行偏差分析,具有形象、直观的优点,但这一方法不能直接用于定量分析,如果能与表格法结合起来,则会取得较好的效果。

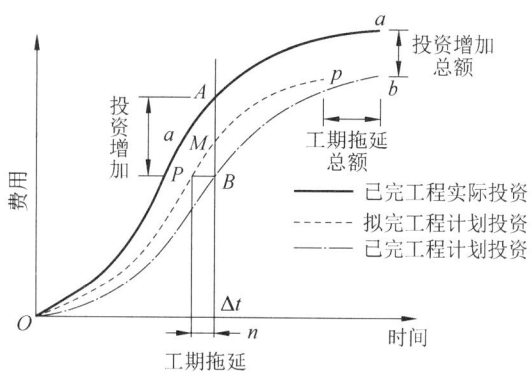

图 8.3.5　用曲线法进行偏差分析

三、偏差形成原因的分类及纠正方法

1. 偏差形成原因

一般来讲,投资偏差形成的原因主要有四个方面,即客观原因、业主原因、设计原因和施工原因。

为了对偏差形成原因进行综合分析,通常采用图表工具。在用表格法进行分析时,首先要将每期所完成的全部分部分项工程的投资情况汇总,确定分部分项工程投资偏差形成的具体原因;然后通过适当的数据处理,分析每种原因发生的频率(概率)及其影响程度(平均绝对偏差或相对偏差);最后按偏差形成原因的分类重新排列,就可以得到投资偏差原因综合分析表,我们利用虚拟数字可以编成投资偏差原因综合分析表,如表 8.3.3 所示。

需要说明的是,表 8.3.3 中"已完工程计划投资"由各"偏差原因"所对应的已完分部分项工程计划投资累加而得。这里要特别注意,某一分部分项工程的投资偏差可能同时由两个以上的原因引起,为了避免重复计算,在计算"已完工程计划投资"时,只按其中最主要的原因考虑,次要原因计划投资的重复部分在表中以括号标出,不计入"已完工程计划投资"的合计值。

表 8.3.3　投资偏差原因综合分析表

偏差原因	次数	频率	已完工程计划投资/万元	绝对偏差/万元	平均绝对偏差/万元	相对偏差/(%)
1-1	3	0.12	500	24	8	4.8
1-2	1	0.04	(100)	3.5	3.5	3.5
⋮	⋮	⋮	⋮	⋮	⋮	⋮
1-9	3	0.12	50	3	1	6.0

偏差原因	次数	频率	已完工程计划投资 /万元	绝对偏差 /万元	平均绝对偏差 /万元	相对偏差/(%)
2-1	1	0.04	20	1	1	5.0
2-2	1	0.04	20	1	1	5.0
⋮	⋮	⋮	⋮	⋮	⋮	⋮
2-9	4	0.16	30	4	1	13.3
3-1	5	0.20	150	20	4	13.3
3-2	2	0.08	(150)	4	2	2.7
⋮	⋮	⋮	⋮	⋮	⋮	⋮
3-9	1	0.04	50	1	1	2.0
4-1	1	0.04	20	1	1	5.0
4-2	2	0.08	30	4	2	13.3
⋮	⋮	⋮	⋮	⋮	⋮	⋮
4-9	1	0.04	(30)	0.5	0.5	1.7
合计	25	1.00	870	67	2.68	7.70

对投资偏差原因的发生频率和影响程度进行综合分析,还可以采用对频率和相对偏差以及频率和平均绝对偏差的关系进行分析的方法,把投资偏差原因的发生频率和影响各分为三个阶段,共形成9个区域,将表8.3.3中的投资偏差特征值分别填入对应的区域,将影响程度用相对偏差和平均绝对偏差两种形式表达。

在数量分析的基础上,可以将偏差形成原因的类型分为以下四种。

1)投资增加且工期拖延

这种类型原因引起的偏差是纠正偏差的主要对象,必须引起高度重视。

2)投资增加但工期提前

这种情况下要适当考虑工期提前带来的效益。从资金使用的角度看,如果增加的资金值超过增加的效益要采取纠偏措施。

3)工期拖延但投资节约

这种情况下是否采取纠偏措施要根据实际需要而定。

4)工期提前且投资节约

这种情况是最理想的,不需要采取纠偏措施。

从偏差形成原因的角度看,由于客观原因是无法避免的,施工原因造成的损失由施工单位自己负责,因此,纠偏的主要对象是由业主原因和设计原因造成的投资偏差。

2.偏差的纠正与控制

通常把纠偏措施分为组织措施、经济措施、技术措施、合同措施四个方面。

1）组织措施

组织措施是指从投资控制的组织管理方面采取的措施。

2）经济措施

经济措施最易为人们所接受,但采取时要特别注意,不可把经济措施简单理解为工程量审核及相应的价款支付,应从全局出发来考虑问题,如检查投资目标分解的合理性、资金使用计划的保障性、施工进度计划的协调性等。

3）技术措施

从造价控制的要求来看,技术措施并不都是因为发生了技术问题才须加以考虑的,也可能是因为出现了较大的投资偏差而需加以采取的。

4）合同措施

合同措施在纠偏方面主要指索赔管理。

任务 4 竣工决算

一、竣工决算的概念

竣工决算是以实物数量和货币指标为计量单位,综合反映竣工项目从筹建开始到项目竣工交付使用为止的全部建设费用、投资效果和财务情况的总结性文件,是竣工验收报告的重要组成部分。

二、竣工决算的内容

建设项目竣工决算应包括从筹建到竣工投产全过程的全部实际费用。

按照有关文件规定,竣工决算由竣工财务决算说明书、竣工财务决算报表、工程竣工图和工程竣工造价对比分析四部分组成。其中,竣工财务决算说明书和竣工财务决算报表两部分又称建设项目竣工财务决算,是竣工决算的核心内容。

工程竣工造价对比分析是指对控制工程造价所采取的措施、效果及其动态的变化需要进行认真对比,总结经验教训。经对比批准的概算是考核建设工程造价的依据。在分析时,可先对比整个项目的总概算,然后将建筑安装工程费、设备工器具费和其他工程费用逐一与竣工决算表中所提供的实际数据和相关资料及批准的概算、预算指标、实际的工程造价进行对比分析,以确定竣工项目总造价是节约还是超支,并在对比的基础上,总结先进经验,找出节约和超支的内容和原因,提出改进措施。在实际工作中,应主要分析以下内容：

（1）主要实物工程量。对于实物工程量出入比较大的情况，必须查明原因。

（2）主要材料消耗量。考核主要材料消耗量，要按照竣工决算表中所列明的三大材料实际超概算的消耗量，查明是在工程的哪个环节超出量最大，再进一步查明超耗的原因。

（3）建设单位管理费、措施费和间接费的取费标准。建设单位管理费、措施费和间接费的取费标准要按照国家和各地的有关规定，将竣工决算报表中所列的建设单位管理费与概预算所列的建设单位管理费数额进行比较，依据规定查明是否多列或少列费用项目，确定其节约或超支的数额，并查明原因。

三、竣工决算的编制步骤

（1）收集、整理和分析有关资料。

在编制竣工决算文件之前，应系统地整理所有的技术资料、工料结算的经济文件、施工图纸和各种变更与签证资料，并分析它们的准确性。完善、齐全的资料，是准确而迅速地编制竣工决算的必要条件。

（2）清理各项财务、债务和结余物资。

在收集、整理和分析有关资料时，要特别注意建设工程从筹建到竣工投产或使用的全部费用的各项账务、债权和债务的清理，做到工程完结账目清晰，既要核对账目，又要查点库存实物的数量，做到账与物相符、账与账相等，对结余的各种材料、工器具和设备，要逐项清点核实，妥善管理，并按规定及时处理，收回资金。对各种往来款项要及时进行全面清理，为编制竣工决算提供准确的数据和结果。

（3）核实工程变动情况。

重新核实各单位工程、单项工程造价，将竣工资料与原设计图纸进行查对、核实，确认实际变更情况。根据经审定的承包人竣工结算等原始资料，按照有关规定对原预算进行增减调整，重新核定建设项目实际造价。

（4）编制建设工程竣工决算说明。

按照建设工程竣工决算说明的内容要求，根据相关材料以及填写在报表中的结果，编写文字说明。

（5）填写竣工决算报表。

按照建设工程决算表格中的内容，根据编制依据中的有关资料对各个项目和数量进行统计或计算，并将结果填到相应表格的栏目内，完成所有报表的填写。

（6）做好工程造价对比分析。

（7）清理、装订好竣工图。

（8）上报主管部门审查。

将上述编写的文字说明和填写的表格经核对无误，装订成册，即为建设工程竣工决算文件。将其上报主管部门审查，并把其中财务成本部分送交开户银行签证。竣工决算在上报主管部门的同时，抄送有关设计单位。大中型建设项目的竣工决算还应抄送财政部、建设银行总行和省、市、自治区的财政局和建设银行分行各一份。建设工程竣工决算的文件，由建设单位负责组织人员编写，在竣工建设项目办理验收使用一个月之内完成。

任务 5 保修费用的处理

一、建设项目保修范围及保修期限

根据有关规定,承包人在向业主提交工程竣工报告时,应向业主出具质量保修书。质量保修书中应明确建设工程的保修范围、保修期限和保修责任等。建设工程在保修范围和保修期限内如果发生质量问题,承包人应当履行保修义务,并对造成的相应损失承担赔偿责任。

1. 保修范围

在正常使用条件下,建设工程的保修范围应包括地基基础工程、主体结构工程、屋面防水工程和其他土建工程,以及电气管线、上下水管线的安装工程、供热供冷系统工程等项目。

2. 保修期限

按照国务院发布的《建设工程质量管理条例》第四十条规定,在正常使用条件下,建设工程的最低保修期限如下:

（1）基础设施工程、房屋建筑的地基基础工程和主体结构工程,为设计文件规定的该工程的合理使用年限;

（2）屋面防水工程,有防水要求的卫生间、房间和外墙面的防渗漏,为5年;

（3）供热与供冷系统,为2个采暖期和供冷期;

（4）电气管线、给排水管道、设备安装和装修工程,为2年;

（5）其他项目的保修期限由承、发包双方在合同中约定。建设工程的保修期,自竣工验收合格之日算起。

二、建设项目保修的经济责任及费用处理

1. 保修的经济责任

（1）由承包人施工造成的质量缺陷,应当由承包人负责修理并承担经济责任;由承包人采购的建筑材料、建筑构配件、设备等不符合质量要求,或承包人应进行而没有进行试验或检验而进入现场使用造成质量问题的,应由承包人负责修理并承担经济责任。

（2）由于勘察、设计方面的原因造成的质量缺陷,由勘察、设计单位负责并承担经济责任,由施工单位负责维修或处理。勘察、设计人应当继续完成勘察、设计,减收或免收勘察、设计费并赔偿损失。当由承包人进行维修或处理时,费用数额应按合同约定,通过发包人向

设计人索赔,不足部分由发包人补偿。

(3) 由于发包人供应的材料、构配件或设备不合格造成的质量缺陷,属于承包人采购的或经其验收同意的,由施工单位承担经济责任;如果发包人竣工验收后未经许可自行改建造成质量问题,应由发包人或使用人自行承担经济责任;由发包人指定分包人或不能肢解而肢解发包工程,致使施工接口不好造成质量缺陷的,或因发包人或使用人竣工验收后使用不当造成损坏的,应由发包人或使用人自行承担经济责任。施工单位、建设单位与设备、材料、构配件供应部门之间的经济责任,应按其设备、材料、构配件的采购供应合同处理。

(4)《房屋建筑工程质量保修办法》规定,不可抗力造成的质量缺陷不属于规定的保修范围,所以,由于地震、洪水、台风等不可抗力原因造成损坏,或非施工原因造成的事故,承包人不承担经济责任;当使用人需要责任范围以外的修理、维护服务时,承包人应提供相应的服务,但应签订协议,约定服务的内容和质量要求。所发生的费用,应由使用人按协议约定的方式支付。

(5) 有的项目经发包人和承包人协商,根据工程的合理使用年限,采用保修保险方式。这种方式不需扣保证金,保险费由发包人支付,承包人应按约定的保修承诺,履行其保修职责和义务。

(6) 建设工程在保修范围和保修期限内发生质量问题的,承包人应当履行保修义务,并对造成的损失承担赔偿责任。凡是由于用户使用不当而造成建筑功能不良或损坏的,不属于保修范围;凡属工业产品项目发生问题的,也不属于保修范围。以上两种情况应由发包人自行组织修理。

2. 保修的操作方法

1) 发送保修证书(房屋保修卡)

在工程竣工验收的同时(最迟不应超过3天到1周),由承包人向发包人发送建筑安装工程保修证书。保修证书的主要内容一般包括:

(1) 工程简况、房屋使用管理要求;

(2) 保修范围和内容;

(3) 保修时间;

(4) 保修说明;

(5) 保修情况记录;

(6) 保修单位(即承包人)的名称、详细地址等。

2) 填写工程质量修理通知书

在保险期内,工程项目出现质量问题影响使用时,使用人应填写工程质量修理通知书并告知承包人,注明质量问题及部位、联系维修方式,要求承包人指派人前往检查修理。修理通知书发出日期为约定起始日期,承包人应在7天内派出人员执行保修任务。

3) 实施保修服务

承包人接到工程质量修理通知书后,必须尽快地派人检查,并会同发包人共同做出鉴定,提出修理方案,明确经济责任,尽快组织人力、物力进行修理,履行工程质量保修的承诺。房屋建筑工程在保修期间出现质量缺陷,发包人或房屋建筑所有人应当向承包人发出保修通知,承包人接到保修通知后,应到现场检查情况,在保修书约定的时间内予以保修,发生涉及结构安全或者严重影响使用功能的紧急抢修事故,承包人接到保修通知后,应当立即到达现场抢修。

发生涉及结构安全的质量缺陷,发包人或者房屋建筑产权人应当立即向当地建设主管部门报告,采取安全防范措施;由原设计单位或者具有相应资质等级的设计单位提出保修方案;承包人实施保修,原工程质量监督机构负责监督。

4)验收

在发生问题的部位或项目修理完毕后,要在保修证书的"保修记录"栏内做好记录,并经发包人验收签认,此时修理工作完毕。

3. 保修费用及其处理

1)保修费用的含义

保修费用是指保修期间和保修范围内所发生的维修、返工等各项费用支出。保修费用应按合同和有关规定合理确定和控制。保修费用一般可以按照建筑安装工程造价或承包工程合同价的一定比例计算(目前取 5%)。

2)保修费用的处理

(1)根据《中华人民共和国建筑法》的规定,在保修费用的处理问题上,由发包人和承包人共同商定经济处理办法。

(2)根据《中华人民共和国建筑法》第七十五条的规定,建筑施工企业违反该法规定,不履行保修义务或者拖延履行保修义务的,责令改正,可以处以罚款;在保修期内因屋顶、墙面渗漏、开裂等质量缺陷造成的损失,有关责任企业应当承担赔偿责任。

 习题

1.工程结算的概念是什么? 工程结算主要有哪几种方式?
2.简述工程预付款的含义及工程预付款的扣回方法。

参 考 文 献

[1] 中华人民共和国住房和城乡建设部.建设工程工程量清单计价规范:GB 50500—2013 [S].北京:中国计划出版社,2013.

[2] 中华人民共和国住房和城乡建设部.房屋建筑与装饰工程工程量计算规范:GB 50854—2013[S].北京:中国计划出版社,2013.

[3] 湖北省建设工程标准定额管理总站.湖北省房屋建筑与装饰工程消耗量定额及全费用基价表.武汉:长江出版社,2018.

[4] 夏立明.建设工程造价管理[M].北京:中国计划出版社,2019.

[5] 全国造价工程师职业资格考试培训教材编审委员会.建设工程计价[M].北京:中国计划出版社,2019.

[6] 吴静,李毅佳.建设工程技术与计量(土木建筑工程)[M].北京:中国计划出版社,2019.

[7] 何增勤,王亦虹,李丽红.建设工程造价案例分析[M].北京:中国计划出版社,2019.

[8] 刘富勤,程瑶.建筑工程概预算[M].2版.武汉:武汉理工大学出版社,2018.

[9] 张金玉.建筑与装饰工程量清单计价[M].武汉:华中科技大学出版社,2018.

[10] 武乾.建筑工程概预算[M].武汉:华中科技大学出版社,2018.

[11] 张强,易红霞.建筑工程计量与计价——透过案例学造价[M].2版.北京:北京大学出版社,2014.

[12] 张建平,张宇帆.建筑工程计量与计价[M].2版.北京:机械工业出版社,2018.

[13] 张建平.建筑工程计量与计价实务[M].重庆:重庆大学出版社,2016.

[14] 筑匠.建筑工程造价一本就会[M].北京:化学工业出版社,2016.

[15] 阎俊爱.建筑工程概预算实训教程:剪力墙手算[M].北京:化学工业出版社,2016.